太行山区层状云降水物理过程观测与数值模拟研究

孙鸿娉　封秋娟　李义宇　任　刚等　著

内容简介

本书针对太行山区层状云降水云系，以有设计的飞机探测为主要手段，综合利用卫星、雷达、Parsivel降水粒子谱仪等多源观测资料，结合数值模拟方法，给出了太行山区层状云宏微观物理量的统计特征，深入研究了典型层状云降水云系的微物理特征和降水机制以及不同发展阶段的结构特征，对太行山层状云降水云系空中、地面雨滴谱特征进行了分析。在以上研究基础上，建立了太行山层状云降水概念模型，获得了太行山地区层状云降水形成过程及人工增雨机理的新的认识，为进一步开展人工增雨工作提供理论指导。

本书可供气象防灾减灾、大气物理和人工影响天气工作者以及大专院校相关专业的师生参考。

图书在版编目（CIP）数据

太行山区层状云降水物理过程观测与数值模拟研究 / 孙鸿娉等著. -- 北京 : 气象出版社, 2022.3
ISBN 978-7-5029-7670-5

Ⅰ. ①太… Ⅱ. ①孙… Ⅲ. ①层云－降水－物理过程－研究－山西②层云－降水－数值模拟－研究－山西 Ⅳ. ①P426.61

中国版本图书馆CIP数据核字(2022)第034440号

太行山区层状云降水物理过程观测与数值模拟研究
Taihang Shanqu Cengzhuangyun Jiangshui Wuli Guocheng Guance yu Shuzhi Moni Yanjiu

---

出版发行：气象出版社
地　　址：北京市海淀区中关村南大街46号　　**邮政编码：**100081
电　　话：010-68407112(总编室)　010-68408042(发行部)
网　　址：http://www.qxcbs.com　　**E-mail：** qxcbs@cma.gov.cn
责任编辑：王萃萃　　**终　　审：**吴晓鹏
责任校对：张硕杰　　**责任技编：**赵相宁
封面设计：楠竹文化
印　　刷：北京建宏印刷有限公司
开　　本：787 mm×1092 mm　1/16　　**印　　张：**9
字　　数：221千字
版　　次：2022年3月第1版　　**印　　次：**2022年3月第1次印刷
定　　价：90.00元

本书编写人员

孙鸿娉　封秋娟　李义宇　任　刚

杨俊梅　申东东　董亚宁　尚　倩

杨　晓　刘　潇　刘　璞　杨永龙

目　录

第1章 研究目的和意义

1.1 国内外技术现状和国内现有的工作基础

层状冷云人工催化增雨的基本原理假设是Bergeron(贝吉龙)过程，即在云中冰相粒子与过冷水滴共存时，由于冰面饱和水气压低于同温度下的水面饱和水气压，因此冰相粒子通过水汽扩散而迅速凝华增长，如果水汽供应不足，水滴就会蒸发，从而使云中共存的过冷却水滴转化为较大的冰晶，进一步启动碰并过程，使得降水加强或使得非降水云产生降水。在此理论的基础上，通过实际试验和理论研究，形成了得到广泛认可的人工催化增雨的静力催化基本原理假设:冷云降水效率不高或无降水是由于云中缺乏足够的冰核，可通过人工的办法引入冰核，促使Bergeron过程发展，达到有效利用过冷水资源而增雨的目的。

自Bergeron提出的冰水混合云的降水理论(Bergeron过程)及其后Scheafer与Vonnegut相继发现干冰和碘化银是可以做冷云催化剂以来，科学家们一直围绕云系的人工增雨潜力、作业条件选择、作业方法、催化效果检验等开展理论研究和外场实践，不断取得进展。但与实际需要还有相当大的差距。人们对成云致雨的自然物理过程认识不足是重要原因之一。因此，采用一切可用的探测手段，对成云致雨过程进行尽可能详细的探测研究，获取自然过程的大量有用信息，从而在更高的认识层次上对自然降水过程有一个较为全面的了解，找出制约降水的主要因子，并在此基础上，科学有效地开展人工增雨工作，一直是云降水物理、人工影响天气领域所面临的课题。实践表明，在云雾物理研究中，通过大量的实际外场观测研究，使得对不同类型云的微结构、凝结核在云雾形成的作用、冰相沉降物的结构及生长历程等都有了一定的认识，也使云雾物理、人工影响天气发展成为一门学科。

1946年美国实施了人类首次对过冷云进行科学催化试验。1946—1947年美国进行的雷暴研究计划，是现代有设计的第一个大规模对积云进行综合考察研究计划。其后，相继实施许多人工影响天气计划，例如，“白顶计划”“克利马克斯计划”“大湖计划”“狂飙计划”等。这些科学活动形成了20世纪50—70年代人工影响天气学科和催化作业蓬勃发展时期。新的概念层出不穷，提出了“静力催化”“动力催化”“播云温度窗”概念，“播撒-供水”机制等。理论(数值模拟)和实验以及外场试验相互促进导致催化试验领域迅速扩大[1]。

层状云系是一种主要的大范围降水系统，尤其是层状冷云，是开展人工增雨的主要作业对象。从20世纪40年代开始，国外对层状云进行了大量的外场探测研究。40年代初，Petterson和Bergeron等建立了云系模型，提出冷锋、暖锋锋面云系的宏观特征及其与锋面部位的对应关系。70年代以前，规模较大的有:苏联对冬季层状云的探测和人工影响试验、美国对温带气旋云系和地形云的探测和数值模拟。1973年至20世纪80年代初，Hobbs主持的温带气旋风暴计划，利用飞机微物理探测、多普勒雷达、加密探空观测、雨量站网等，对温带气旋进行了系统探测，确认温带气旋暴雨区常以中尺度雨带形式组成;还对中尺度流场、微物理结构和降水增长方式进行了系统研究。

随着对云和降水的形成和发展的宏观过程以及云系结构的动力学条件的关注和研究进展，云和降水的研究重点开始转移到对实际云和降水的外场探测和遥感测量，研究云系物理结构、云降水过程以及播撒催化效应的物理检验。飞机是主要观测平台，地面有雷达、微波辐射计、雨量计、雨滴谱仪等，测量云中云水含量、冰晶浓度和形态，雷达回波变化，以及雨量和雨滴谱等。Hobbs 主持的美国 Cascade 冬季云和降水性质及其人工影响试验(1969—1974 年)，利用飞机测量云水含量、冰晶浓度、雪粒子浓度等，地面测雪粒子形态、雪水中的银含量、大气冰核等，多普勒雷达测粒子的落速谱，发现催化后降雪粒子从霰粒子变为雪团或雪晶，认为有改变降水落区的效应[2]。美国塞拉合作试验计划(1976/1977—1986/1987 年)，观测作业前后云微物理结构变化，发现催化后云中冰晶浓度核达 100 个/L，并建立了降水物理概念模式，认为人工影响后可以改变降水粒子的下落轨迹，从而改变降水的分布[3]，在美国科罗拉多播云试验(1972/1973 年，1974/1975 年)中，飞机观测目标区上空冰核、过冷云水、冰晶浓度、雪粒子浓度和谱，微波辐射计观测云中积分云液水含量，发现地面和飞机催化都在目标区上空出现冰核高浓度，并建立了降水物理和人工影响的概念模式[4]，等等。这些试验，即通过大量个例探测，直接检验从云至地面降水的演变过程。美国高原试验计划(1979—1980 年)是一种将物理检验与统计检验相结合的物理效应统计检验试验[5]。它预先定义响应变量，通过随机试验进行探测验证，可以更多地了解播云催化的整体物理效应。它还可以运用数值模拟方法进行数值试验，使得在大型外场试验之前处于主动和有利的条件之下。近年来，由于政策性变动，美国的人工影响天气投入减小，较大规模的人工影响天气计划很少见到。

我国人工影响天气作业始于 1958 年。初期阶段，我国科技人员利用人工增雨抗旱作业的条件，机载气象和云物理探测仪器在十多个省(区、市)的云中进行直接探测，发现了一些基础性事实，对后来的人工影响天气试验和作业有重要启示。

层状冷云是我国北方冬半年的主要降水源，也是为缓解北方春季干旱开展人工增雨的主要作业对象。20 世纪 80 年代，随着 PMS 粒子测量系统的引进，检测手段时空分辨率和测量自动化水平的提高，国家级科研单位会同北方十几个省(区)单位(缺山西)，对这些省(区)境内层状云降水结构进行多尺度的探测和分析，揭示了催化云与供水云相互作用是主要降水机制；建立了几种主要降水系统云场结构和云物理概念模型和一些作业判据指标。期间，也进行一些物理检验的尝试，得到一些有意义的结果：通过催化前后飞机上云物理参数探测对比，发现冰晶数增多，粒子谱变宽的效果；雷达跟踪监测发现，层状云中催化航迹回波明显增强等[6]。

“北方层状云人工降水试验研究”是当时国内较系统、规模较大的试验研究课题。飞机装备有美国 PMS 粒子测量系统等机载仪器，同时结合当地条件开展了雷达监测、加密探空观测、地面降水微物理结构、降水强度观测等。在降水微物理过程的云场和天气气候背景条件研究，人工降水资源条件分析，云和降水微物理结构的物理过程的研究，以及云物理过程与人工催化的数值模拟研究，引晶的外场试验和效果检验、效果预测研究等取得进展[7]。在《人工增雨综合技术研究》[8]中，使用飞机、地面设备等对青海省黄河上游地区云水资源进行研究，通过对降水云系的宏微观结构特征、降水云的云水分布特征、降水的基本物理特征进行分析研究，得到一些有意义的结果。自 1985 年起，中国科学院大气物理研究所与我国北方许多省(区、市)人工影响天气办公室(简称“人影办”)协作，开展云物理飞机观测；陕西人影办参加了“人工增雨综合技术研究”课题，“黄河中游(陕甘宁)干旱半干旱地区高效人工增雨(雪)技术开发与示范”课题。由雷恒池等人研制的机载微波辐射计，能够准确测量云中过冷水含量，填补了我国该领域的空白[9]，其研究对助推我国云物理研究有重要意义。[10]

1.2 研究背景及意义

太行山地区水资源指数在全国排倒数第二，是全国水资源极其缺乏的地区之一，水资源短缺已经越来越成为困扰该区域经济建设和社会发展的重大难题。人均占水量只有438 m^3，相当于全国人均水平的17%，是世界人均占有量的2.2%，水资源的短缺严重制约了区域经济的可持续发展，同时也直接影响了人民群众的生活水平。仅以农业和农村的缺水情况为例，由于干旱缺水的状况日趋严重，平均每年有400万～500万人口、近百万大牲畜饮水困难，有500万～600万亩*农田受旱。国家水利部门对太行山地区水资源量的分析表明：从20世纪中叶至末叶，水资源减少超过了1/3。太行山地区是全国水资源极其缺乏的地区之一，水资源短缺已经越来越成为困扰该区域经济建设和社会发展的重大难题。全省水资源开发比例已高达68%，远远超出20%～40%的国际公认标准，缺水成为该区域经济的致命伤。

大气降水是淡水的主要来源，在合理利用、调配现有水资源的同时，通过人工影响天气增加地面降水，是缓解水资源短缺的一个重要途径。我国北方春季干旱是影响农业发展的主要自然灾害，影响范围多达十几个省（区、市 ）。和其他北方省份一样，春季干旱是影响农业发展的主要自然灾害，也是森林火灾频发的主要诱因，素有“十年九旱”之说。农业发展和生态环境保护方面的需求成为该区域人工增雨工作的持久动力。山西省人工影响天气作业始于1958年，一直持续到今天。从1999年开始，全省每年至少租用一架飞机，2007年开始全省常年租用三架飞机，全年进行人工增雨作业，同时有300余门高炮和数十部火箭每年投入作业3～6个月。据不完全统计，2005年以来各级地方政府每年投入人工影响天气的经费高达数千万元。

近年来太行山地区用于人工影响作业的业务费呈现快速增长的趋势，业务化规模已居全国前列。但长期以来该区域人工增雨工作一直是以地方抗旱救急的临时、短期行为为主。由于这种“抗旱型”的人工影响天气特点，主要着重于人工增雨作业活动，而缺少系统的、有科学设计的、基础性的观测研究。由于缺乏基本探测仪器，国内几次较有影响的云物理观测研究项目都空缺了该区域。可以说自20世纪70年代国家级研究单位在昔阳开展地面云物理观测以后，该区域在云物理观测研究方面几乎是空白。虽然也有部分国家级的人工增雨试验研究在北方省份开展，由于各种原因及当时的科学技术的限制，加之山西地处太行山的特殊地形影响，其所研究结果对太行山地区来说有很大局限性。因此，太行山地区人工增雨总体科技水平仍然较低，仍处于试验研究阶段。人工影响天气科技水平与规模发展不相适应，已成为现阶段太行山地区人工影响天气事业发展的主要矛盾，急需解决许多基本的科学技术问题，如人工增雨的原理假设、人工催化效果等。减少人工催化作业的盲目性，提高人工影响天气的整体科学技术水平是当前、也是长期的艰巨任务。

人工增雨是一项科学性非常强的工作，需要根据实际云系的结构及演变情况来决定人工催化的方法、剂量、部位、时机等实际问题，达到增雨的目的。由于成云致雨过程的复杂性，在

* 1亩=1/15 hm^2。

同一季节不同地域主要降水系统的结构是不同的。而同一地区不同季节，降水系统的结构也是有差别的，要科学有效地开展人工催化，必须对降水系统的宏、微观结构有清楚的认识，明确该云系降水的机制和人工催化增雨的机理，采取相应切实可行的措施，才可达到增雨的目的，使得降水云系的发展、演变向着人们所期望的方向发展。

总之，作为一门学科，世界范围内人工增雨尚处在试验阶段。我国人工降水科学基础、认识水平有待进一步提高，许多人工增雨的理论假设和作业技术方法有待进一步发现和提出。

采用一切可用的探测手段，对成云致雨过程进行尽可能详细地探测研究，获取自然过程的大量有用信息，从而在更高的认识层次上对自然降水过程有一个较为全面的了解，找出制约降水的主要因子。并在此基础上，对人工增雨的机理进行研究，是人工增雨研究健康发展的必由之路。

本研究在近几十年的人工影响天气实践经验和新的科学技术水平的基础上，针对人工增雨工作中最为基本的问题，利用山西省最新引进的具有当今世界领先水平的美国 DMT 机载云物理探测平台，开展对太行山地区层状云降水云系宏、微观结构及其自然降水和人工增雨机理的观测研究。

通过获取有完整观测手段配合的层状云降水系统的综合观测资料，分析太行山层状云自然降水形成的主要过程以及人工增雨的机理，以此为基础，研究典型层状降水云系宏、微观物理过程对降水增加的贡献以及可能的人工增雨机理，深入全面认识影响山西省的云和降水结构、成云致雨物理过程以及人工催化的物理效应，探索新的人工增雨的理论假设，获得对太行山地区特定层状云降水形成过程及人工增雨机理的新的认识，使该领域科学技术上一个台阶。为进一步开展人工增雨工作提供理论指导，例如，何种云可以开展人工增雨作业、增雨催化作业的最佳部位、时机、最佳催化剂量以及可能增加的雨量等急需回答的科学问题有一定的认识，以指导实际增雨工作。

第 2 章　太行山区层状云降水观测试验

2.1　综合探测仪器介绍及数据质量控制

2.1.1　探测仪器介绍

2.1.1.1　地基探测设备

(1)Parsivel 降水粒子谱仪

Parsivel 降水粒子谱仪(简称 Parsivel)是一种现代化的以激光技术为基础的光学测量系统。它可以测量各种类型的降水,分为毛毛雨、雨、雨夹雪、冰雹、雪和混合降水粒子。降水测量是通过一个专门设计的特殊传感元件来实现的。它可以检测肉眼可见的地面以上 1 m 降水粒子(其他的高度也有,根据要求选择)。数据获取和存储是通过一个快速的数字化信号处理器完成的。

测量的基本参数为粒径和速度,由此推导出粒径分布、降水量、能见度、降水动能和降水类型。测量结果通过串行/天气雷达接口传输到数据记录仪或计算机中。

实现了远程数据收集和采集。可以在从静风到飓风的所有风速下,测量各种类型的降水,准确、全面地记录和分析降水类型、降水量和降水分布。可以在沙漠气候和热带雨林气候地区全天候使用。一个多功能的仪器可以与 5 个独立单元匹配。可作为采用机械翻斗原理的雨量计的替代仪器。

启动成本和运行成本都很低,作为独立系统单独运行,也可以作为无人职守气象站的一部分。

①工作原理

Parsivel 使用激光光束进行降水测量。传感器的变送器单元可以产生一束水平光,接收器单元可以将这束水平光转换成电子信号。在测量区域内(48 cm^2)的任意位置,当空气颗粒物降落穿过激光光束时,信号发生变化。

亮度变暗的程度反映空气颗粒物粒径的大小,根据信号的持续时间推导出下降速度。

②Parsivel 的特点

专利的消光测量方法。使用无需维护的激光技术,操作快速、不间断,在所有的环境和气候条件下都很可靠(防雷击并自动调节加热)。通过软件命令,低供电和加热运行。可以识别所有的降水类型,包括融化层的混合降水。使用二维的粒径和速度分布分析复杂的降水过程。专用的测量头可以防止水滴溅落在传感器头上引起的副光谱。变送器和接收器的设计非常完美,可较好地跟踪信号。

③软件功能

Parsivel 降水粒子谱仪配套软件 ASDO 负责接收和管理仪器传至计算机的原始数据,还可以实时显示各通道所测粒子个数以及雨强、雷达反射率因子等降水特征量(ASDO显示界面如图2.1.1所示)。

ASDO软件功能:可以同时管理多个项目;支持服务器和客户端模式,便于远程管理数据;支持网络;图形显示可多种测量参数;雨滴谱图可以显示22种雨滴大小范围,20种降雨速度范围;数据可以输出到MS EXCEL格式;图形可以打印;日期可以显示为日历形式或树行结构。

激光雨滴谱仪收集到的数据可自动保存在ASDO数据库中,其中包括雨强、降水开始时间、探测粒子数、雷达反射率因子、能见度、环境温度等,用户可根据自己的需求选择所用的要素值并导出数据

太谷、汾阳于2007年12月,介休、祁县于2008年7月安装了Parsivel降水粒子谱仪。

图2.1.1 Parsivel降水粒子谱仪

(2)多普勒雷达

太原新一代天气雷达系统为安徽四创公司生产的型号为CINRAD/CC(原型号为3830)C波段全相参体制的脉冲多普勒天气雷达,于2002年初建成并投入业务运行。该雷达对台风、暴雨等大范围降水天气的警戒距离为450 km,对雹云、龙卷气旋等中小尺度强天气现象的有效监测和识别距离为150 km,同时还可以通过获取150 km半径范围内的降水区风场信息,实时监测和预警由强天气造成的灾害。

该雷达可对目标云系进行加密探测,可进行PPI扫描,全方位立体扫描(14层降水模式)和指定方位进行垂直扫描(RHI)等扫描方式。太原多普勒雷达终端安装在山西省人工增雨防雷技术中心指挥中心,便于对任何一个天气过程进行观测和资料的收集。

(3)卫星接收系统

山西省人工影响天气(简称“人影”)指挥室安装了FENGYUNCAST遥感卫星数据广播客户端应用系统,该系统简介如下。

FENGYUNCAST系统可实时获取主站播发的用户注册申请的卫星资料,广播数据可分

为两类:①FY、NOAA 系列极轨气象卫星和 EOS 环境观测卫星的数据资料。②FY-2C、FY-2D、MTSAT 静止气象卫星的数据资料。经应用软件处理后可应用于天气预报、环境监测和人工增雨潜势分析等。

主要特点:FENGYUNCAST 数据广播系统采用 DVB(Digital Video Broadcasting)数字视频卫星广播传输标准技术规范,技术先进、运行稳定。可实现卫星遥感数据资源共享,静止卫星资料传到 FENGYUNCAST 系统延时≤6 s;可满足如台风、强对流灾害性天气的时效性要求;极轨卫星资料根据数据大小有所不同,以排队方式播发,资料延时根据数据大小而在 30～50 min 可以播发完成。

(4)雨强计

在试验区内共布设了 40 个加密雨强计观测点。

2.1.1.2 机载探测设备

(1)机载 DMT 探测系统

①探头介绍

ADP(Air Data Probe,空气状况探头)

ADP 集成了 GPS 模块、IMU 空中形态、环境测量装置、高精度温湿度测量仪器等,用于测量温度、湿度、相对湿度、空气的静态气压和动态气压、风速、风向、GPS 轨迹(包括飞行经度、纬度、高度的三维坐标显示)等,并通过中央处理模块(CPM),完成数字滤波,数据处理工作,并通过 RS-232 串行输出(图 2.1.2)。

图 2.1.2 ADP

PIP(Precipitation Imaging Probe,二维降水粒子图像探头)

PIP 采用经典空中二维成像探针外形,64 个二极管阵列和快速的数字信号处理系统。探测区间为 100～6200 μm,数据通过标准 RS232 串口传递。PIP(图 2.1.3)可以显示每档雨滴或雪晶等降水粒子的个数,并计算出降水粒子的总浓度、液态水含量及降水粒子中值体积直径、有效直径。通过 CIP、PIP 探头的图像资料可以进行粒子相态和形状的判别。

CDP(Cloud Droplet Probe,云粒子探头)

CDP 采用输出功率 45 mW 的半导体二极管激光器(λ=0.685 μm),由激光加热电路、光

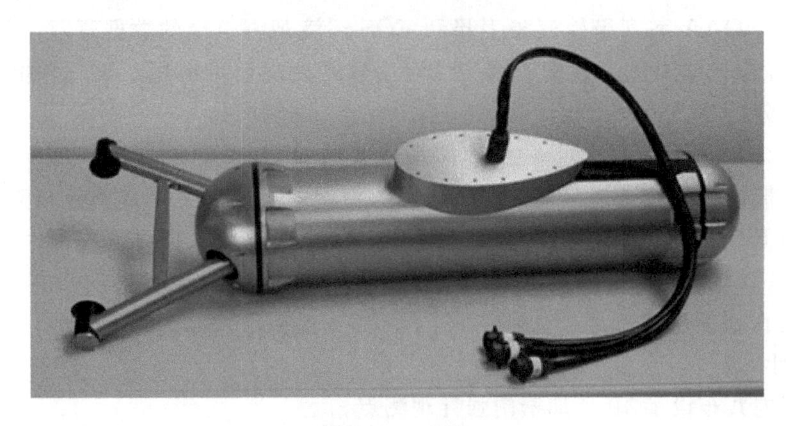

图 2.1.3　PIP

电探测器、模拟信号控制等组成，利用单个粒子散射光测量技术，不仅测量前向散射，而且测量后向散射，并借以估算粒子的折射指数，采用了响应速度更快的电子器件，以适应更高飞行速度，用“先进先出”缓存电路以消除由于电路延时造成的“死机”时段。CDP 用于测量不同直径范围的云滴的个数分布并计算出云滴总的数浓度、云滴液态水含量、云滴的中值体积直径和有效直径。

CIP(Cloud Imaging Probe，二维云粒子图像探头)

CIP 采用 64 个光电元件的线性光阵，增加了防震的稳定性和响应时间，减少了寂静时间，选用了 45 mW 的半导体二极管，其激光器的寿命达几万小时，二维图像的采样率达到8 MHz，减轻了过载造成的漏测，并改进了单个粒子的计时。在测量前向散射的同时又测量后向散射，进而可以计算粒子的折射指数和确定粒子的非球性。CIP 测量出每档粒子个数，计算出总粒子浓度、粒子液态水含量。

LWC(Liquid Water Content，热线液态水含量探头)

LWC 能测量云中的液态水含量，量程为 0.01～3.00 g/m^3，选用铜漆包线绕制的螺旋管为感应元件，环境状态变化或云中液滴撞击在感应元件上时，主段温度变化，平衡电桥的不平衡输出通过反馈电路调整电桥的供电电压使电桥恢复平衡，始终使感应元件主段温度保持恒定。主段消耗的功率一部分与干空气流维持热平衡，另一部分用于加热和蒸发所捕获的液水，配合环境参数的测量，由此可计算出云中液水含量。DMT 公司生产的 LWC-100 对感应元件进行了改进，克服了反馈电路的调整管所承担的功耗负荷过大而极易破坏的缺点，感应元件的尺度有所加长，以避免高含水量时的水分流失所造成的误差，而且把感应元件固定在支架上，减少了 King 探头感应元件悬空架装时因振动造成的损坏。

②仪器主要参数

仪器主要参数见表 2.1.1。

表 2.1.1　运-12 飞机装备的 DMT 云和降水探测仪器

名称	简称	量程(μm)	通道数量(bin)
云粒子探头	CDP	3～50	30
二维云粒子图像探头	CIP	25～1550	62
二维降水粒子图像探头	PIP	100～6200	62

CDP量程从3 μm到50 μm，分30档，其中3～14 μm的直径间隔为1 μm，14～50 μm的直径间隔为2 μm。CIP、PIP每档的直径间隔分别为25 μm、100 μm。

③软件功能

各探头探测的数据传入电脑集成显示在软件PADS(Particle Analysis and Display System，粒子分析显示系统)。PADS是连接DMT仪器各个探头(PIP、CIP、CDP、Hotwire_LWC、AIMMS20、CCN)提供数据显示功能的软件，PADS软件由LabView8.0程序编写，以图表的形式实时显示观测数据并以文本格式保存数据，并能回放采集到的二维云粒子、二维降水粒子图像。

(2)机载高精度温湿度测量仪

它包括：

①ZZW-1型总温测量仪：其测量范围在－40～＋120℃之间，精度±(0.5＋0.005|t|)℃，飞行速度范围大，为0～272 m/s，响应时间不大于2 s。ZZW-1型总温仪能准确测量飞机飞行动态过程中的大气温度，由此判断大气温度是否处于人工播云温度窗内。

②GWS-1湿度测量仪：GWS-1湿度测量仪由GWS-1A相对湿度传感器和BWS-1湿度变送器组成。仪器安装在飞机顶部，在飞行中利用湿敏电容原理进行实时相对湿度测量，并将其传递给湿度变送器，湿度变送器将相对湿度传感器的输出信号进行调理、转换，并以RS422数字总线信号输出。GWS-1的使用能为飞行提供极为可靠的湿度数据，对了解大气中的水汽含量和分布，作业时机的选择和把握，以及作业效果的评估有非常重要的作用。

2.1.1.3　CCN计数器(Cloud Condensation Nuclei Counter)

美国DMT公司研制生产的CCN仪(图2.1.4)，其主体部分包括压力传感器、差压传感器、采样气流进气管、过滤器、加湿器、云室进水管、电磁泵、光学粒子计数器(OPC)、出气管以及供排水容器等重要部件。

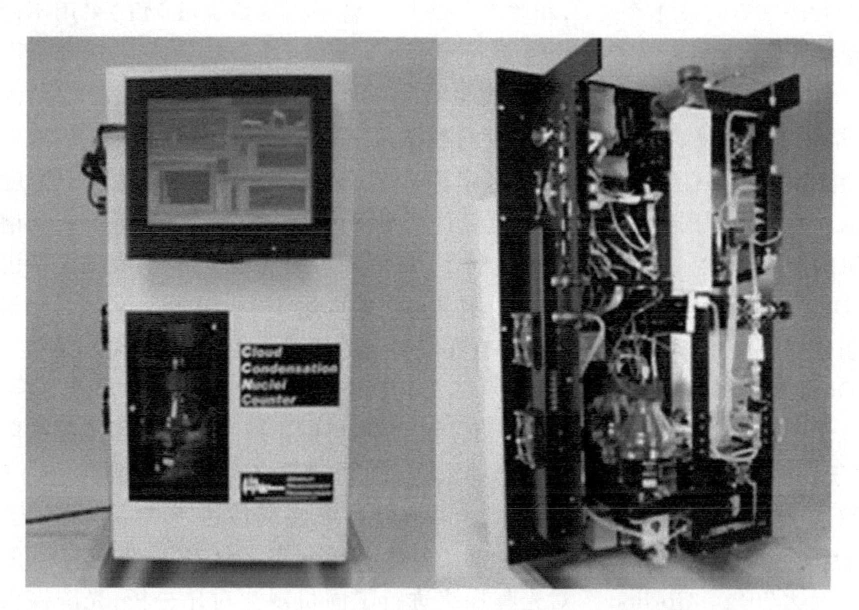

图2.1.4　CCN

CCN 仪能观测到云凝结核在不同地区、不同季节、不同天气背景下的时空分布特征。其核心部分是一个高 50 cm、内径 2.3 cm 的圆柱形连续气流纵向热梯度云室。云室上、中、下部分别安放了热敏元件(RTD)以精确测量温度，通过上、中、下部的三组热电制冷器(TEC)分别控制上、中、下部温度，使云室温度上低下高，形成一定的温度梯度。云室内壁维持一定量的水流以保持湿润。由于从云室内壁向云室内部的水汽扩散比热扩散快，因而在云室的垂直中心线区域达到最大的过饱和度(过饱和度以下简称为 S)。环境空气进入仪器后被分为采样气流和鞘流两部分。经过过滤和加湿，没有气溶胶粒子的鞘流环绕在采样气流周围进入云室，可以把采样粒子限制在云室垂直中心线区域。采样粒子在设定的过饱和度下活化增长，活化后的粒子进入云室下面的光学粒子计数器(OPC)腔体。OPC 内照射激光的波长为 660 nm，通过粒子侧向散射计算得到活化的 CCN 粒子尺度和个数(探测的最小粒子阈值为直径0.75 mm)。该仪器还内置了一套计算机系统并配备了触摸式显示屏，可以实时处理、记录和显示各种数据。使用 LabView 编程的操作软件在内嵌式 Windows XP 下运行，可以方便地设置 S 等有关物理量并对仪器参数进行动态监测。通过 RS-232 串口可以把数据传输到其他计算机，还可以通过 USB 接口连接其他存储设备。

DMT CCN 仪在飞机上和地面均可使用，设置的过饱和度 S 范围为 0.1%～2%。可以设置单一的过饱和度 S 进行连续测量，也可以设置最多 5 个不同的过饱和度 S 进行连续循环测量，计数频率为 1 Hz。在 20 个存储通道中，粒子的大小范围从 0.75 μm 到 10 μm。测量存储通道顶端得到存储通道大小如下：0.75 μm，1.0 μm，1.5 μm，2.0 μm，2.5 μm，一直到 10 μm。

2.1.2 粒子测量系统的误差估计

云是不同尺度不同相态水凝物的集结体，云中的粒子包括云滴、雨滴、冰晶、雪晶、雪团、霰、冰粒和冰雹。其尺度大小从 10^{-7} m 到 10^{-1} m，相差 100 万倍；云滴数浓度可高达1000 个/cm^3，冰雹的数浓度有时仅 1 个/m^3，相差 10^9 倍[13]。粒子测量系统(DMT)采用不同的探头观测不同尺度范围内的粒子。

DMT 中的前向散射探头 CDP，通过测量粒子经过聚焦的激光束时采样空间内散射光的大小，来度量粒子的尺寸，需要对信号强度与粒子尺度的关系进行标定。CDP 测量粒子尺寸的精度受激光束的均一性、仪器响应时间、定标精度等的影响。CDP 测量粒子浓度的精度受采样体积的计算和采样周期内粒子计数精度的影响[14-17]。Mossop[18]分析枪式滴谱仪与云粒子探头结果的差异，发现两者浓度比值 1.04±0.16，含水量比值 0.92±0.17。考虑到误差传递，利用 CDP 测得的云粒子谱分布计算云水含量误差可达 30%；游景炎等[13]总结云粒子探头测量的云滴浓度、平均直径和液态水含量与其他类型的仪器比较，一般相差不超过 20%。

对于 DMT 中的光阵探头，包括一维和二维，其测量误差也来自两个方面：粒子尺寸的测量误差和粒子计数的误差。Korolev 等[19]利用菲涅尔衍射原理系统研究了二维光阵探头的测量精度，对于较小的粒子(比如粒子直径 100 μm)尺寸的测量有可能高估或低估达 100 μm，对于较大的粒子(比如粒子直径 500 μm)尺寸的测量有可能高估达 100 μm；对粒子直径小于 100 μm的粒子会产生漏测，在仪器响应时间为 0 的理想状态下，CIP 探头对直径在 25 μm 的粒子漏计比例达 70%。Gordon[20]对光阵探头进行了同机观测对比分析，光阵探头包括一维雨探头、二维云探头、二维雨探头，结果表明，当云中水成物粒子尺寸大于 1 μm 时，三个探头取样一致性非常好；在温度大于 3℃时，雨滴取样测量结果一致性较好，CIP 测量浓度最高；当温度在 0℃以下时，三种探头测量结果差异加大，CIP 与 PIP 的浓度差异可达 7∶1，这些差异估计来自于探头分辨率以及部分冰晶粒子大的纵横比造成的。

粒子测量系统虽然有其固有的缺陷，但是对于云的微物理参数来说，机载粒子测量系统的结果仍被认为是最准确的[15]。

2.1.3　数据处理

原始探测数据经预处理后，按探头生成结果文件[21]；利用前向散射探头、一维云粒子探头、二维云粒子探头三个探头的数据进行统计分析，对于由液滴构成的低云采用前向散射探头和一维云粒子两个探头，对于含有冰晶粒子的中云采用前向散射探头和二维云粒子探头。云中的粒子按尺度大小可分为云粒子和雨粒子，通常以粒子直径 $D=200\ \mu m$ 为界[22]，粒子直径在 2～200 μm 为云粒子，粒子直径大于 200 μm 的为雨粒子。对于固态粒子按尺度可分为冰晶和雪晶。为了准确得到云中的含水量，在预处理时利用二维探头的资料，根据固态粒子面积与周长的关系，已将其等效为球形粒子，故为了方便，云中的粒子统一以粒子直径 $D=200\ \mu m$ 为界分为云粒子和雨粒子。以 CDP 探头全部 30 档的数据和 CIP 探头的前八档数据合并为粒子直径在 2～200 μm 的云粒子谱资料。冰晶与雪晶的区分主要根据粒子尺度，国内常把尺度大于 300 μm 的晶体作为雪晶；根据 Ono 1969 年的研究结果，直径大于 300 μm 的片状雪晶具有较大的落速，并开始碰冻过冷云滴。这一结果可作为用 300 μm 尺度为界区分冰、雪晶的物理依据，雪粒子采用 PIP 资料。

将探测结果按降水云和非降水云分为两类，每类再分为低云(Sc)、中云(As，Ac)，进行云的宏微观结构特征统计分析。以一次垂直探测的平均为一个观测样本，云的宏观特征包括云厚和云底高度，云的微观特征包括云粒子浓度、含水量、有效半径、谱分布。降水云和非降水云的区分主要是依据地面观测资料，尤其是本场的飞机起降探测，在航线上的垂直探测同时参考了地面观测资料中的现在天气现象和机上人员的观测。为了考察降水云与非降水云微物理特征的差异，云生成后，云粒子谱拓展到有效半径达到多大才能形成降水，文中对降水云的含水量、云粒子浓度、有效半径、谱分布参数的统计限定在云粒子直径小于 200 μm 段。

云厚根据云粒子浓度数值和飞机上观测人员的出、入云宏观记录共同分析得到，云中含水量计算如下式所示：

液态粒子含水量

$$LWC = \sum_{1}^{n} \frac{\pi}{6} D_i^3 N_i \rho$$

固态粒子含水量

$$LWC = \sum_{1}^{n} A D_i^b N_i$$

式中，ρ 为水的密度，AD_i^b 为固态粒子质量，粒子有效直径的计算公式：

$$D_e = \sum_{1}^{n} n_i D_i^3 \Delta D_i / \sum_{1}^{n} n_i D_i^2 \Delta D_i$$

云粒子谱型分布采用 Khrgia-Mazin 谱分布：

$$N(D)\,\mathrm{d}D = AD^2 \mathrm{e}^{BD}\,\mathrm{d}D$$

式中，A、B 为待定系数。

2.2 探测概况

2.2.1 飞行方案设计

2.2.1.1 充分播撒作业

目前我国冷云催化技术相对较为成熟，而暖云催化的水平相对落后。在冷云催化的实际业务中，人工增雨往往采用高炮、火箭和飞机等运载工具，将AgI(碘化银)催化剂直接送入符合条件的云区进行播撒催化。在几种播撒手段中，飞机播撒具有持续时间长、覆盖范围广、安全性能高、碘化银的成核率高等优点，已经成为人工增雨的主要手段。然而在飞机播撒的实际业务中，只有在合适的时机、合适的部位播撒合适剂量的催化剂才能取得较好的播撒效果。在过去的作业中，为了考虑飞机航线尽可能多覆盖县(市)，往往采取直线作业，然而这样作业的实际有效影响面积并没有增加，而且作业区域内催化剂往往由于达不到足够的浓度，作业效果并不明显，对于效果的检验也非常困难。针对这个问题，很多学者提出锯齿形飞行或者U形飞行，然而在设计这两种方案的时候，往往是针对地面的设计，在高空风的作用下，播撒航迹会发生变形，影响区域内也达不到充分播撒。针对以上问题，对探测方案进行了改进。

2.2.1.1.1 充分播撒作业——对云轨迹

以锋面云系为例，一般宽100 km，可催化区宽约为50 km，作业后飞机的每条催化带扩散宽度左右各约5 km，故若想在一片区域内进行充分播撒，可以对锋面云系进行多条航线反复播撒，如图2.2.1所示，其中图2.2.1a为传统的U型播撒，图2.2.1b为方框型播撒，从图中可以看出播撒航线的长约50 km，两条催化带宽之间的间距为10 km。需要指出的是，讨论的两种飞行方案均是以云系为参考坐标系，而非地面坐标系，只有当高空风为静止风的时候，两者才能统一，否则飞机对地的飞行轨迹与催化结束时催化剂对云的分布轨迹并不相同。实际操作中，飞行员只需平行和垂直于风向进行飞行即可，不需要根据地面的经纬度进行方向的修正。飞行结束后的实际对地轨迹，与高空风速有关，如何建立起它们之间的联系，在下一节进行讨论分析。

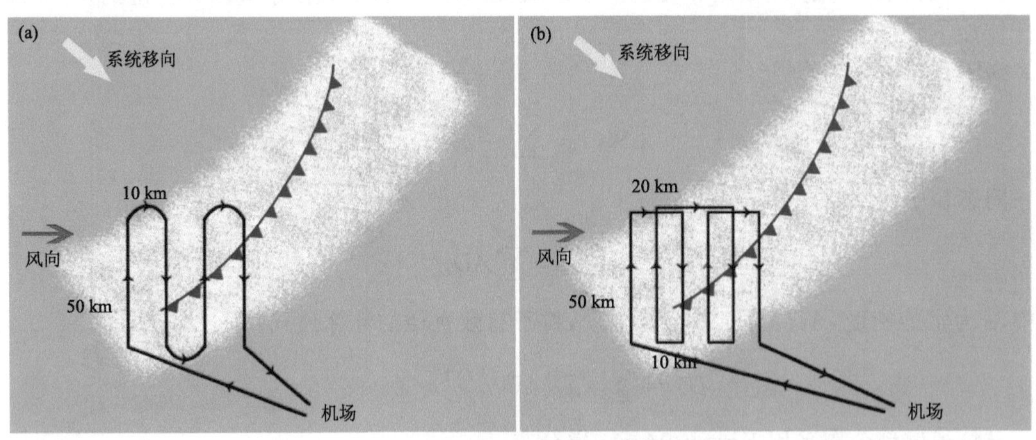

图2.2.1 相对于云飞行的多条平行催化带的播撒航线设计

(a)U型轨迹；(b)方框型轨迹

结合改装后的飞机 Y12 的实际飞行情况，对飞行方案进行详细阐述。改装后的 Y12 在平飞时航速 V_1 约为 80 m/s，故若想让播撒带约 50 km，只飞 10 min 左右；飞机的转弯半径最小为 2.5 km，小于 10 km，故完全可以假设飞机转弯时是以圆弧转弯，则可以算出圆弧长约为 10.5 km，飞机转弯时航速 V_2 约 60 m/s，转弯时间约 3 min。Y12 的续航实际在 4.4 h，在实际增雨航线设计时，一般需要考虑到突发情况，整个飞行过程的时长一般控制在 3 h 范围内，除去飞机从机场到目标区间的来回时间，以目标区作业 75 min 为例(三根烟条)，根据上面计算的结果，如果采取 U 型飞行，一共可以形成 6 条平行催化带，考虑到扩散，影响面积为 3000 km^2；如果采取方框型飞行，可以形成 5 条平行的催化带，影响面积约为 2500 km^2。

U 型飞行方案，飞机起飞后，直接飞到作业高度层的过冷水大值区域，然后垂直于风飞行 10 min(约 50 km)后转弯(约 3 min)，再垂直于风飞行 10 min，如此反复，直至作业结束后返航；方框型飞行方案，飞机起飞后，直接飞到作业高度层的过冷水大值区域，然后垂直于风飞行 10 min(约 50 km)，然后右转，沿着风向飞行 4 min(约 20 km)，再右转，垂直于风向飞行 10 min，再右转，顶着风向飞行 2 min(约 10 km)，如此反复飞行，直至作业结束后返航。通过这两种飞行方案，扩散后，均可以在空中形成多条密实的平行催化带，在一片区域内获得较好的催化效果，其中 U 型方案受影响的面积较大，而方框型方案催化后特征更加明显。

2.2.1.1.2 充分播撒作业——对地轨迹

从上面讨论的结果，可以发现，如果针对云的飞行轨迹，U 型播撒可以取得较好的播撒效果，而在实际业务中，在上报计划的时候往往需要提供对地的飞行轨迹。在不同速度的高空风作用下，催化剂会向下风方移动扩散，催化带变形而无法达到多条平行带催化的效果。为了修正这一结果，在飞机播撒时需要根据烟条燃烧速率决定它最大的扩散宽度(例如 7 km)，考虑播撒高度风造成烟团的飘移，保证播撒结束时在播撒区能有充分的播撒，即图 2.2.2d 所显示的效果。若以地面为参考系，实际飞行的轨迹需设计见图 2.2.2a—c，其中图 2.2.2a 为高空风风速较小时所用的所用飞行方案，定为方案一；图 2.2.2b 为风速适中的时候采用飞行方案，为方案二；图 2.2.2c 为风速较大时采取的飞行方案，为方案三。

为了详细说明设计原理，以方案二为例进行说明，并对一些参数的计算方法和计算结果进行说明(图 2.2.2d)。若飞机从 A 经 C、B、D，回到 A 点，风向为正西方向，得到催化带分布应如图 2.2.2d 右图所示，为三条平行分布的催化带，整个催化区域被完全覆盖，都能达到被催化的目的；同样，在一定的高空风速作用下，利用方案一和方案三播撒后也可以得到平行的催化带。假设飞机平飞时飞行速度为 V_1，作业层的高度的风向为正西方向，风速为 u，飞机以对风向为 $\cos^{-1}(V_1/u)$ 角度飞行，飞机从 A 到 C 的播撒时间为 t_1，飞机转弯时的飞行速度为 V_2，从 C 到 B 的转弯时间为 t_2，则 AC 为 $V_1 \cdot t_1$，BC 之间的弧长为 $V_2 \cdot t_2$，u 为作业高度的风速，AD 间的直线距离为 $u \cdot t_1$，下面根据山西省实际作业时的参数对图 2.2.2d 中的飞行路线设计的具体问题做一些计算。改装后的 Y12 在平飞时航速 V_1 约为 80 m/s，每条播撒 t_1 为 10 min 左右，则 AC 约 50 km；每条催化带扩散宽度约为 3.5～5 km；转弯时航速 V_2 约 60 m/s，转弯时间约 2.5 min，故 BC 间弧长距离一般约 9 km；飞机飞行的角度为 $\cos^{-1}(80/u)$，AD 间距离为风在 10 min 内移动的距离，即 $0.6u$ km，若 $0.6u$ 近似为 9 km，则飞行轨迹接近八字型(图 2.2.2a)，若远大于 9 km，则飞行轨迹为图 2.2.2b，若远小于 9 km，则飞行轨迹为图 2.2.2c。表 2.2.1 给出了不同风速下方案的选择及一些参数的计算。通过选择合理的飞行方案，可以让飞机播撒而获得多条平行的催化带。

表 2.2.1　不同风速下的催化方案的选择

风速(m/s)	5	10	15	20	25	30
方案选择	方案一	方案一	方案二	方案三	方案三	方案三
AD 间的距离(km)	3	6	9	12	15	18
对风角度(°)	87.85	85.70	83.54	81.37	79.19	73.00

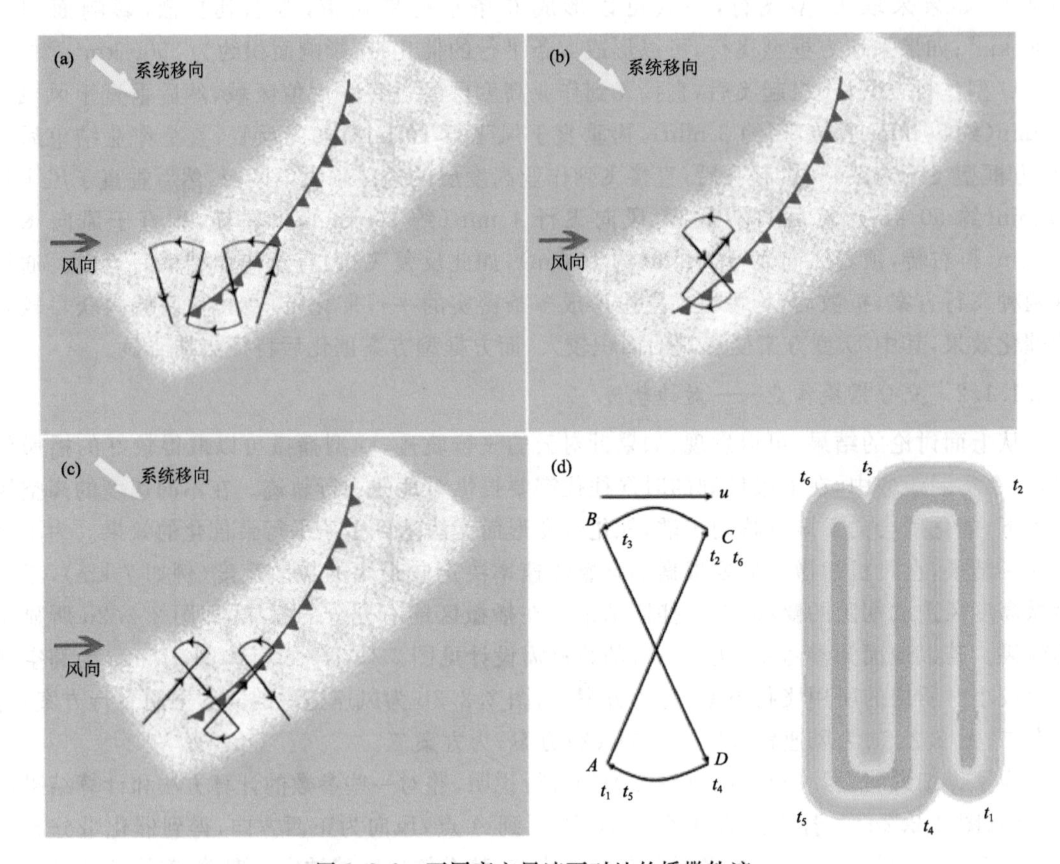

图 2.2.2　不同高空风速下对地的播撒轨迹

(a)为风速适中时的轨迹;(b)为风速较大时的轨迹;(c)为风速较小时的轨迹;

(d)为平流下的为达到平行催化带的播撒航线设计和扩散得到的部分平行催化带(即 b 的补充说明)

2.2.1.2　层状云飞行探测方案

层状云系是北方开展人工增雨作业的主要目标云系,云中过冷水含量是云中重要的微物理要素之一,特别是在人工增雨工作中该物理量显得尤为重要。就层状冷云人工增雨潜力条件而言,云中的过冷水含量是最重要的参数之一。根据 Bergeron 提出的关于冰晶水滴共存、水滴蒸发和冰晶凝华增长的降水理论,可知云中过冷水含量的多少及云体过冷却部分是否缺乏冰晶是衡量云中降水转化效率的主要指标,因此,对降水性层状云中过冷水含量分布特征进行研究,可以为人工增雨外场作业中寻找过冷水含量大值区提供理论依据,减少外场作业中存在的盲目性,进一步提高人工增雨效率。机载粒子测量系统可以直接得到云中过冷水量、云滴浓度、冰晶浓度等微观参数,是云微物理观测的主要手段,下面对层状云系常见的两种观测方案进行描述。

2.2.1.2.1　降水云系结构探测飞行方案

为了解系统性层状云系的水平、垂直结构特征规律，可以利用飞机观测与遥感资料（如卫星、雷达、探空等）相配合进行综合观测，从而获取层状云系的宏微观特征。为了将飞机资料与静止卫星资料相结合，可以根据静止卫星的像素点分辨率，设计垂直探测采取平飞一段空间距离的方式进行垂直探测，平飞的距离约占 3～5 个像素点（华北地区约 15～30 km），根据“运-12 飞机”巡航飞行速度大约水平飞行 3～6 min；为了将飞机资料与雷达回波相结合，飞行探测区域最好有雷达回波或地面降水。另外，针对一块云不同高度的观测，高度选择时需根据云中温度分布规律进行选择。在暖云区、混合云区以及冷云区都要有观测。在不同云区的观测的目标和对象也不同，例如暖云区，主要有云滴、雨滴还有可能有从上面掉下来没有完全融化的冰相粒子；而在混合云区，尤其是 0℃层上下，这里是雷达 0℃层亮带的区域，冰相粒子表面开始融化，粒子大小变化不大，但形状开始发生改变，同时也有部分过冷水的存在；冷云区、主要观测过冷水以及冰晶。针对不同的云宏微观物理特征，观测时的记录重点也应有所变化。

具体的飞行方案（图 2.2.3）为：探测飞机起飞后朝着探测云带一直爬升直至云顶（如果云层很厚则爬升到飞行升限高度），进入飞机探测区域 A 位置，可以直接得到云底高度、云顶高度和云层厚度信息；根据总体云层厚度大致分为 3～6 层，每层厚度约 300 m；先进行小范围盘旋下降高度垂直探测，直到云底出云（或者是规定安全飞行高度，当地海拔加 600 m），沿探测空域水平飞行 3～6 min，按照计算的探测层厚度爬升一个厚度层在飞行 3～6 min，到达探测空域的边缘厚可以盘旋调转方向反方向多次水平、爬升、水平、再爬升方式进行云物理探测，依次类推，直到云顶层或飞行高度上限，然后平飞至探测区域 B。区域 A 和区域 B 最好为冷锋云系的不同部位（如锋前和锋后），再次进行小范围盘旋下降高度垂直探测，结束后返回机场。利用温湿度探头，可以获得每个高度层的温度，飞机在－5℃层、0℃层、＋5℃的特性高度层要尽量拥有观测资料。此种飞行方式可以给出粒子谱相态、浓度（比例）、含水量等随高度的分布以及与 0℃层相互位置信息，通过对云层区域粒子谱的垂直分布与卫星反演参数相比较寻找作业潜力区的位置，确定卫星反演潜力区域综合指标。

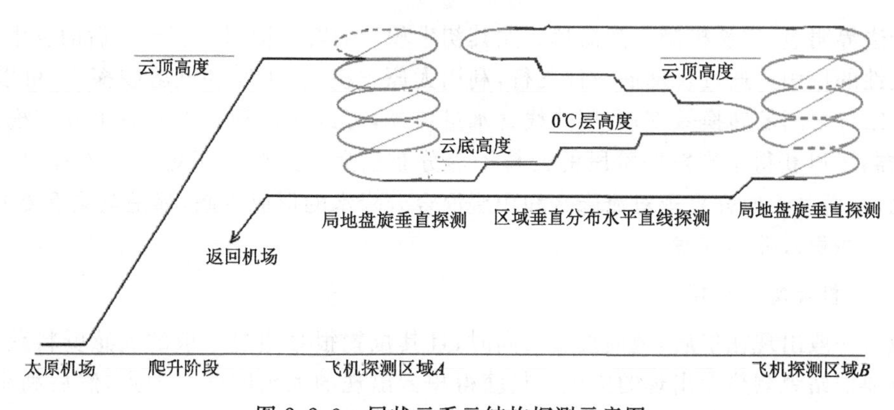

图 2.2.3　层状云系云结构探测示意图

在飞行前，根据最近时次探空资料，获取主要关心层风向、风速，如－10℃层、－5℃层、0℃层、＋5℃层等，再据卫星云图和雷达回波的移向、移速，在加密观测区域上风方或回波移向上方，选取一点，同样在下风方或回波移动方向下方选出一点，定出各点的经度、纬度值，两点间在观测区内，相距以 50～80 km 为宜。

2.2.1.2.2 过冷水探测方案

山西三年观测资料的统计结果表明，垂直分布上，当温度低于 0℃时，随着温度的降低，过冷水逐渐变少。故了解层状云系的过冷水水平分布特征就显得非常重要，尤其是在人工影响天气时，找到过冷水丰沛区，可以直接提高人影效率，避免多余的飞行。当飞机起飞后，直接向上爬升，飞到－5℃层后，垂直于云带进行来回地穿飞探测，获得水平方向上过冷水的大值区(图 2.2.4)。从而寻找层状云系的过冷水分布规律，尤其是冷锋云系的锋前锋后，过冷水的大值区分布规律，力图使飞机一维航线数据能够勾络出云系中液态水的分布状况。

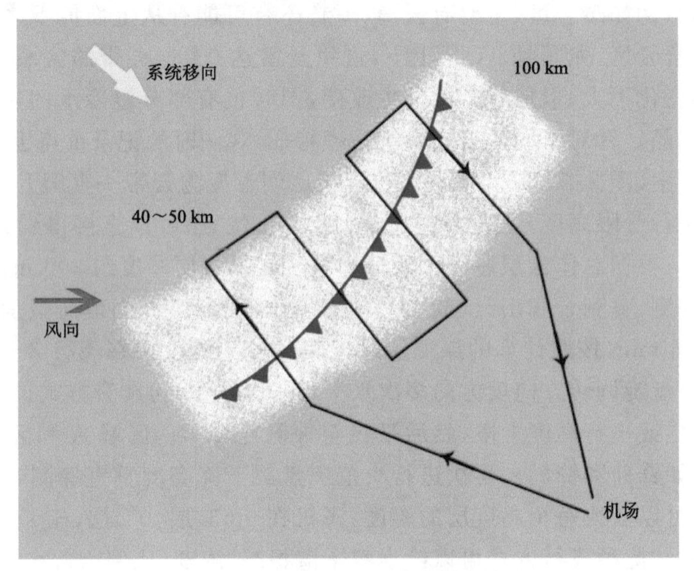

图 2.2.4 层状云系过冷水探测方案

2.2.1.3 积状云飞行探测方案

积云边界明显，成长机制较为简单。尤其初生积云的粒子谱对于积云以后的发生发展，都起了决定性的作用。通过合理的设计飞行，利用太原飞机上 CCN 和气溶胶探头，可以了解气溶胶和凝结核之间的转换效率；利用热线含水量仪器，可以获得积云中液态水分布规律；利用 DMT 仪器，可以获得不同发展阶段的云粒子谱分布信息。这些对于更好地了解积云的发生发展情况，从而对于研究夏季对流降水和积层混合云降水的形成机制，都是至关重要的。下面简单介绍一些积云探测方案。

2.2.1.3.1 积云发展初期

淡积云一般出现在午后，地面温度较高时，且其位置很难通过一般的遥感资料获得，只能通过分析地面站观测热泡出现的历史资料获得积云出现的大致时间和地点，然后利用飞行人员目测寻找。此类云一般范围不大，且不是很厚，高度约 1 km，水平尺度为 2～3 km，中心上升气流速度约为 1～3 m/s，不是很颠簸，可以直接穿云。为了了解云内外 CCN 和云粒子直接的关系，利用山西省的两套 CCN 探测仪器，可以将 CCN-100 置于地面观测站，其过饱和度设置为 0.3，飞机上安装 CCN-200，其过饱和度一个设置为固定值 0.1，另一个设置为 0.6、0.3、

0.1 的循环，每次循环探测 3 min(图 2.2.5)。飞机起飞后直接飞往云底，从而可以获得地面到云底的 CCN 垂直廓线；然后在云底进行盘旋探测 10 min，可以获得云底不同过饱和度下 CCN 的粒子谱分布观测；从云底开始人工记录上升气流，上升气流需要在飞机平飞时，利用飞机自身仪表获得，爬升 300 m 后绕圈平飞穿云，飞行方式见图 2.2.5b，如果有其他的积云团，也可以穿云。因为淡积云生命周期较短，飞行一圈立刻爬升 300 m，继续穿云飞行探测，以此类推直到云顶，后返航。条件允许的情况下，在相同或其他的云簇的云顶重复下降观测一次；下降穿云时，与上升时的观测方法一致。到云底后，飞一圈测量 CCN 的谱分布，之后，飞过地面的 CCN 观测站，尽可能飞低，测量 CCN 过饱和度谱，安全降落。

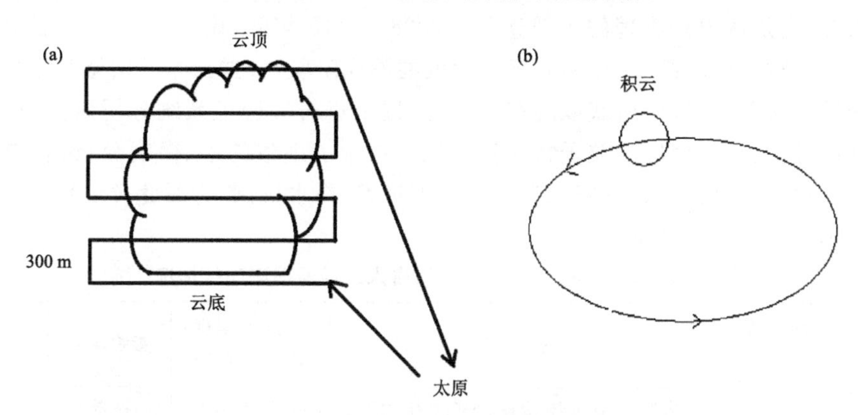

图 2.2.5　积云观测方案

(a)积云垂直探测剖面；(b)积云水平探测剖面

2.2.1.3.2　积云发展中期

当积云从淡积云继续发展时，可以发展成为中积云，此类积云云厚约为 3 km，水平尺度约为 4～5 km，上升气流也比淡积云大，较为颠簸，云中可能出现过冷水，但云顶还没有产生冰晶，此类云也可以进行飞行探测。飞行方案与淡积云类似。飞机从太原机场起飞后爬升到云底高度，贴云底来回平飞 2～3 次，爬升 300 m 后继续穿云平飞，每次出云后尽快掉头，再次穿云，来回穿飞 1～3 次可以继续爬升 300 m，以此类推直到云顶，后返航。

当积云发展成为浓积云时，云中上升气流很强，危险系数大，不建议进行探测飞行。

2.2.1.4　结论

(1)为了获得较好的播撒效果，针对云的坐标系，可以采取 U 型播撒或方框播撒；针对地面坐标系，在不同的高空风下，飞机应在过冷水丰沛区(−5℃高度上)采取 8 字型或相应“变 8”字方式播撒；

(2)如果想利用卫星反演、雷达、地面雨量等进行效果检验，需对层状云带进行分区，并严格在作业区进行播撒，如果飞机上装载了探测仪器，作业结束后，可以对作业区进行回穿，获得微物理资料；

(3)为了了解层状云系的垂直结构，在不同特定温度层进行平飞探测，从而获得不同相态的粒子谱分布；

(4)为了探测过冷水分布的水平规律，在−5℃层进行垂直于云带的穿飞探测，勾画出过冷水水平分布规律；

(5)综合利用机载仪器,对初生积云进行探测,可以获得气溶胶和凝结核之间的转换效率、可以获得积云中液态水分布规律以及云粒子谱分布信息;

(6)为了保障作业或探测的飞行任务顺利进行,作业前需要对天气情况进行会商,作业后需要对飞行进行总结,从而保障飞行的顺利进行和采集资料的可靠性、完整性。

2.2.2 飞行情况

对云降水物理学的研究途径包括:外场观测研究云和降水的形成、演变机制,利用模式对云体的发展演变进行模拟,利用理论方法对云体物理过程模拟。其中,外场观测对于人工影响天气非常重要,它是认识云物理的重要途径。2008—2010 年间,山西省人工降雨防雹办公室利用新型机载云粒子探测系统,在层状云系发展的不同阶段,根据云系的宏微观结构特征进行有针对性的综合探测飞行,对所获取的有关云、雨粒子资料进行了系统分析研究,特别是对云中有代表性的部位、垂直分层的粒子特征量和粒子谱做了细致的宏、微观分析,获得该云系的宏、微观结构,揭示了该云系自然降水形成的物理过程、降水机制,为对此类云系进行人工催化提供科学依据。基础飞行情况见表 2.2.2。

表 2.2.2 2008—2010 年山西省人工增雨探测飞行情况

日期(年-月-日)	起飞时间(时:分)	降落时间(时:分)	飞行路线	最大高度(m)	温度(℃)	影响系统	备注
2008-7-14	09:10	11:05	太原 汾阳 介休 交城 平遥 太谷 太原	5013	1.1	冷槽	
2008-7-17	10:45	12:15	太原 离石 石楼 介休 太原	5622	−1.2	西风槽	
2008-7-17	14:25	16:56		5647	−2.1	低涡	
2008-7-31	11:35	14:05	太原 偏关 朔州 右玉 大同 太原	4714	3.9	低涡	
2008-7-31	19:22	21:36	太原 偏关 大同 太原	4332	3.5		
2008-8-10	09:20	11:47	太原 大同 原平 太原	3750	5.9	西风槽	
2008-8-13	10:05	11:32	太原 运城 沁水 太原	4660	3.6		
2008-8-13	13:47	15:55		5007	−2.7	副高	
2008-8-13	17:14	18:24	太原 原平 盂县 太原	4313	2.7	西风槽	
2008-8-14	11:35	13:24	太原 朔州 大同 太原	5044	−2.2		
2008-8-16	12:25	13:48	太原 介休 孝义 汾阳 平遥 交城 太谷 太原	4928	1	西风槽	
2008-8-16	11:35	13:24	太原 五寨 交口 榆社 太原	5013	−2.2		耕云作业
2008-8-20	13:35	16:03	太原 介休 隰县 兴县 太原	5725	−1		系统前锋
2008-8-20	16:56	19:16	太原 朔州 原平 阳泉 太原	5038	0	西风槽	
2008-8-29	14:26	16:15	太原 离石 介休 交城 平遥 太谷 太原	5001	−1.2		系统前锋
2008-8-29	17:39	19:50	太原 兴县 朔州 原平 太原	4973	−2.9	冷锋西风槽	
2008-8-30	11:20	13:14	太原 清徐 长治 榆社 寿阳 太原	5948	−1.1		系统末
2008-9-8	11:05	13:48	太原 临县 隰县 沁源 太原	5699	−2	西风槽	前锋
2008-9-8	15:10	17:42	太原 离石 石楼 临汾 介休 太原	5040	−0.9		中间干层
2008-9-8	19:45	21:30	太原 临县 偏关 太原	5018	−1.5		

续表

日期（年-月-日）	起飞时间（时:分）	降落时间（时:分）	飞行路线	最大高度（m）	温度（℃）	影响系统	备注
2008-9-9	08:14	09:50	太原 岢岚 大同 太原	4727	0.4	西风槽	前锋
2008-9-9	10:41	13:40	太原 交城 孝义 太原	5392	−4		耕云作业 回穿探测
2008-9-9	15:55	17:28	太原 汾阳 孝义 介休 太原	5347	−2.4		耕云作业 回穿探测
2009-3-11	18:38	20:15	示范基地				探测
2009-3-21	08:44	09:59	太原 娄烦 忻州 阳曲 太原	3062	4.3		3600 m 高度平飞
2009-3-26	20:15	22:38	太原 隰县 乡宁 浮山 太原	3698	−4.1		3600 m 高度平飞
2009-4-2	14:00	16:05	太原 离石 柳林 隰县 汾阳 太原			西风槽	穿云探测
2009-4-2	19:00	21:05	太原 石楼 大宁 太原			西风槽	穿云探测
2009-4-18	16:54	19:04	大同 张家口 大同				三机联合探测
2009-4-29	11:48	13:28	大同 张家口 大同				三机联合探测
2009-4-30	18:10	20:13	大同 张家口 大同				三机联合探测
2009-5-8	15:13	17:08	示范基地			西风槽	探测
2009-5-9	16:27	17:05	太原 古交 太原	3697	0.6		3600 m 高度平飞
2008-5-10	09:40	11:32	太原 孝义 榆社 阳泉 太原	4701	−3.1		融化层上下探测
2008-5-10	14:00	15:39	太原 兴县 五寨 太原	4883	−6	冷锋 西风槽	
2008-5-13	17:52	19:32	太原 柳林 岢岚 太原	3641	−1.1		系统前锋
2009-5-14	08:54	11:16	太原 离石 兴县 定襄 太原	5720	−10.9		不均匀层状云
2009-5-14	13:42	15:26	太原 静乐 临县 中阳 太原	3695	−2.6		3600 m 高度平飞
2009-6-18	13:30	14:48	太原 临石 文水 太原	3707	6.4		3600 m 高度平飞
2009-6-19	13:50	15:10	太原 介休 中阳 太原	3715	3.2		3600 m 高度平飞
2009-7-7	19:40	20:48	太原 娄烦 中阳 太原	5280	−2.8		
2009-7-8	10:46	12:26	太原 静乐 岚县 离石 太原	3710	6.8		3600 m 高度平飞
2009-7-8	14:31	16:18	太原 离石 石楼 介休 太原	3684	8.5		3600 m 高度平飞
2009-7-15	16:23	18:03	太原 离石 交口 太原	4396	2	西风槽、副高	4200 m 高度平飞
2009-7-16	09:26	11:24	太原 忻州 离石 太原	4119	6.8	西风槽、副高	4200 m 高度平飞
2009-7-16	21:50	23:17	太原 繁峙 忻州 太原	4057	6.7		
2009-7-26	17:33	18:52	太原 娄烦 中阳 太原	4372	0	西风槽	
2009-8-18	21:00	21:40	太原 离石 兴县 忻州 太原	3801	9.45	西风槽	
2009-8-20	16:32	18:03	太原 兴县 中阳 平遥 太原	4474	1.1	西风槽 副高	
2009-8-20	20:13	21:32	太原 兴县 朔州 繁峙 太原	4053	3.89		4000 m 高度平飞
2009-8-22	10:31	12:03		3773	7.83		3600 m 高度平飞
2009-8-28	20:22	21:06		3755	2		3600 m 高度平飞
2009-8-29	09:35	11:36		3745	1.2	西风槽 副高	3600 m 高度平飞

续表

日期（年-月-日）	起飞时间（时:分）	降落时间（时:分）	飞行路线	最大高度（m）	温度（℃）	影响系统	备注
2009-9-4	10:21	12:08	太原 介休 汾西 沁源 榆社 太原	3823	8.43	西风槽	3600 m 高度平飞
2009-9-6	09:01	11:35		3791	9		3600 m 高度平飞
2010-4-20	10:15	12:02	试验区耕云作业	3644	−1.5	冷锋 切变线	三机联合探测
2010-4-20	15:37	18:22					
2010-4-21	09:43	11:45	太原 静乐 故交 娄烦 太原	3965	−5.33	冷锋 切变线	
2010-5-16	09:35	11:38	太原 离石 介休 太原	3588	4.26		
2010-5-26	10:50	12:51	太原 平遥 介休 石楼 方山 太原	5977	−5.5	冷锋 切变线 西风槽	探测
2010-5-26	15:01	16:09	太原 静乐 原平 太原	5645	−5.6		
2010-5-27	09:11	11:19	太原 太谷 介休 兴县 偏关 太原	5614	−4.21	冷锋 切变线 西风槽	耕云后回传探测

第 3 章 太行山区层状云宏微观特征探测结果统计分析

3.1 降水性层状云与非降水性层状云的宏微观统计特征

降水性层状云的宏微观统计特征见表 3.1，非降水性层状云的宏微观统计特征见表 3.2。表中所列高度为海拔高度。

表 3.1 太行山降水性层状云的宏微观特征

探头名称	参数/单位	低云		中云	
		平均值	标准偏差	平均值	标准偏差
CDP	N/cm^{-3}	37.15	86.30	42.80	72.01
	ED/μm	10.98	9.89	13.41	10.10
	LWC/(g/m³)	0.03	0.09	0.05	0.11
CIP	N/cm^{-3}	0.24	0.93	0.94	2.51
	ED/μm	452.17	256.11	492.83	317.56
PIP	N/cm^{-3}	0.003	0.01	0.006	0.08
	ED/μm	705.67	452.10	1004.62	728.04

注：N 为数浓度；ED 为有效粒子直径；LWC 为液水含量。下同。

表 3.2 太行山非降水性层状云的宏微观统计特征

探头名称	参数/单位	低云		中云	
		平均值	样本偏差	平均值	样本偏差
CDP	N/cm^{-3}	0.16	0.14	66.29	91.07
	ED/μm	7.36	7.95	9.57	7.28
	LWC/(g/m³)	0.00	0.00	0.03	0.04
CIP	N/cm^{-3}	0.01	0.02	0.04	0.04
	ED/μm	450.57	264.36	576.74	258.64
PIP	N/cm^{-3}	0.00	0.00	0.002	0.002
	ED/μm	755.21	482.27	1528.66	798.37

由表 3.1、表 3.2 可见，降水性层状云同非降水云系相比，一个明显的特征为中云的含水

量，其降水云的大于非降水云的；而云粒子浓度，其在降水性层状云中云的又明显小于非降水性中云的，这说明降水性层状云中云的云粒子谱分布中大粒子含量要明显高于非降水性中云的。在降水形成的过程中，中云起到了云粒子向降水粒子转化的比较关键的作用，赵仕雄等[23]分析 1977—1979 年 5—6 月青海东北部系统性降水高层云的云滴谱飞机观测资料也发现，在海拔 5 km 高度存在一活跃增长层。温度探测显示，太行山层状云中云所处的温度范围在−17～−2℃，属混合相态，贝吉龙过程就发生在这一层。

太行山降水性层状云，中云(As，Ac)和低云(Sc)含水量的平均值分别为 0.05 g/m^3、0.03 g/m^3，同国内其他地区、时间的机载粒子测量系统观测结果相近。青海东部 1995—1997 年的飞机探测结果表明，作业云层的平均液水含量为 0.05 g/m^3；河北省 1990—1993 年的观测结果平均为 0.04 g/m^3；山东省 1989 年、1990 年、1992 年的观测结果平均为 0.06 g/m^3；河南省 2000 年的一次冷锋和西南涡产生降水的个例探测结果为 0.05 g/m^3；西北地区春季层状云系 2001 年的一次探测表明云中平均含水量为 0.036 g/m^3。低云含水量同国外的机载粒子测量系统观测结果相比，稍微偏低，Yum 等[15]分析 ASTEX(Atlantic Stratocumulus Transition Experiment)计划中 6 个架次的大陆层状云平均含水量为 0.098 g/m^3，这可能是统计分析的方案不同造成的，项目只对飞行过程中垂直探测区进行了统计平均，而 Yum 等对整个飞行过程进行了统计平均。

3.2 降水性层状云微观特征分析

对应“催化－供给”云的三层结构，云内发生着不同的微物理过程，粒子形成和增长过程也不同。在冰相层，存在冰晶和雪，凝华是其主要增长方式，其次是雪与冰晶的聚合过程；雪/聚合体落入冰水混合层后，继续通过凝华增长或 Bergeron 过程增长，同时撞冻过冷云水增长，有部分冰雪晶通过撞冻增长而转化成霰。在下面的液水层，从冰水混合层落下的雪、聚合体、霰开始融化，同时收集云暖区云水增长，在达到地面之前完全融化成雨滴。此外在这一层形成的雨滴碰并云水增长。

3.2.1 不同温度层降水性层状云微观特征分析

不同温度层的云微观特征分析，可以了解降水产生的机制及云水向降水转化的特征、云水资源分布、降水形成的物理过程，降水性层状云不同温度层的微观统计特征见表 3.3，云中水分按不同粒子尺度的分配特征见表 3.4。

表 3.3 降水性层状云不同温度层的微观统计特征

探头名称	参数/单位	−15℃附近	−5℃附近	−2℃附近	3℃附近
CDP	N/cm^{-3}	14.20	14.43	35.90	61.84
	ED/μm	14.02	9.42	13.19	12.94
	LWC/(g/m^3)	0.01	0.01	0.04	0.05
CIP	N/cm^{-3}	0.08	0.22	0.85	0.74
	ED/μm	426.68	680.80	578.30	457.5
PIP	N/cm^{-3}	0.007	0.006	0.005	0.004
	ED/μm	541.29	1288.87	1234.44	823.00

降水性层状云在垂直方向上的微物理结构特征非常明显，也是分层的。高层主要是冰相粒子，主要是冰雪晶，随高度降低冰雪晶的尺度增大，在四个典型温度层的观测中，－15℃层附近观测 LWC 较低，冰晶的浓度最低、尺度相较其他三层亦最小，雪晶的浓度最大，尺度相较其他三层亦最小；在－5℃层附近，雪晶浓度由 0.007 降低到 0.006，但尺度却是－15℃层的 2.5 倍，冰晶的数浓度也出现了跃增，是－15℃层的 2.75 倍，尺度为－15℃层的 1.5 倍，说明降水性层状云中该层雪晶淞附增长条件和冰晶的碰冻繁生条件较好，是粒子增长的关键层。在－2℃层附近观测冰晶浓度达最大，尺度有所降低，雪晶浓度有所降低，但尺度仍然较大，说明淞附程度依然较大。在0℃层高度以上，有过冷水存在，同时存在从高层降落下来的冰相粒子。而在云的暖区，冰粒子发生融化，暖层主要是雨水和云水，还有一些未融化完的冰粒子，雪和霰，冰雪晶的尺度迅速减小。

冰晶主要通过凝华、聚合增长。雪通过凝华、收集冰晶和撞冻三个过程增长。雪撞冻云水增长率可以高于凝华增长率。霰主要通过撞冻和收集雪增长。雨水碰并增长、冰粒子融化并碰并云水。冰水混合层发生贝吉龙过程，同时存在粒子的撞冻增长，是粒子快速增长层。

3.2.2 降水性层状云含水量分布特征分析

层状云的含水量一般在 0.01～0.1 g/m³，在综合探测的过程中发现，山西省较薄的层状云含水量更小，常为 0.01 g/m³，但在雨层云和层积云的对流泡中含水量可高达 2～3 g/m³。层状云的总含水量不大，一般为 0.01～0.1 mm。层状云的含水量的垂直分布常见的有两种，对于非降水性的 St、Sc，含水量的极大值在云的中上部位(3/4 高度)。对于降水性层状云，如 As、Ns 系统，含水量的极大值一般在云的下部(1/6 高度)，Byers H R 曾在 Ns 中进行飞机观测，发现含水量最大值一般在云底附近，为 1.5 g/m³ 左右。层状云水平方向的含水量也有起伏，平均起伏强度是 25.5%，且起伏和平均风速关系不大，对于锋面云系，许多观测说明在锋区里含水量最大，为 0.32～0.92 g/m³，锋区两边含水量较少，通常为 0.1～0.3 g/m³。

表 3.4 云中水分按不同粒子尺度的分配特征

参数/单位	10 μm	20 μm	30 μm	40 μm
N/cm^{-3}	66.89	55.21	12.32	0.77
LWC/(g/m³)	0.03	0.13	0.08	0.01

由表 3.4 云中水分按不同粒子尺度的分配可以看出，直径 20 μm、30 μm 的粒子含水量较高，对云中液态水含量的贡献较大，降水粒子主要由 20 μm、30 μm 的粒子转化。

3.2.3 降水性层状云的质粒特征分析

利用 DMT 资料、雷达资料和其他实时观测资料对层状云中的冰粒子和中尺度辐合系统中的冰水转化区进行分析发现，这两者的冰粒子特征很不相同，冰水转化区中冰粒子的浓度是层状云区里的冰粒子浓度的 4～6 倍，而层状云区里的冰粒子的大小却是冰水转化区中冰粒子直径的 1.5 倍左右(表 3.5)。

表 3.5 降水性层状质粒特征分析

		斜率 $\lambda(mm^{-1})$	截距 $N_o(m^{-3}\cdot mm^{-1})$	尺度范围(μm)
小冰晶		106.0	5.3×10^6	2～47
冰质粒		13.31	1.9×10^5	25～800
雪质粒	米雪	5.34	3.33×10^3	200～6400
	侧片	3.65	5.84×10^3	200～6400
	柱束	2.56	1.75×10^3	200～6400
	枝片	1.03	6.13×10^2	200～6400

据探测资料统计，雪质粒谱的垂直演变可区分为饱和型和非饱和型两类，饱和型对应于枝星状雪晶或雪团，非饱和型则对应于空间状雪质粒。枝星状雪质粒具有更强的攀附过程，在－12～－17℃温度层有一迅速增长区，雪质粒的增长既与环境条件有关也与其自身的形态特征有关。

第 4 章　太行山典型层状云降水云系结构和降水机制

4.1　典型层状云降水云系微物理结构的观测研究

层状云系的不均匀性体现在层状云降水云系中存在一个个降水云团，云团的尺度约为几十千米，云团中含水量比云团外约大一个数量级，云滴浓度则相差 1～2 个数量级，还有的降水性层状云系中存在许多尺度小于 10 km 的云团。同时不均匀亮带可以使层状云产生阵性降水(5～10 mm/h)。据亮带不均匀性的理论模式研究，亮带上方回波的不均匀性可以直接导致亮带的不均匀性。如对流泡体对应亮带的回波核。如果亮带回波强度较高，冰相过程对云系的降水形成有重要贡献。

为了深入系统地研究太行山层状云结构的不均匀性，本节选取了 2009 年 6 月 18 日、2008 年 7 月 31 日、2008 年 8 月 13 日、2008 年 8 月 10 日、2009 年 5 月 9 日、2009 年 7 月 26 日六次典型的层状云降水过程，通过 DMT 探测资料分析降水过程中层状云的宏微观结构，研究层状云的不均匀性。六次探测过程，云和降水多为冷锋与西风槽天气过程所致，飞机起降机场为太原武宿，海拔高度约 787 m，飞行探测空域：35°—39°N，111°—114°E，垂直探测过程中各参量随高度的变化及探测过程不同高度的云滴谱图见图 4.1.1—图 4.1.10。

4.1.1　垂直方向结构分析

图 4.1.1 为 2009 年 6 月 18 日飞机垂直探测上升过程中，探测的云粒子垂直分布。可以看出，云底高度大约为 1850 m，与飞行记录中的观察结果相符；云底较低，云层比较厚，高度从 1850 m 到 3220 m，云滴最大数浓度达到 280 个/cm^3；从 1850 m 到 2200 m 数浓度有起伏变化，但变化幅度不大，到 2200 m 出现数浓度的最大值，之后迅速减小；从 2500 m 到 2800 m 数浓度呈现出随高度升高递增的规律，2800 m 到 3220 m 数浓度随高度先减后增，云滴平均直径最大达 15 μm；从 1850 m 到 2340 m，云滴平均直径随高度升高而增大，之后到 3200 m 这一段高度，平均直径出现起伏变化；含水量最大值达 0.35 g/m^3。从图 4.1.1 中可以看出一个明显的特点，含水量与平均直径的起伏变化比较一致，与云滴数浓度变化相关性差，说明大粒子对含水量的贡献较大；3500 m 到 3750 m 云滴最大浓度达到 200 个/cm^3，云滴平均直径达 13 μm，含水量最大值为 0.2 g/m^3。

云中含水量与垂直气流的强度有关，上升气流区基本与高含水量区相配合，下沉气流区含水量有所减少。含水量从云底开始迅速增加，并且云中含有多个丰水区，说明云中上升气流很强，低层对高层的水汽输送较大，造成云层厚，云中含水量大；含水量的起伏变化很大，说明云中乱流比较明显，这一点从云滴谱图也可以看出来(云滴谱呈多峰型分布)，高度从 3100 m 到 3220 m，粒子平均直径较大，含水量较少，是因为这一层与较干空气混合，由于水滴的蒸发，使含水量减少。

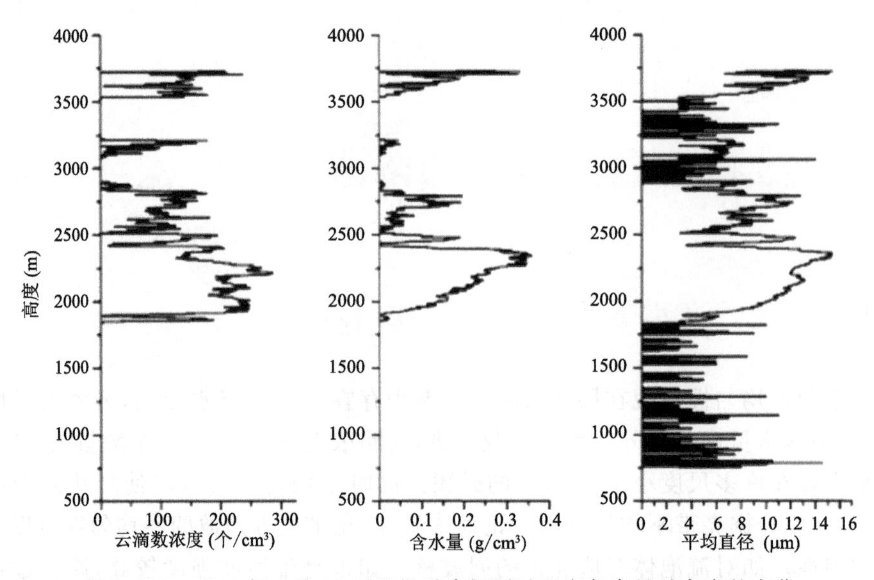

图 4.1.1　2009 年 6 月 18 日飞机垂直探测过程中各参量随高度的变化

图 4.1.2 为 2009 年 6 月 18 日飞机上升过程不同高度的云滴谱图，分别选取高度 1852 m、2000 m、2308m、2459 m、2741 m、3542 m、3616 m、3725 m 各高度上每 5 s 的平均值，对比云的微物理参数变化。图中云滴谱型多呈双峰型和多峰型，这是由于乱流和上升气流比较强，粒子吸附水汽、凝结增长和随机碰并等共同作用，形成许多大云滴。在云底时浓度较大，谱较窄，入云后云粒子浓度变化不大，但云滴谱明显变宽，谱宽最大处是 2308 m，云中大粒子数明显增多，谱型为比较典型的冷锋前层积云的谱型；对比云粒子的数浓度可以看出，在整个云层中，由于中间夹有干层数浓度变化没有规律，但是在上下两层云中都是云中下部云粒子浓度最高，云底云粒子浓度次之，云顶云粒子浓度最低。

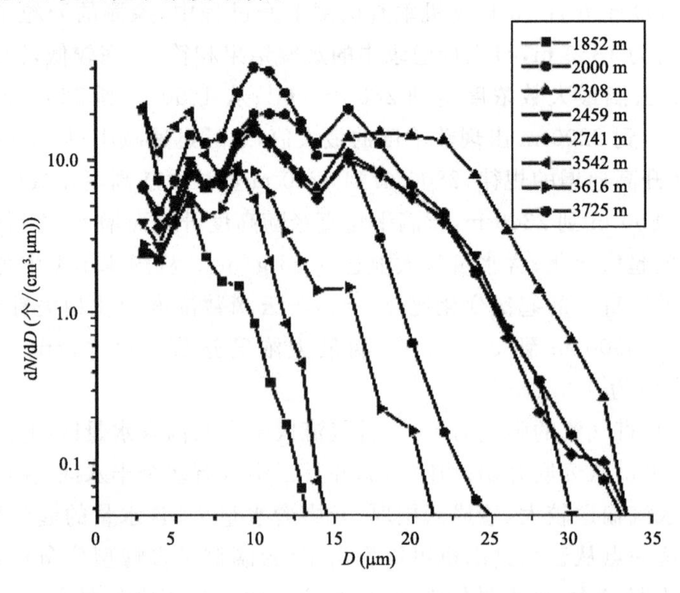

图 4.1.2　2009 年 6 月 18 日飞机探测过程云滴谱图

图 4.1.3 为 2009 年 5 月 9 日飞机上升过程中，探测的云粒子垂直分布。可以看出，云底高度大约为 2800 m；云底较高，云层比较厚，从 2800 m 到 3750 m，云滴最大数浓度达到 453 个/cm³，云底数浓度有起伏变化，但变化幅度不大，到 2900 m 出现数浓度的最大值，之后逐渐减小，云滴数浓度最大处，含水量和平均直径分别为 0.202 g/m³ 和 9.38 μm。从 3300 m 到 3600 m 数浓度随高度先减后增，从 3670 m 到 3740 m，云滴平均直径达最大值 20 μm，含水量最大值为 0.476 g/m³。

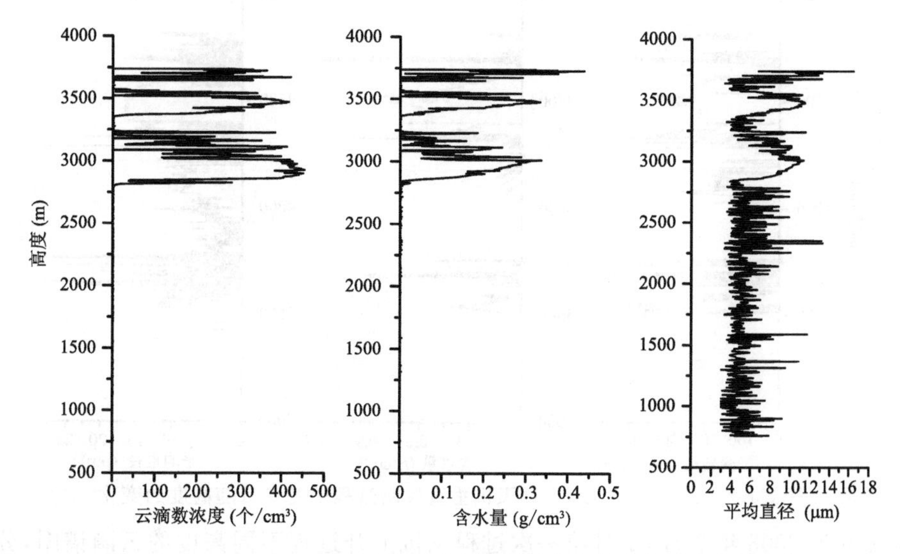

图 4.1.3 2009 年 5 月 9 日飞机垂直探测过程中各参量随高度的变化

图 4.1.4 为 2009 年 5 月 9 日飞机上升过程中不同高度的云滴谱图，分别选取2870 m、3005 m、3202 m、3404 m 各高度上每 5 s 的平均值，对比云的微物理参数变化。图中云滴谱型都呈双峰型，各个高度上云滴谱型较为一致，入云后云粒子浓度变化不大，云滴谱在 3005 m 处达到最宽，云底时云粒子数浓度较大，云中大粒子增多。

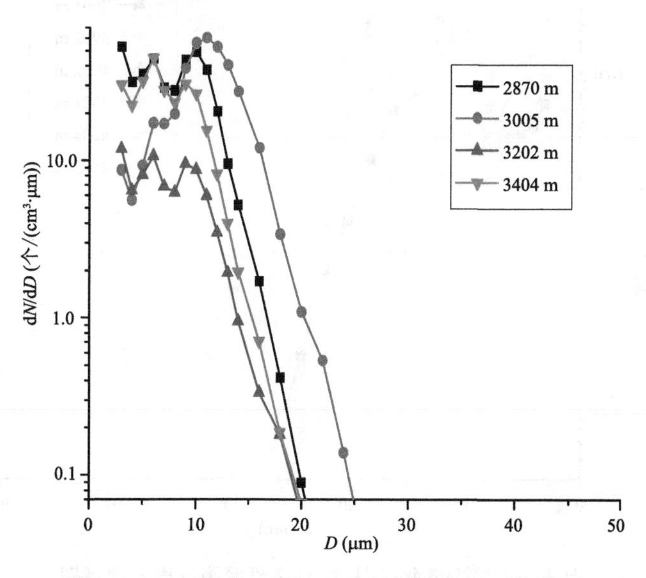

图 4.1.4 2009 年 5 月 9 日飞机探测过程云滴谱图

图 4.1.5 为 2008 年 7 月 31 日飞机上升过程中,探测的云粒子垂直分布。可以看出,云底高度大约为 3500 m;云底较高,云层比较厚,3500 m 到 3750 m,云滴数浓度在 3688 m 处达到最大,最大数浓度为 480 个/cm^3,这个高度处云滴平均直径为 15.66 μm,含水量为 1.024 g/m^3。4000 m 到 4800 m,云滴数浓度有起伏变化,云滴数浓度在 4331 m 处达到这段时间内的最大值,最大值为 443 个/cm^3,对应含水量为 1.047 g/m^3,云滴直径为 16.31 μm。

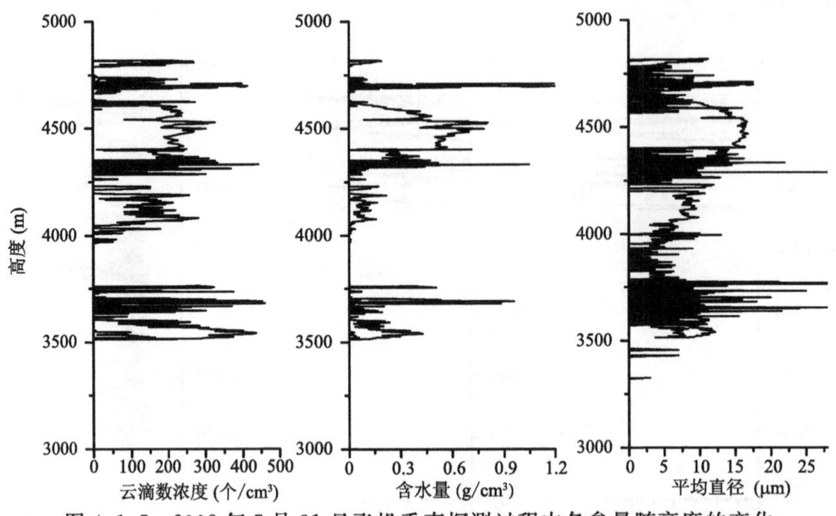

图 4.1.5 2008 年 7 月 31 日飞机垂直探测过程中各参量随高度的变化

图 4.1.6 为 2008 年 7 月 31 日第一次过程飞机上升过程不同高度的云滴谱图,分别选取 3601 m、3702 m、4062 m、4321 m、4504 m、4802 m 高度上每 5 s 的平均值,对比云的微物理参数变化。图中云滴谱型多呈双峰型和多峰型,主要由于乱流和上升气流比较强,粒子吸附水汽、凝结增长和随机碰并等共同作用,形成许多大云滴。谱宽最大处为 3702 m,这次过程云滴谱与 2009 年 6 月 18 日云滴谱类似,整个云层由于中间夹有干层数浓度变化规律不明显。

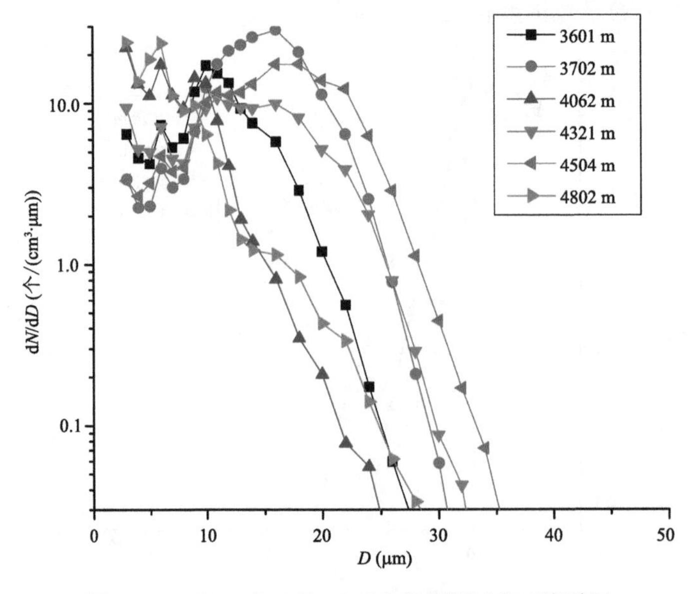

图 4.1.6 2008 年 7 月 31 日飞机探测过程云滴谱图

图 4.1.7 为 2008 年 8 月 13 日飞机降落过程中，探测的云粒子垂直分布。可以看出，1800 m到 2600 m 处云层较厚，在这一较厚云层中，云滴数浓度在 2031 m 最大，最大值为 546 个/cm^3，这一高度含水量为 0.3030 g/m^3，云滴平均直径为 9.18 μm。此外，1500 m、3000 m和 4300 m 三个高度附近分别有很薄的云层。

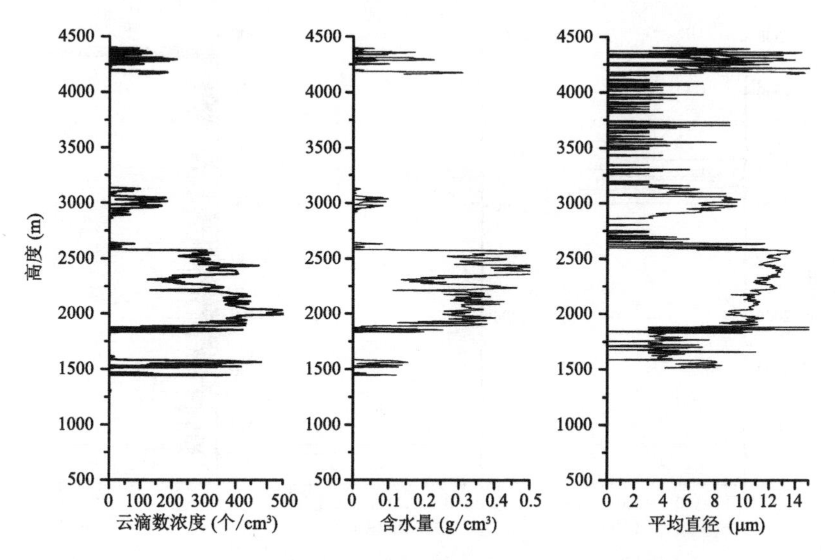

图 4.1.7　2008 年 8 月 13 日飞机垂直探测过程中各参量随高度的变化

图 4.1.8 为 2008 年 8 月 13 日飞机降落过程不同高度的云滴谱图，分别选取 1458 m、1839 m、2242 m、3001 m、4269 m 高度上每 5 s 的平均值，对比云的微物理参数变化。图中云滴谱型均为双峰型，各个高度上云滴谱型较为一致，不同云层云粒子浓度变化不大，云滴谱最宽出现在 2242 m 处。

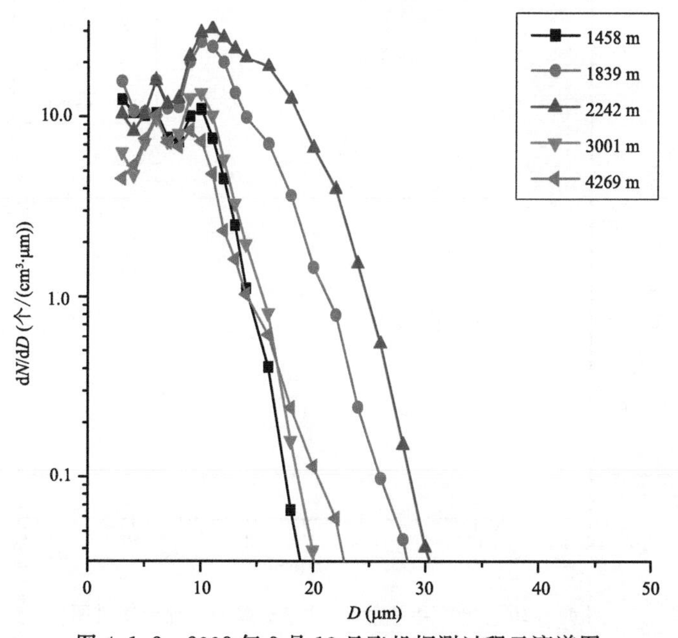

图 4.1.8　2008 年 8 月 13 日飞机探测过程云滴谱图

图4.1.9为2009年7月26日飞机降落过程中，探测的云粒子垂直分布。可以看出，3000 m到3500 m处云层较厚，在这一较厚云层中，云滴数浓度在3088 m最大，最大值为315个/cm^3，这一高度含水量为0.1773 g/m^3，云滴平均直径为9.98 μm。此外，由图可知，3750 m和4300 m两个高度处分别有一层很薄的云层。

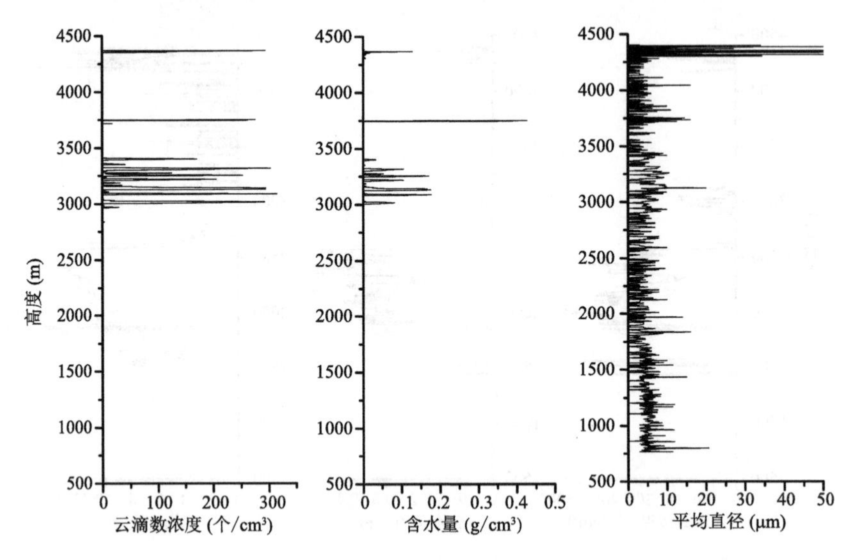

图4.1.9　2009年7月26日飞机降落过程中各参量随高度的变化

图4.1.10为2009年7月26日飞机降落过程不同高度的云滴谱图，分别选取3010 m、3300 m、3745 m、4348 m高度上每5 s的平均值，对比云的微物理参数变化。图中云滴谱型多呈双峰型和多峰型，不同云层云粒子浓度变化不大，云滴谱最宽出现在3745 m处。

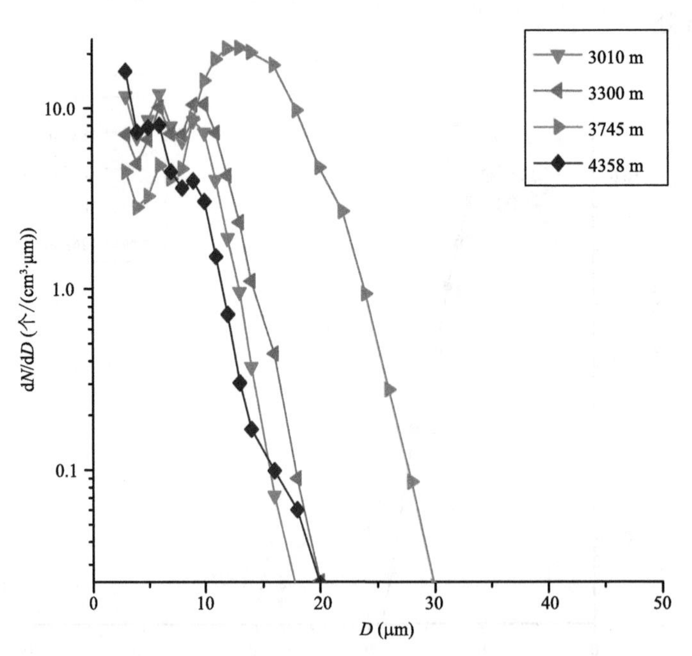

图4.1.10　2009年7月26日飞机探测过程云滴谱图

通过五次垂直探测过程各参量随高度的变化可见，层状云垂直方向的微物理结构有很大的差异，云滴数浓度、含水量和平均直径在不同高度均有明显的不同，云中含水量和云滴直径的变化相关性较好，与云滴数浓度的相关性较差。

云滴谱在垂直方向也有很大差异，但谱型多为双峰型或多峰型，云中下部云粒子浓度最大，云底云粒子浓度次之，云顶云粒子浓度最低。层状云在垂直方向不均匀性明显。

4.1.2 水平方向结构分析

(1)3600 m 高度的水平结构分析

图 4.1.11—图 4.1.20 给出了 2009 年 6 月 18 日、2008 年 8 月 10 日、2009 年 5 月 9 日三层飞机探测过程 3600 m 平飞取得的云物理量的时间序列图，飞机位于 3700 m 左右的层状云中。图中，LWC 为液水含量，N 为云滴浓度，D 为云滴平均直径，T 为温度。

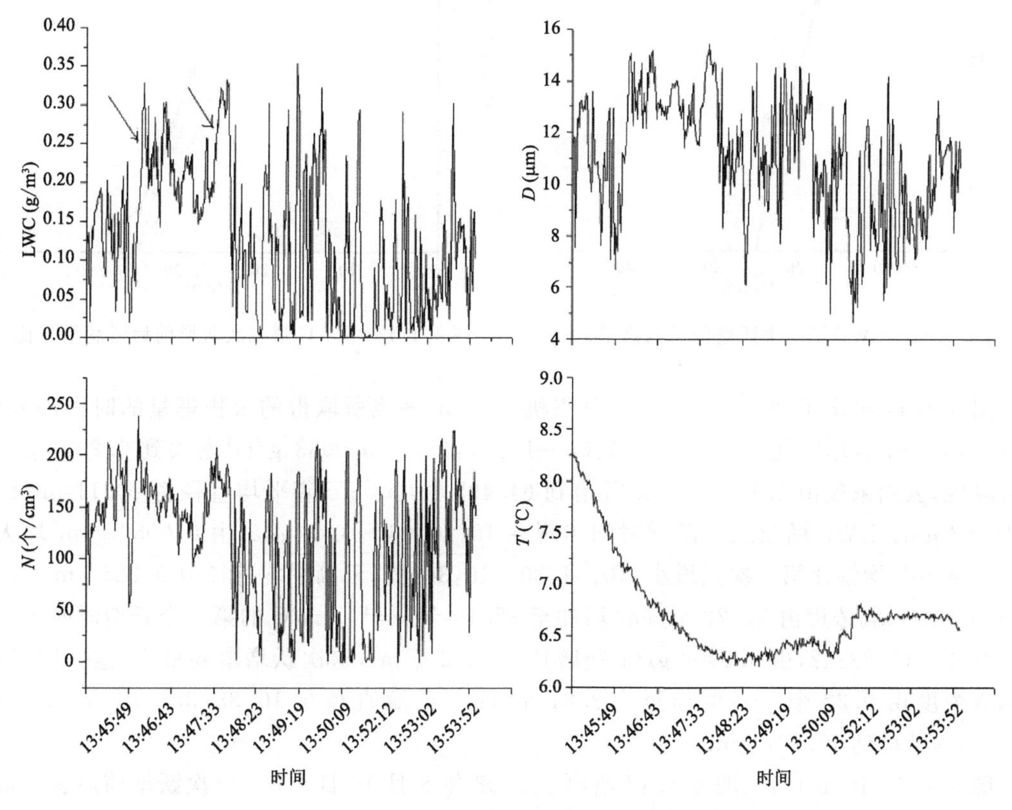

图 4.1.11 2009 年 6 月 18 日飞机 3600 m 平飞云物理量时间序列

图 4.1.11 给出了 2009 年 6 月 18 日 13:45:00—13:53:59 飞机平飞时所取得的云物理量的时间序列图，LWC 的第一个跃增时间出现在 13:45:49—13:46:11，由 0.0189 g/m^3 增大到 0.328 g/m^3，之后缓慢下降；与此相对应，13:45:51—13:46:04，云滴浓度从 52.505 个/cm^3 跃增到 236.999 个/cm^3；云滴平均直径在 LWC 跃增的 13:45:49—13:46:11 由 6.69 μm 跃增到15.04 μm；温度 T 在这段时间内单调递减，从 8℃降低到 7.11℃。此时飞机位于山西省文水站和汾阳站之间。LWC 的第二个跃增时间出现在 13:47:14—13:47:48，由 0.1468 g/m^3 增大到 0.33247 g/m^3，增幅比第一次跃增小；与此对应，13:47:09—13:47:36，云滴浓度从

93.033 个/cm^3 跃增到 207.203 个/cm^3；云滴平均直径 D 在 LWC 跃增的 13:47:29—13:47:43 由 11.543 μm 跃增到 15.425 μm；温度在这段时间内从 6.45℃降低到 6.35℃。

图 4.1.12 为 LWC 第一次跃增前后的云滴谱变化图。由图可看出，云滴谱呈双峰型，峰值位于 10 μm 和 15 μm 之间。可以看出，跃增时刻峰值高于跃增前，跃增结束以后峰值下降，跃增结束后云滴直径增大。图 4.1.13 为 LWC 出现第二次跃增前后的云滴谱，谱型仍为双峰型，峰值在跃增时刻增大，并且随着跃增开始，云滴峰值直径减小。可见两次跃增存在一定的差异，但主要都是由粒子浓度增加引起的。

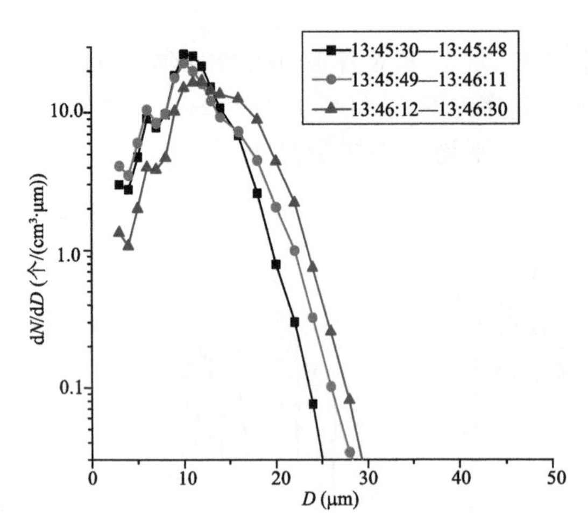

图 4.1.12　LWC 第一次跃增前后云滴谱对比

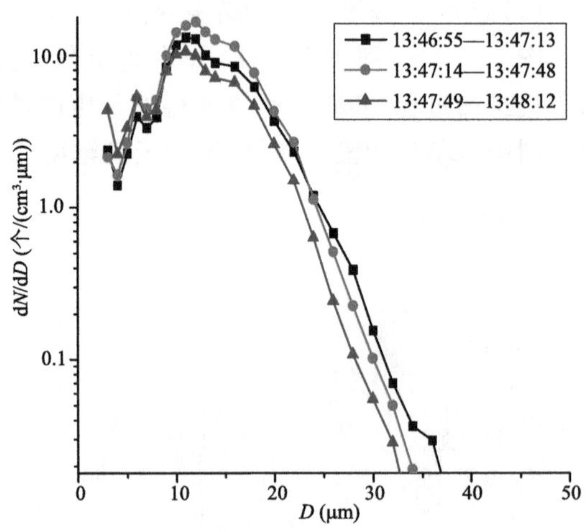

图 4.1.13　LWC 第二次跃增前后云滴谱对比

图 4.1.14 给出了 2008 年 8 月 10 日飞机 3600 m 平飞所取得的云物理量的时间序列图。LWC 的第一个跃增时间出现在 10:11:08—10:11:17，由 0.0033 g/m^3 增大到 0.2021 g/m^3，此时段内，云滴浓度由 4.154 个/cm^3 跃增到 64.495 个/cm^3；云滴平均直径由 10.11 μm 跃增到 16.62 μm。LWC 的第二个跃增时间出现在 10:34:06—10:34:45，由 0.0050 g/m^3 增大到 0.1597 g/m^3，增幅比第一次跃增小；10:34:30—10:34:45，云滴平均直径由 9.285 μm 跃增到 17.469 μm；云滴浓度由 39.79 个/cm^3 增加至 82.19 个/cm^3。LWC 的第三个跃增时间出现在 10:38:25—10:38:42，由 0.0002 g/m^3 跃增到 0.2572 g/m^3，这次跃增增幅最大，这一时段内，云滴数浓度由 0.28 个/cm^3 增加至 108.81 个/cm^3；云滴直径在 10:38:36—10:38:42 内由 7.881 μm 跃增到 15.707 μm。

图 4.1.15、图 4.1.16、图 4.1.17 给出了 2008 年 8 月 10 日 LWC 三次跃增前后云滴谱的对比图，由图中可以看出，第一次和第二次跃增前后云滴谱谱型变化不大，并且跃增以后谱宽都有增加，第三次跃增前后谱型变化较大，谱宽增加更为明显。三次跃增前后谱型为双峰型或多峰型，跃增前后峰值变化不明显。

图 4.1.18 给出了 2009 年 5 月 9 日 16:40:40—16:49:20 飞机平飞时所取得的云物理量的时间序列图，飞机位于 3600 m 左右的层状云中。由图可见，LWC 在 16:46:17—16:46:34 有一次明显并且连续的跃增过程，由 0.011 g/m^3 连续增大到 0.376 g/m^3，并且在相对应的时间段内，云滴浓度由 67.409 个/cm^3 跃增到 304.045 个/cm^3，云滴平均直径由 5.13 μm 跃增到 12.74 μm；温度在这段时间变化很小。

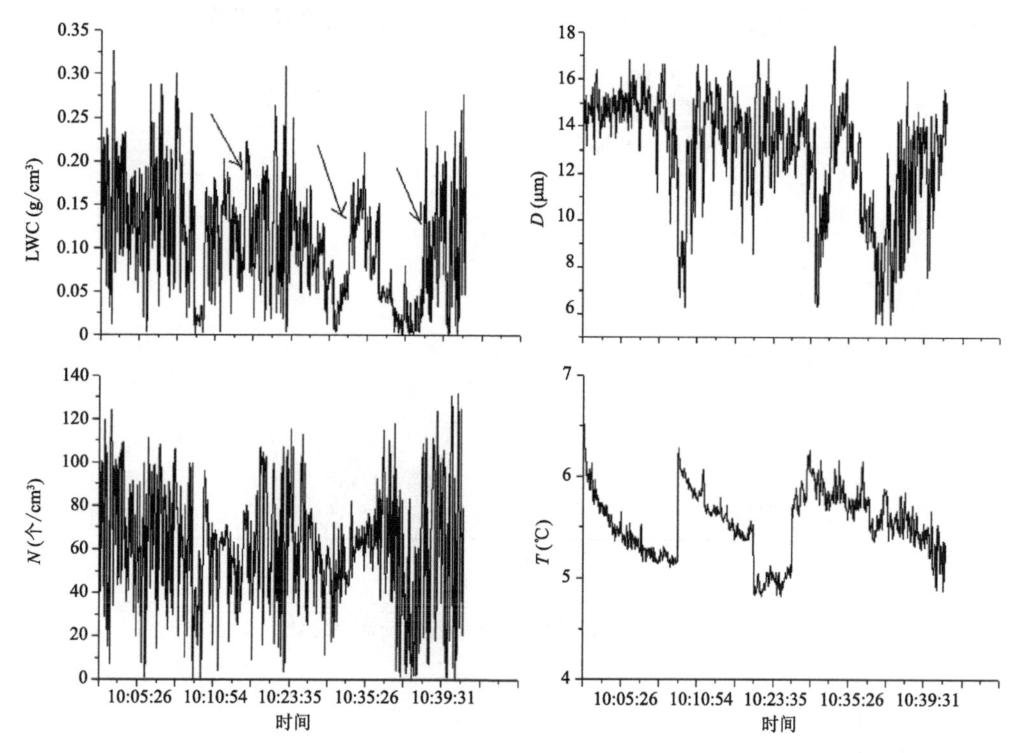

图 4.1.14　2008 年 8 月 10 日飞机 3600 m 平飞云物理量时间序列
（LWC：液水含量，N：云滴浓度，D：云滴平均直径，T：温度）

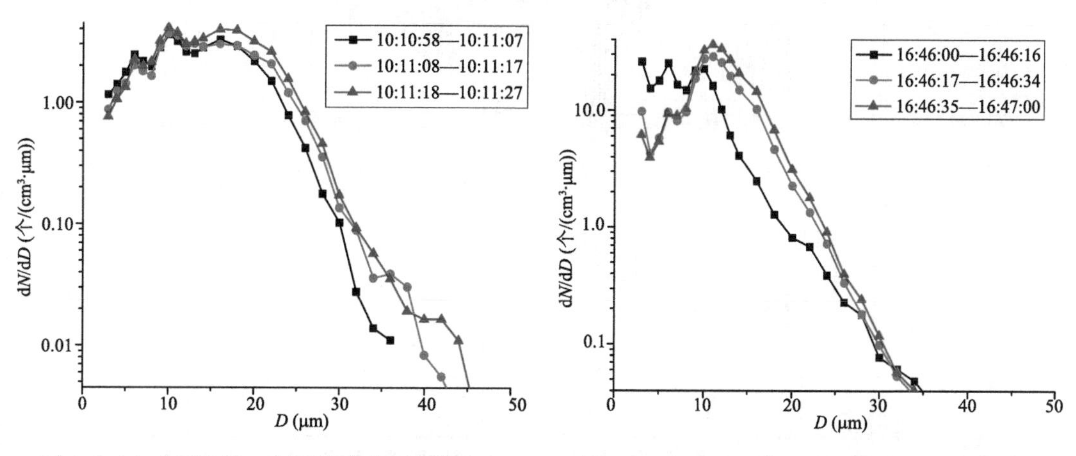

图 4.1.15　LWC 第一次跃增前后云滴谱对比　　图 4.1.16　LWC 第二次跃增前后云滴谱对比

图 4.1.19 为 LWC 跃增前后云滴谱变化图。由图看出，跃增前后云滴谱均为双峰型，跃增后峰值高于跃增前，跃增以后峰值直径稍有增加，跃增前后峰值直径均位于 10 μm 和 15 μm 之间，可见跃增主要是由于粒子浓度增加引起的。

(2)4200 m 高度的水平结构分析

图 4.1.20—图 4.1.27 给出了 2008 年 7 月 31 日、2008 年 8 月 13 日、2009 年 7 月 26 日三次探测过程 4200 m 平飞探测过程取得的云物理量的时间序列图，飞机位于 4200 m 左右的层

状云中。图中，LWC 为液水含量，N 为云滴浓度，D 为云滴平均直径，T 为温度。

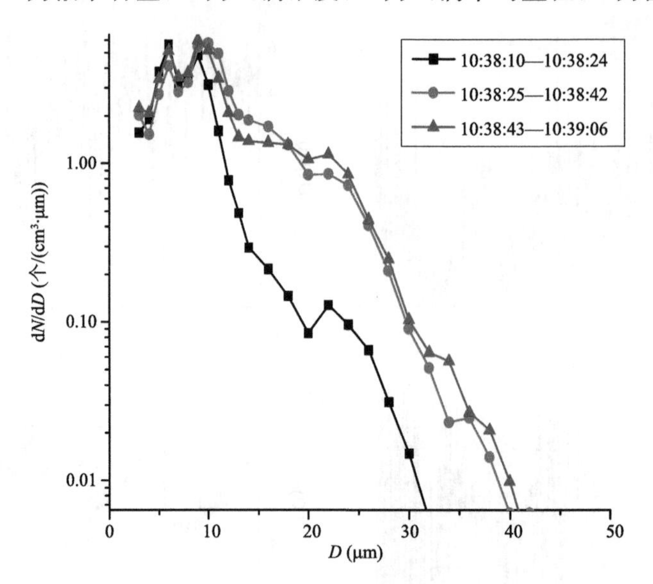

图 4.1.17　LWC 第三次跃增前后云滴谱对比

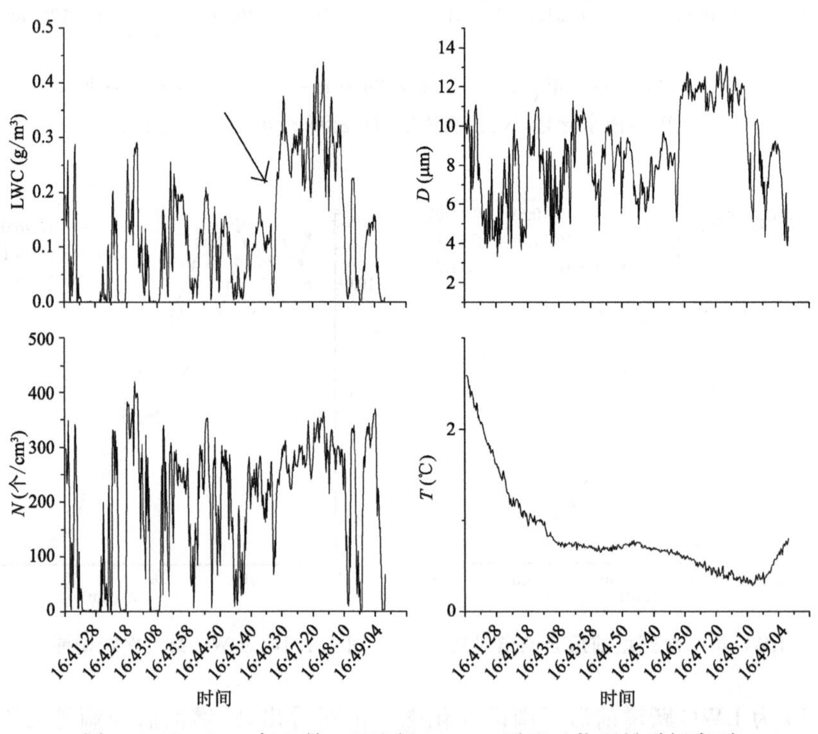

图 4.1.18　2009 年 5 月 9 日飞机 3600 m 平飞云物理量时间序列

图 4.1.20 给出了 2008 年 7 月 31 日 12:49:34—13:01:01 飞机平飞时所取得的云物理量的时间序列图，飞机位于 4200 m 左右的层状云中。这段时间内 LWC 有两次跃增过程（图中箭头所示）。12:54:56—12:55:09，LWC 出现第一个跃增，LWC 由 0.0016 g/m^3 增大到 0.3186 g/m^3，云滴浓度由 9.889 个/cm^3 跃增到 134.307 个/cm^3，云滴平均直径由 5.26 μm 跃

增到 14.95 μm。LWC 的第二个跃增时间出现在 12:56:51—12:57:10，由 0.0434 g/m³ 增大到 0.5704 g/m³，增幅比第一次跃增大；云滴浓度由 75.89 个/cm³ 增加至 232.56 个/cm³；12:56:51—12:57:06，云滴平均直径由 8.038 μm 跃增到 16.428 μm。

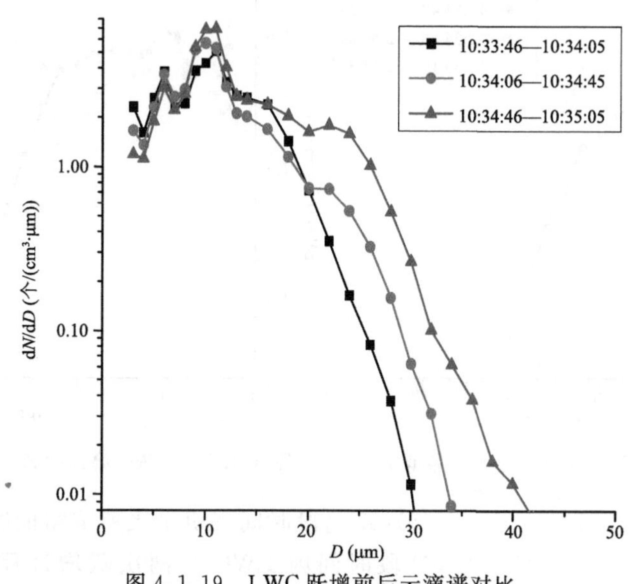

图 4.1.19 LWC 跃增前后云滴谱对比

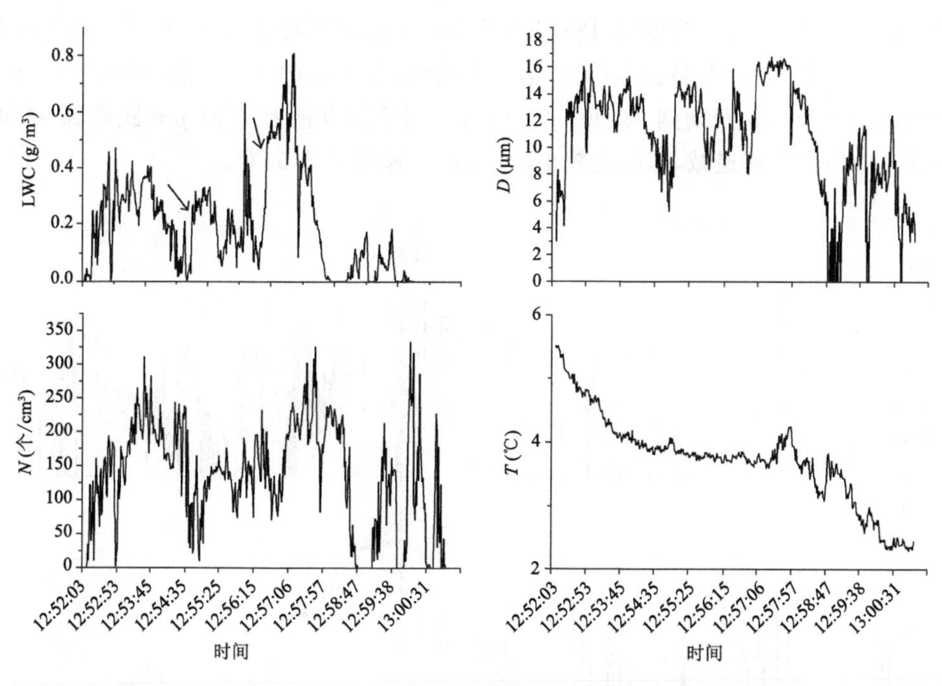

图 4.1.20 2008 年 7 月 31 日飞机 4200 m 平飞时云物理量时间序列

图 4.1.21 为 LWC 第一次跃增前后的云滴谱变化图。由图可看出，跃增前云滴谱呈双峰型，峰值位于 10 μm 和 15 μm 之间，跃增后云滴谱呈多峰型。可以看出，跃增前峰值高于跃增后，跃增结束以后峰值下降，跃增结束后大粒子增多。图 4.1.22 为 LWC 出现第二次跃增前

后的云滴谱，谱型均为多峰型，峰值在跃增结束以后达到最大，峰值增大的同时大粒子数增多。可见两次跃增存在一定的差异。

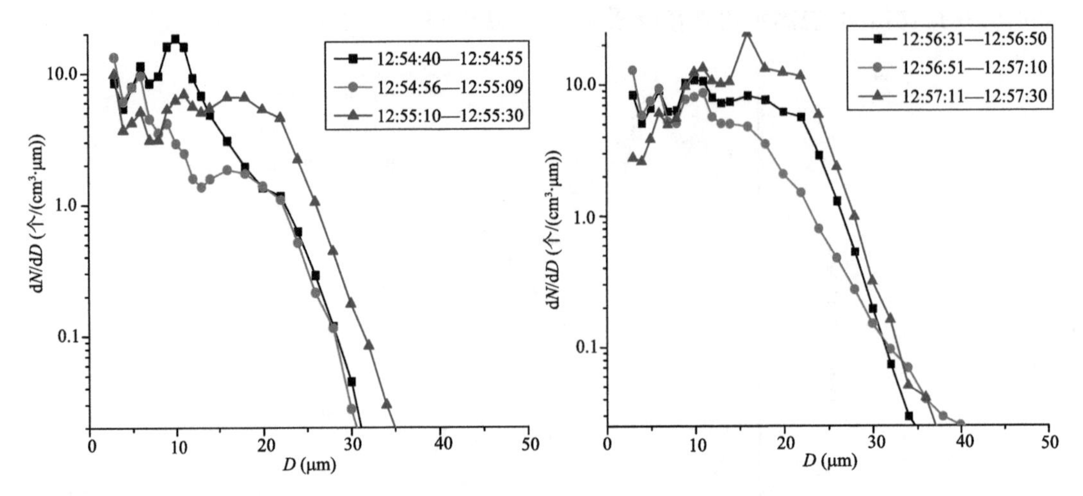

图 4.1.21　LWC 第一次跃增前后云滴谱对比　　图 4.1.22　LWC 第二次跃增前后云滴谱对比

图 4.1.23 给出了 17:40:01—17:50:37 这段时间飞机平飞所取得的物理量时间序列图，飞机位于 4200 m 左右的层状云中，这段时间内 LWC 有两次跃增过程(图中箭头所示)。17:41:30—17:41:36，LWC 出现第一个跃增，LWC 由 0.1426 g/m^3 增大到 0.3100 g/m^3，云滴浓度 N 由 93.682 个/cm^3 跃增到 183.568 个/cm^3，云滴平均直径 D 由 13.93 μm 跃增到 14.67 μm。17:47:33—17:47:37，LWC 第二次跃增，由 0.0004 g/m^3 增大到 0.1705 g/m^3，云滴浓度由 1.208 个/cm^3 跃增到 96.906 个/cm^3，云滴平均直径由 7.91 μm 跃增到 96.91 μm。温度在这个时段内单调递减，但幅度较小，由 2.65℃递减到 2.54℃。

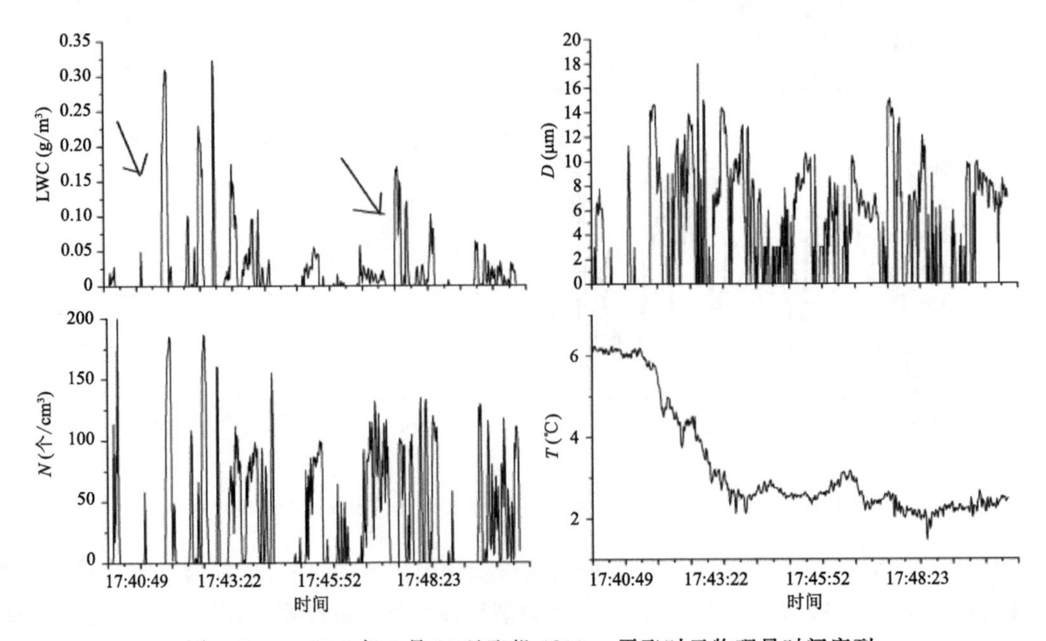

图 4.1.23　2008 年 8 月 13 日飞机 4200 m 平飞时云物理量时间序列

图 4.1.24 为 LWC 第一次跃增前后的云滴谱变化图。由图可看出,跃增前云滴谱呈双峰型,峰值位于 10 μm 和 15 μm 之间,跃增后云滴谱呈多峰型。可以看出,跃增时刻峰值最大,跃增开始后大粒子数增多。图 4.1.25 为 LWC 出现第二次跃增前后的云滴谱,跃增前云滴谱为单峰型,跃增时和跃增后云滴谱型为双峰型,峰值在 15 μm 和 20 μm 之间。

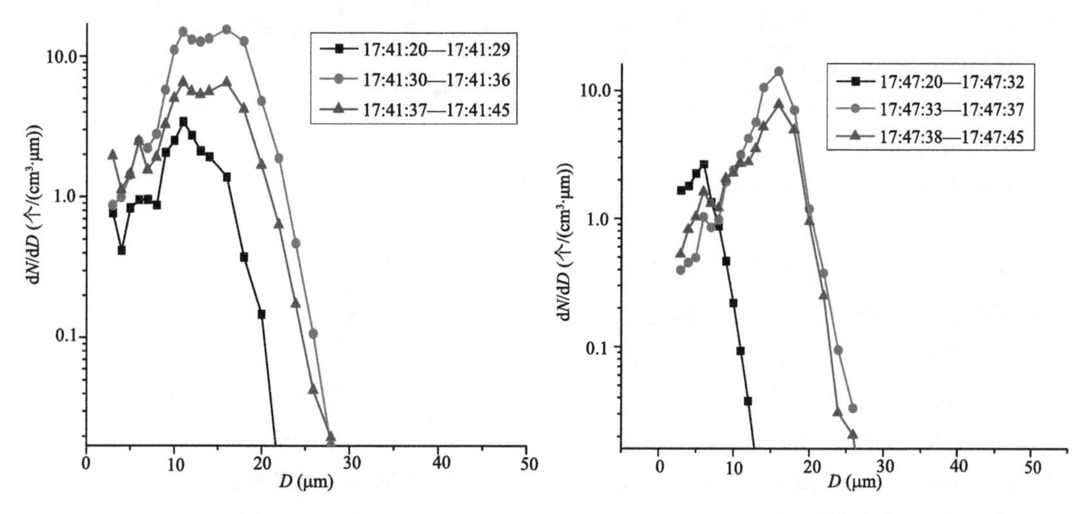

图 4.1.24　LWC 第一次跃增前后云滴谱对比　　　图 4.1.25　LWC 第二次跃增前后云滴谱对比

图 4.1.26 给出了 18:02:45—18:14:56 这段时间飞机平飞所取得的物理量时间序列图,飞机位于 4200 m 左右的层状云中,这段时间内 LWC 有一次跃增过程(图中箭头所示)。LWC 跃增时段为 18:05:25—18:05:37,LWC 由 0.0018 g/m³ 增大到 0.1286 g/m³,云滴浓度 N 由

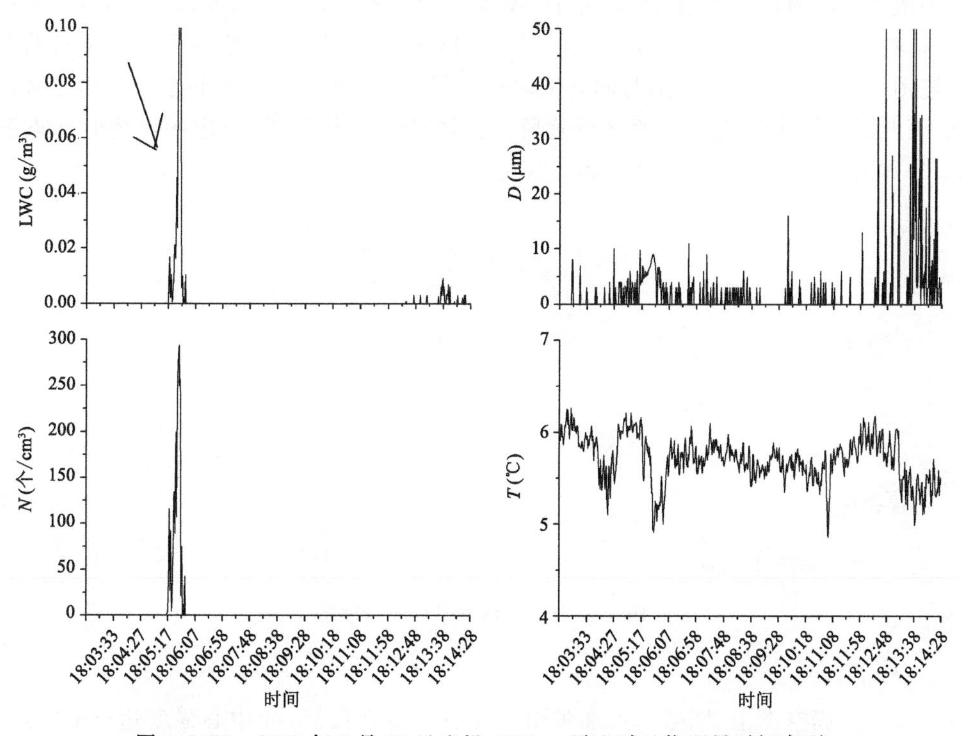

图 4.1.26　2009 年 7 月 26 日飞机 4200 m 平飞时云物理量时间序列

16.200 个/cm³跃增到 293.829 个/cm³，云滴平均直径由 5.13 μm 跃增到 9.08 μm，温度在这个时段变化幅度很小。

图 4.1.27 为 LWC 第一次跃增前后的云滴谱变化图。由图可看出，跃增前云滴谱型为多峰型，跃增开始后云滴谱呈双峰型，峰值位于 8 μm 和 15 μm 之间。可以看出，跃增时刻峰值高于跃增后，跃增开始后云滴直径增大。

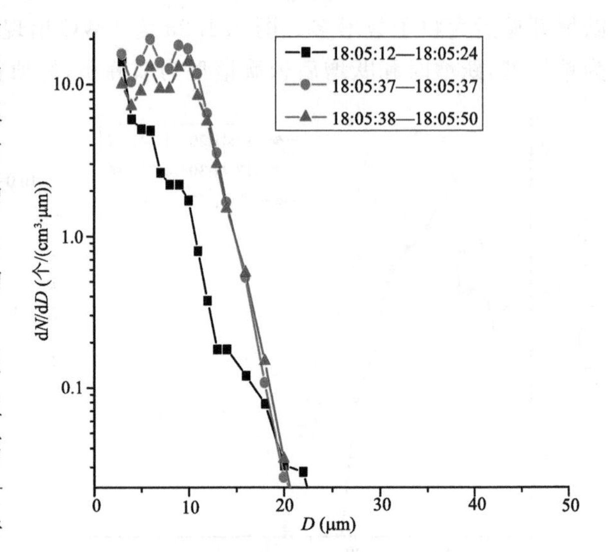

图 4.1.27 LWC 第一次跃增前后云滴谱对比

(3) 云系不同发展阶段的水平结构分析

2009 年 5 月 14 日利用机载 DMT 系统进行了两次飞行探测，第一次时间是上午 08:35—11:22，飞行线路为太原—离石—临县—兴县—静乐—定襄—阳曲—太原；第二次是下午 13:17—15:33，飞行线路为太原—中阳—离石—临县—岚县—静乐—阳曲—太原。两次探测分属云系发展的不同阶段，下面我们分别具体分析一下这两次飞行探测的云微物理结构的水平变化特征。

第一次探测

第一次飞行的时间是 5 月 14 日上午 08:35—11:22。飞机从太原起飞后，08:56 在高空 1820 m 左右入云，09:02 在高空 3376 m 处到达 0℃层。图 4.1.28 给出了此次飞行的立体和平面轨迹图，图 4.1.29 为探测的时间高度曲线，项目主要研究的是水平方向上的云微物理结构特征，因此只对图中红线所示的飞行阶段的探测数据进行分析，对应的探测时间点分别是 09:06:15—09:23:31 和 10:24:34—10:38:31。

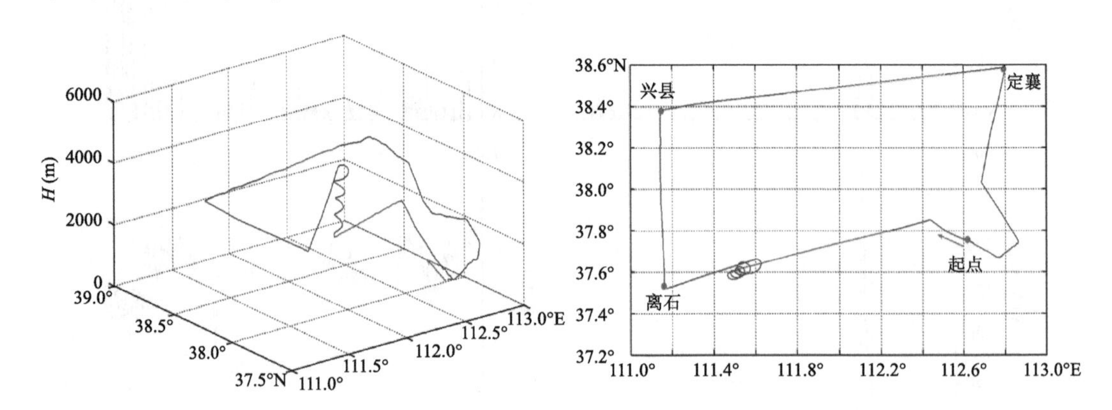

图 4.1.28 立体和平面飞行轨迹

(a) 天气形势

在 500 hPa 高空图上(图略)，贝加尔湖以北有一冷性低涡，冷中心强度达 −35℃，冷中心落后于低涡，其向南伸出两支槽线，西南向低槽伸至新疆北部地区，南向低槽经贝加尔湖、蒙古

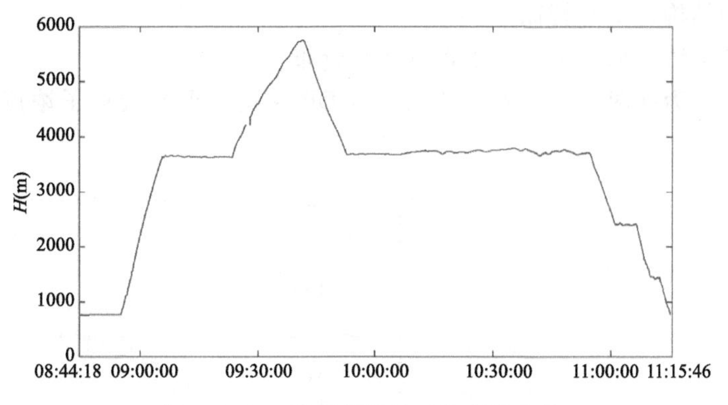

图 4.1.29　飞机探测的时间高度曲线

中部、河西走廊伸至青海省东部地区。山西省处于此槽前部西南急流带中，高空湿度较大。700 hPa 图上（图略）与 500 hPa 类似，冷涡中心略向东移，其向西南伸出的低槽向东少移，中部向南伸出的低槽断裂为两支，北支经贝加尔湖至蒙古中部，南支经河套顶部至陕西省西部、四川省东部。山西省处于南支槽前部，上空叠加有湿区，大同以北有个－2℃的冷中心。850 hPa 图上（图略），冷涡位于贝加尔湖以北，其向南伸出的低槽经贝加尔湖至蒙古中部，华北地区及华东部分地区都为副热带高压（简称“副高”）控制，山西省处于冷性高压控制。

图 4.1.30 为 08 时地面图。从图中可以看到，低压中心位于贝加尔湖东北处，低气压控制蒙古中东部地区、河西走廊及青海省东部为一小高压，山东半岛、江苏、上海及以东洋面也存在一高压中心，黑龙江省、吉林省北部由一高压控制。山西省位于中部鞍型场中，全省普遍下了小雨，北部的右玉、河曲，南部的大部分地区都下了中雨，芮城下了大雨，平陆下了暴雨雨量达 64.8 mm。太原、离石、临县、兴县、静乐、阳曲为高层云，定襄为浓积云。

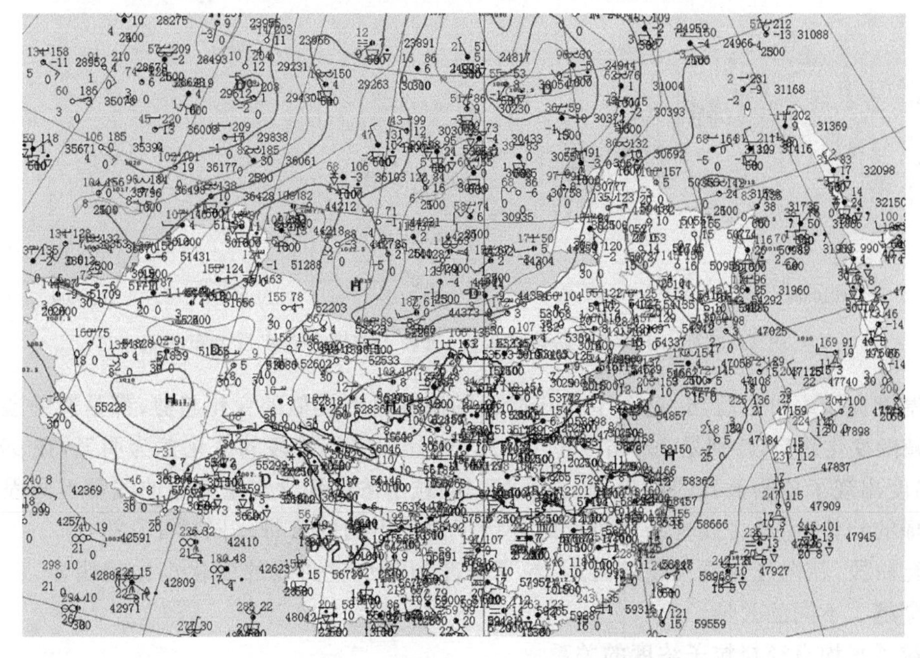

图 4.1.30　2009 年 5 月 14 日 08 时地面图

(b)云微物理结构及水平特征

ⓐ温度、云粒子浓度和云中液态水含量水平分布

图 4.1.31 分别为这两个飞行阶段的温度、CDP 探头测得的云粒子浓度和液态水含量水平分布图。

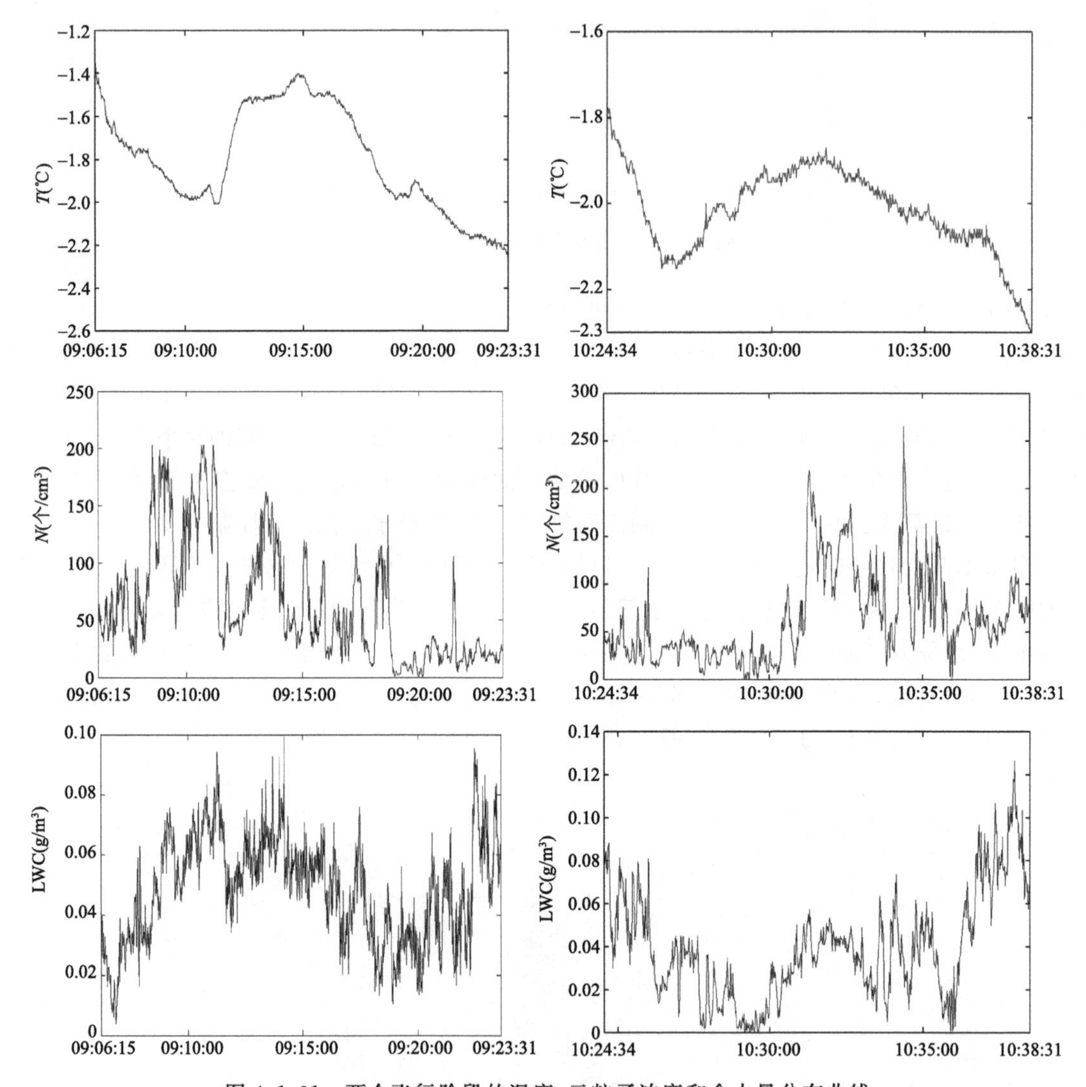

图 4.1.31　两个飞行阶段的温度、云粒子浓度和含水量分布曲线

从温度曲线中可以看出，这两个飞行阶段的温度具有类似的变化趋势，都是遵循递减—递增—递减的变化趋势，特别是 09:06:15—09:23:31 这一飞行阶段的变化尤为明显，在 09:12:15 左右，温度出现了急剧上升的趋势，而这个时刻的粒子浓度和含水量分布曲线都不同程度地出现了下降的趋势，由此可以推断飞机此时经历了两个不同的云带。同样 10:24:34—10:38:31 这一飞行阶段，在温度递增变化的时刻，粒子浓度和含水量曲线的变化也比较明显，也表明飞机可能穿越了不同的云带。

ⓑ粒子平均直径与粒子浓度的关系

图 4.1.32 为飞机在两个平飞阶段测得的粒子平均直径和粒子浓度的变化曲线。从图中

可以看出，在 09:06:15—09:23:31 这一飞行阶段，粒子平均直径在 09:18 左右开始出现了一个较大的波动范围，峰值达到了接近 35 μm，而这一时刻的粒子浓度值却非常小，均值要小于 50 个/cm³，这表明该阶段所测得的粒子基本为直径较大的大粒子。从这两幅图中可以看到，粒子平均直径的变化并无较强的规律性，而是会突然出现跳跃现象，整体趋势较为平缓。相比较而言，粒子浓度的变化起伏就比较大，甚至会出现 2 个量级差，出现这种状况可能是因为云中存在着不同相态的云，由于云中冰晶与过冷云滴间发生相态转化所致。

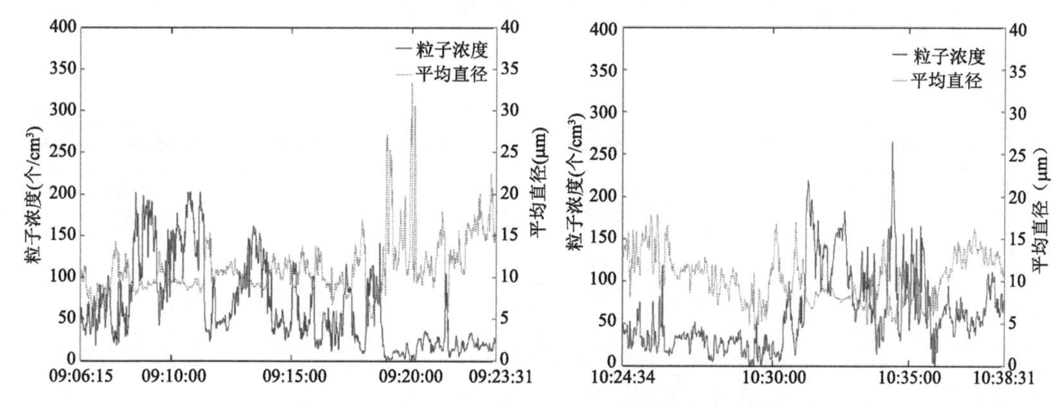

图 4.1.32　两个平飞阶段的粒子平均直径与粒子浓度变化曲线

从以上分析可以看出，云中粒子浓度和平均直径在水平方向上存在着明显的起伏变化，具有明显的空间分布不均匀性，说明云体在发展的不同阶段、不同部位其物理特征量具有明显的差异性。

ⓒ含水量与粒子浓度和平均直径的关系

图 4.1.33 为 09:06:15—09:23:31 和 10:24:34—10:38:31 两个平飞阶段的含水量与粒子浓度和平均直径变化曲线。两个飞行阶段的含水量的水平分布均有较大程度的起伏变化，其峰值分别达到了 0.1 g/m³ 和 0.12 g/m³。从图中可以看出，含水量随着粒子浓度和平均直径的改变均不同程度地出现了相应的变化。在 09:06:15—09:23:31 的平飞时刻，含水量与粒子浓度的相关系数为 0.48，而与粒子直径的相关系数为 0.04，这表明在这一阶段，粒子浓度对含水量的贡献较大；在 10:24:34—10:38:31 时刻，含水量与粒子浓度的相关系数变为 0.25，而与粒子平均直径的相关系数则达到了 0.59，说明在此阶段，粒子平均直径对含水量的影响较大。从以上分析可以看出，粒子浓度和平均直径对云中含水量均有明显的贡献，而贡献的重要性则因不同云体会呈现不同的结果。

④云滴谱的水平变化

图 4.1.34 为两个飞行阶段的云粒子平均谱分布。从图中可以看到，两个阶段的平均谱均呈双峰型，直径都在 10 μm 处达到峰值，粒子的分布主要集中在 5～15 μm。而 09:06:15—09:23:31 的峰值和谱宽明显要大于 10:24:34—10:38:31。

从图 4.1.35 两个飞行阶段的水含量 LWC 分布曲线中可以看到，在第一平飞阶段的 09:08:27—09:09:21 和第二平飞阶段的 10:33:50—10:34:32 均出现了 LWC 第一次的明显跃增变化。我们分别取第一平飞时段 LWC 跃增时刻的 09:08:27(开始)、09:09:05(发展)、09:09:10(峰值)、09:09:21(结束)和第二平飞时段 LWC 跃增时刻的 10:33:50(开始)、10:34:01(发展)、10:34:08(峰值)、10:34:32(结束)这八个时间点来对比分析一下它们的谱分布。第一平

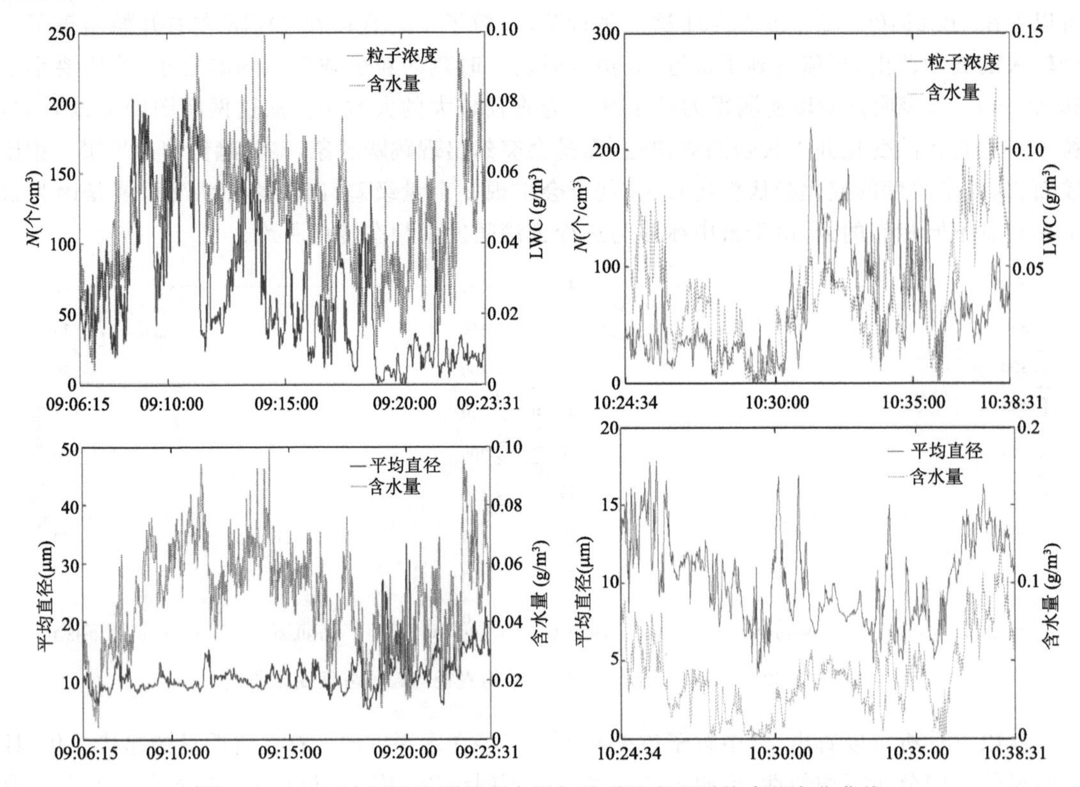

图 4.1.33　两个平飞阶段的含水量与粒子浓度和平均直径变化曲线

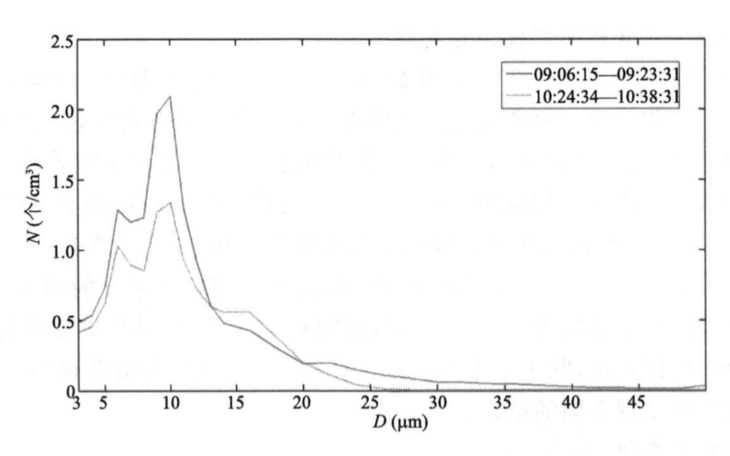

图 4.1.34　两个飞行阶段的云粒子平均谱分布

飞阶段 LWC 跃增的时刻(09:08:27—09:09:21)内四个节点的谱型均为单峰型，而二平飞阶段 LWC 跃增的时刻(10:33:50—10:34:32)内，开始和发展阶段均为双峰型。第一平飞阶段 LWC 跃增时刻内粒子在 8 μm 处的峰值不断增大；在 LWC 跃增的开始和结束阶段，粒子在小滴端的浓度值最大；发展和峰值阶段的谱宽均大于开始和结束阶段的谱宽，这几点，在第二平飞阶段 LWC 跃增的时刻内也得到了相同或类似的结果。

第二次探测

第二次探测的时间是 5 月 14 日 13:17—15:33，飞机从太原起飞后，13:44 在高空 1070 m

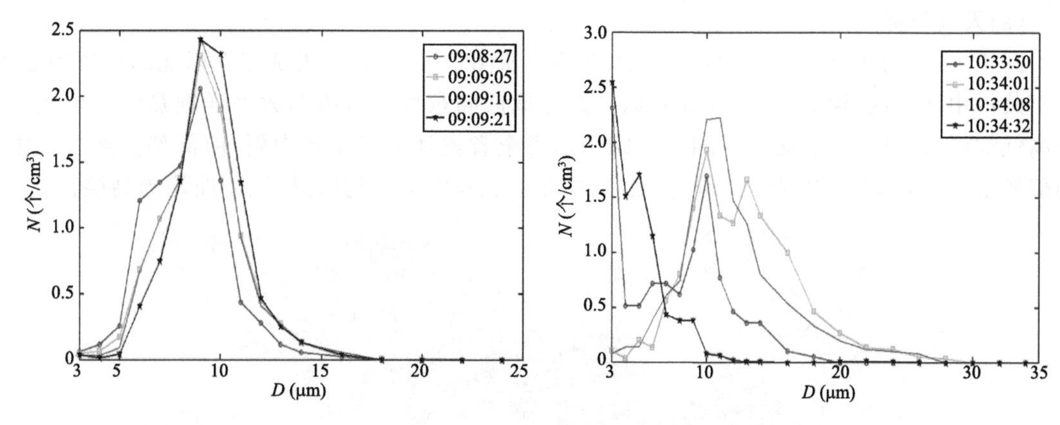

图 4.1.35　两个平飞阶段 LWC 跃增时刻的谱分布

左右入云，13:55 在高空 3410 m 左右到达 0℃层。图 4.1.36 是此次飞行的立体和平面轨迹，图 4.1.37 是探测的高度曲线。这里我们主要研究图中红线所示的飞机平飞阶段(14:00:00—15:00:00)的探测数据。

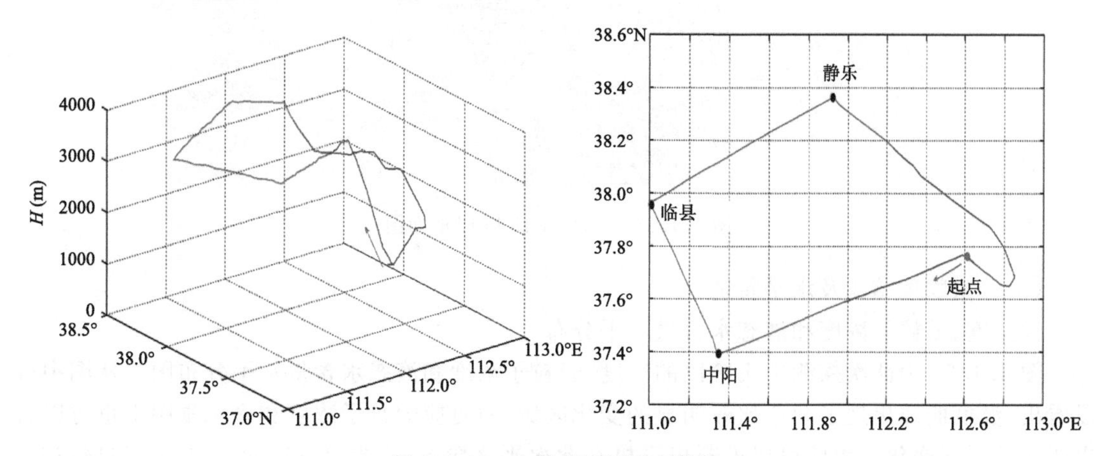

图 4.1.36　立体和平面飞行轨迹

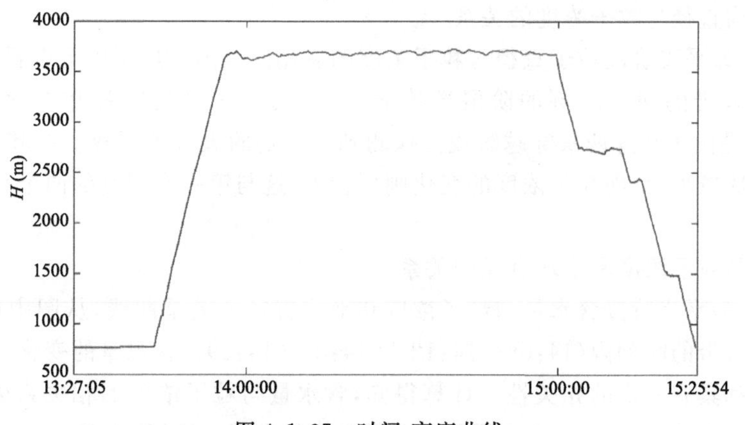

图 4.1.37　时间-高度曲线

(a)天气形势

图 4.1.38 为 14 时(北京时,下同)地面图。从图中可以看到,贝加尔湖以北的低压中心南压至蒙古中部地区,河套地区、河北省以及东北地区和东部省份由西太平洋副热带高压控制,受高低空形势共同影响,截至 14 日 14 时山西省全省累计下了小到中雨,南部部分地区大雨,局部暴雨,平陆降水量达 79.8 mm。太原、中阳、离石、临县、岚县、静乐、阳曲均为高层云。

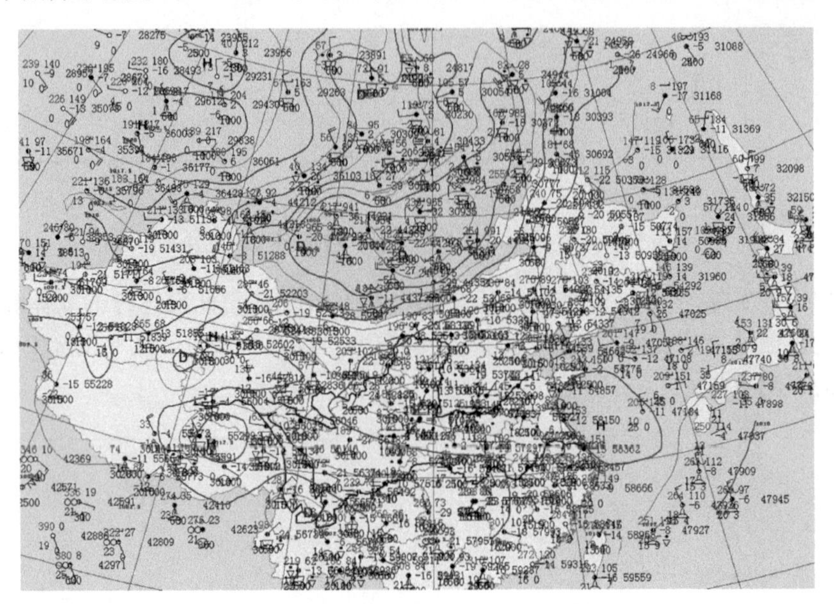

图 4.1.38　5 月 14 日 14 时地面图

(b)云微物理结构及水平特征

ⓐ温度、云粒子浓度和液态水含量水平分布

图 4.1.39 为此次探测平飞阶段的温度、云粒子浓度和液态水含量水平分布图。从图中可以看出,温度曲线出现了两个比较明显的变化区域,而对应的粒子浓度和含水量图上也可以看出明显的跃迁变化。由此可以推断出飞机在此次平飞阶段,大概在 14:08—14:12 和14:38—14:39 各有一次穿越不同云带的过程。

ⓑ粒子平均直径与粒子浓度的关系

图 4.1.40 为平飞阶段粒子直径与粒子浓度的变化曲线图。从图中可以看到,粒子浓度在飞机穿越不同云带的两个时刻的阶段数值非常小,而粒子平均直径却多次出现了最高值 50 μm,这可能是由于在这两次穿越阶段只探测到了个别的大粒子所致。在其他时刻内,平均直径的变化均比较平缓,而粒子浓度的变化则比较大,这与第一次探测的两个平飞阶段的结论是一致的。

ⓒ含水量与粒子浓度和平均直径的关系

图 4.1.41 为平飞阶段含水量与粒子浓度和平均直径的关系曲线,从图中可以看到,除了飞机两个穿越云带的时刻内(14:08—14:12 和 14:38—14:39),含水量的变化与粒子浓度和平均直径的改变都具有一定的相关性。计算得知,含水量与粒子浓度的相关系数为 0.21,与粒子平均直径相关系数为 0.63。这表明在这个平飞阶段内,粒子平均直径对含水量变化的影响较大。

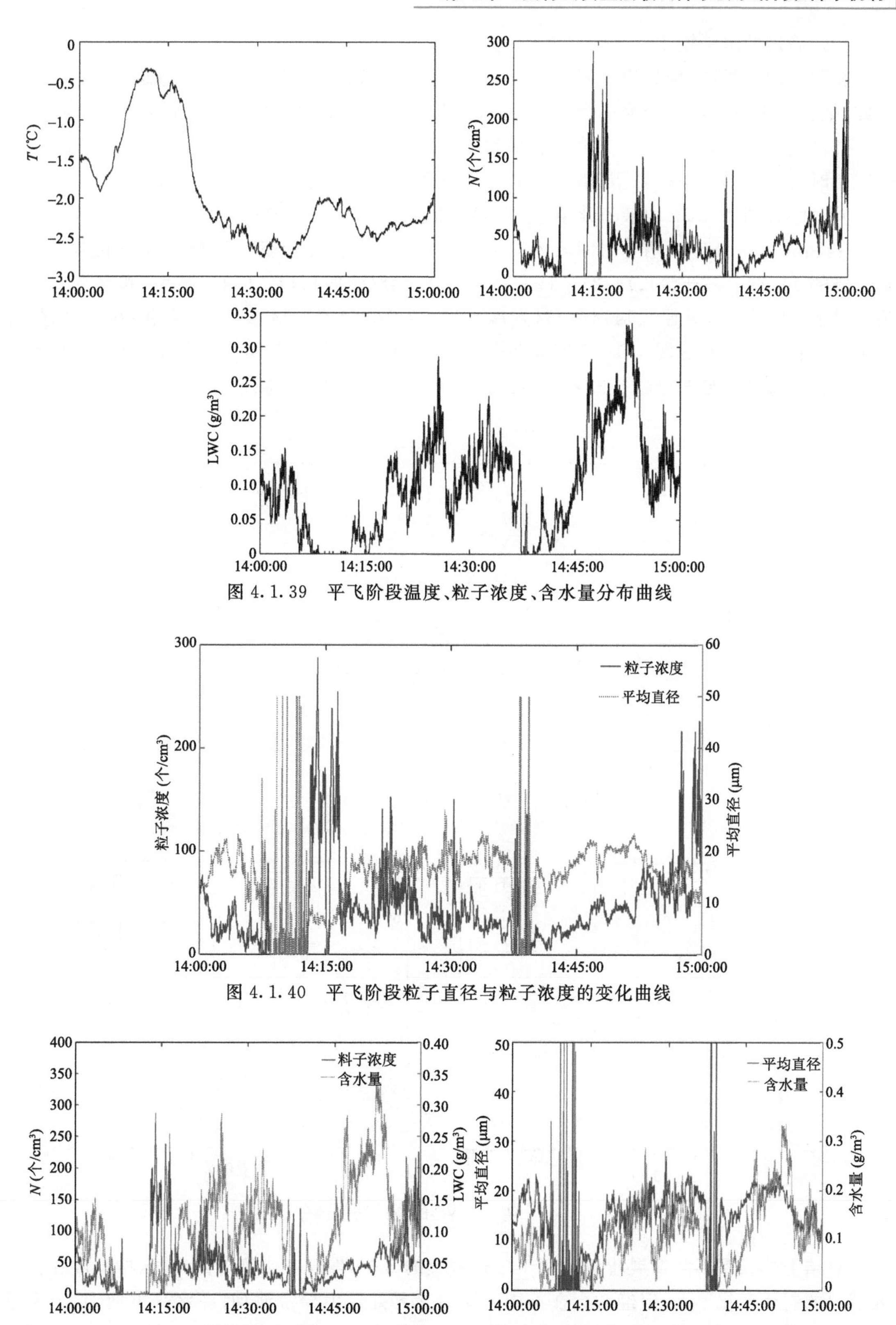

图 4.1.39　平飞阶段温度、粒子浓度、含水量分布曲线

图 4.1.40　平飞阶段粒子直径与粒子浓度的变化曲线

图 4.1.41　平飞阶段含水量与粒子浓度和平均直径的变化曲线

ⓓ云滴谱的水平变化

在前面的分析中，推测出飞机在 14:08—14:12 和 14:38—14:39 时刻穿越了不同云带。因此，把整个平飞阶段划分为三个阶段：14:00:00—14:08:24、14:12:57—14:38:09 和 14:39:38—15:00:00，分别画出这三个阶段的平均谱分布（图 4.1.42）进行对比。从图中可以看到，这三个时刻内的谱均呈多峰型，谱型和谱宽也较为相似，粒子主要集中在 8～25μm 的范围内。

同时结合图 4.1.39 中液态水含量的分布曲线，可以看到 LWC 在 14:22:48—14:26:43 和 14:45:58—14:47:27 两个时间段内均出现了一个明显的峰值变化区域。分别取第一个峰值区域的 14:22:48（开始）、14:24:01（发展）、14:25:48（峰值）、14:26:43（结束）和取第一个峰值区域的 14:45:58（开始）、14:46:33（发展）、14:47:16（峰值）、14:47:27（结束）八个时刻，对比分析其粒子谱分布。图 4.1.43 即为两个 LWC 峰值区域的谱分布。从图中可以看到，除了第一峰值区域的开始时刻(14:22:48)时的谱分布为单峰型外，其余七个均为双峰型或多峰型分布。

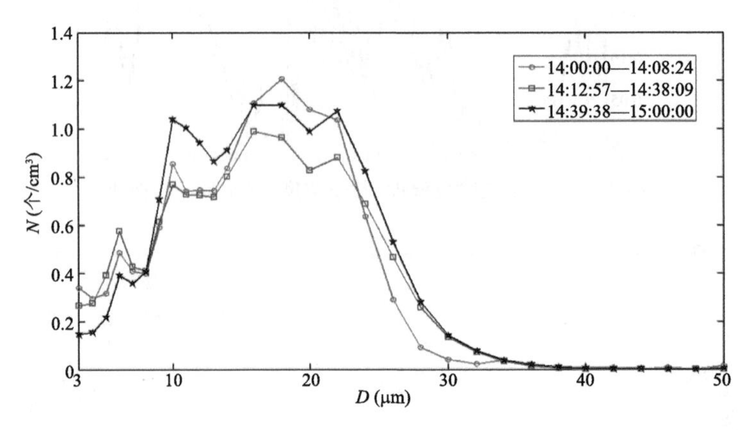

图 4.1.42　平飞三个阶段的平均谱分布

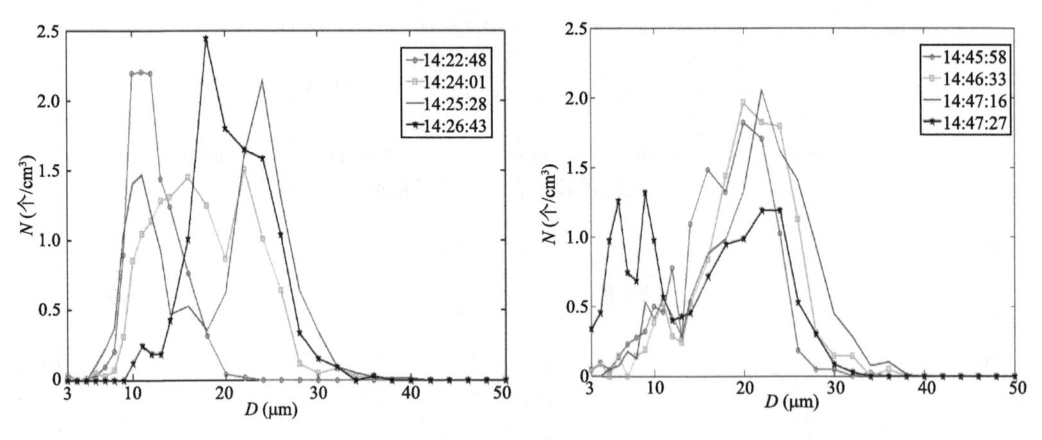

图 4.1.43　两个 LWC 峰值区域的谱分布

总结上述云系不同发展阶段的两个飞行过程的分析，发现在水平方向上，云中温度在稳定云层内的起伏变化不大，但经常会在不同云层的交界处发生异常波动；在水平方向上，云中粒子浓度和平均直径存在着明显的起伏变化，具有明显的空间分布不均匀性，说明云体在发展的不同阶段、不同部位其物理特征量具有明显的差异性；云层在水平方向上的平均谱多呈双峰型或多峰型，粒子主要集中在 8～25 μm 的范围内；在水平方向上，含水量的分布变化比较大，且其变化受粒子浓度和平均直径的共同影响。在不同云层中，粒子浓度和平均直径对含水量影响的重要性不同；在 LWC 峰值区域的谱分布，LWC 跃增的开始和结束阶段，粒子在小滴端的浓度值最大；发展和峰值阶段的谱宽大于开始和结束阶段的谱宽。

4.1.3　结论

①层状云垂直方向的微物理结构有很大的差异，云滴数浓度、含水量和平均直径在不同高度均有明显的不同，云中含水量和云滴直径的变化相关性较好，与云滴数浓度的相关性较差。云滴谱在垂直方向也有很大差异，但谱型多为双峰型或多峰型，云中下部云粒子浓度最大，云底云粒子浓度次之，云顶云粒子浓度最小。层状云在垂直方向不均匀性明显。

②层云中温度在稳定云层内的起伏变化不大，但经常会在不同云层的交界处发生异常波动；在水平方向上，云中粒子浓度和平均直径存在着明显的起伏变化，具有明显的空间分布不均匀性，说明云体在发展的不同阶段、不同部位其物理特征量具有明显的差异性；云层在水平方向上的平均谱多呈双峰型或多峰型，粒子主要集中在 8～25 μm 的范围内；在水平方向上，含水量的分布变化比较大，且其变化受粒子浓度和平均直径的共同影响。在不同云层中，粒子浓度和平均直径对含水量影响的重要性不同；在 LWC 峰值区域的谱分布，LWC 跃增的开始和结束阶段，粒子在小滴端的浓度值最大；发展和峰值阶段的谱宽大于开始和结束阶段的谱宽。层状云在平飞阶段微物理结构变化明显，含水量、云滴数浓度、云滴直径均有变化，并且三者之间都有一定的相关性。云滴谱均为双峰型，但峰值在不同时间不同，层状云在水平方向不均匀性明显。

4.2　山西典型层状云降水云系结构和降水机制的研究

外场观测研究是认识云物理过程的最重要途径。本次飞行采取边作业边取样的飞行方式。对云水区和非云水区的判别采用游景炎(1994)的方法[13]，当 CDP 探头观测到云中大于 2 μm的云粒子总浓度超过 10 个/cm^3 时看作是云水区，这一判据被 Vail、Hobbs 等在工作中应用，并被应用于西班牙进行的增水计划(PEP)中。

由于冰面饱和水汽压的作用，大多数冰粒迅速长大到可分辨的尺度，混合态云中大于 25 μm的不结冰粒子存在时间不超过 1 min，所以冰粒子和云滴可由尺度来区分，因此云滴谱采用 CDP 资料，冰粒子谱采用 CIP 资料。冰晶与雪晶的区分主要根据粒子尺度，国内常把尺度大于 300 μm 的晶体作为雪晶；根据 Ono 1969 年的研究结果，直径大于 300 μm 的片状雪晶具有较大的落速，并开始碰冻过冷云滴，这一结果可作为用 300 μm 尺度为界区分冰、雪晶的物理依据，雪粒子采用 PIP 资料。

4.2.1　天气形势和飞机探测情况

(1)天气形势分析

由 2008 年 7 月 17 日 08 时高空 500 hPa 图(图略)上可以看到，副热带高压中心远在日本海以东。在巴尔喀什湖附近、贝加尔湖以北、黑龙江省东部分别有一较强的冷性低涡。以新疆哈密站为中心位于蒙古国西部地区和新疆东部地区有一弱的低涡，其向东南伸出的低槽至河西走廊。由河套顶部向西南伸出至长江中游地区有一浅槽，控制整个华北地区。山西省处于浅槽前西南急流带之中，风速较大，其上有一湿区与之叠加。高空 700 hPa 图上，与 500 hPa 类似，河套底部存在一弱的冷性低涡，冷中心与低涡重合，中心值为 8℃，山西省处于低涡东北部，低涡上叠加一湿区。850 hPa 图上，从贝加尔湖以北经蒙古国西部至长江上游地区为一鞍型场，河套中部地区湿度较大，山西省为西南气流控制。受高空 500 hPa 及 700 hPa 河套低槽影响，2008 年 7 月 17 日 08 时山西中南部为小雨。在地面图上，贝加尔湖以东、河套底部、四川西部为三个高压中心。山西省处于贝加尔湖，东高压底部，从位于黑龙江省的低压中心向西南伸出的冷锋锋线伸至山西省中部地区。

2008 年 7 月 17 日 20 时与 08 时 500 hPa 图相比，西、北、东三个较强低涡稳定少动，河套地区出现一较强较宽低槽，河套顶部有气旋式环流，低槽向西南伸出至长江中游地区。高空 700 hPa 图上，新疆东部和蒙古国西部之间小低涡向东略移，河套底部小低涡移至山西省中南部，全区为东南风，叠加有较强湿区。高空 850 hPa 图上由贝加尔湖北经蒙古国西至长江上游地区的鞍型场除陕西、四川一带向东移动外，其余位置稳定少变，山西省处于东南气流控制。在 2008 年 7 月 17 日 20 时地面图上，河套底部高压加强加深，山西省南部个别站有小雨。

(2)飞机探测情况

为了了解不同层次云的微物理结构，准确地在云系的各部位获取云物理参数，以及不同高度云层间相结合的特点，了解降水粒子的增长情况，为研究工作提供可靠的资料，开展了一次设计严谨的试验。2008 年 7 月 17 日，10:45 飞机从太原武宿机场起飞，当时本场小雨，地面温度 22.2℃，飞行航线是太原—离石—石楼—介休—太原。在上升的过程中垂直和水平探测相结合，飞机起飞后爬升至安全高度 3700 m 后平飞一段时间，于 11:09:12 上升至 4261 m 并飞往离石，11:17:16 入云，云底高度为 4201 m，11:23:01 到达离石，高度 4400 m，随后进入每 600 m 一个高度层的水平飞行，并于 11:40:10 到达石楼，此时高度 5600 m。11:43:53 飞机开始下降，在下降的过程中以垂直探测为主，共穿云两次，首先下降 600 m 于 11:56 到达介休，在 5000 m 高度上从 11:49—11:57 平飞 8 min，随后一直下降直到返回本场，11:58:52 在 4900 m

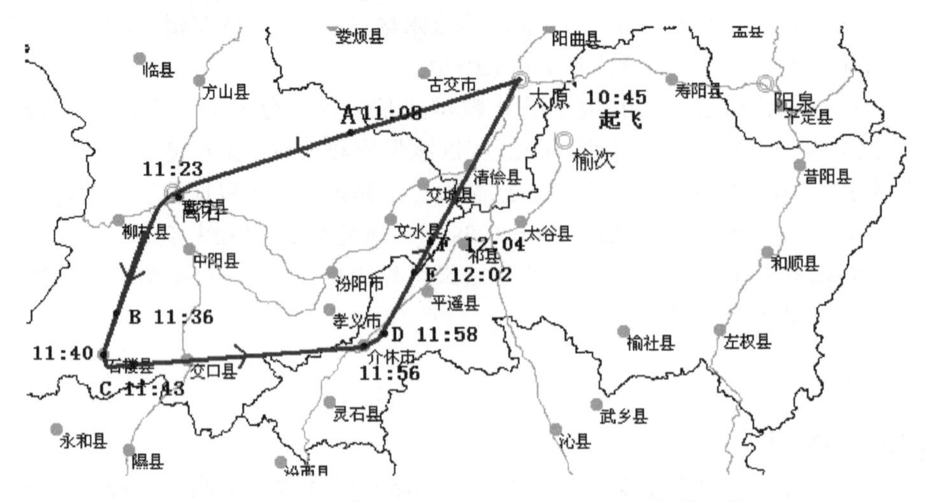

图 4.2.1　2008 年 7 月 17 日 10:45—12:30 飞行轨迹图

高度第一次出云，11:02:45 于 4270 m 高度又一次入云，12:04:30 在 3838 m 高度又一次出云，12:30 降落。飞机在云中飞行湿度较大，零度层以上高度观察到云体冰晶很多，飞机结冰严重。图 4.2.2 显示飞机轨迹图，*A*—*D* 段、*E*—*F* 段都为飞机在云中飞行。

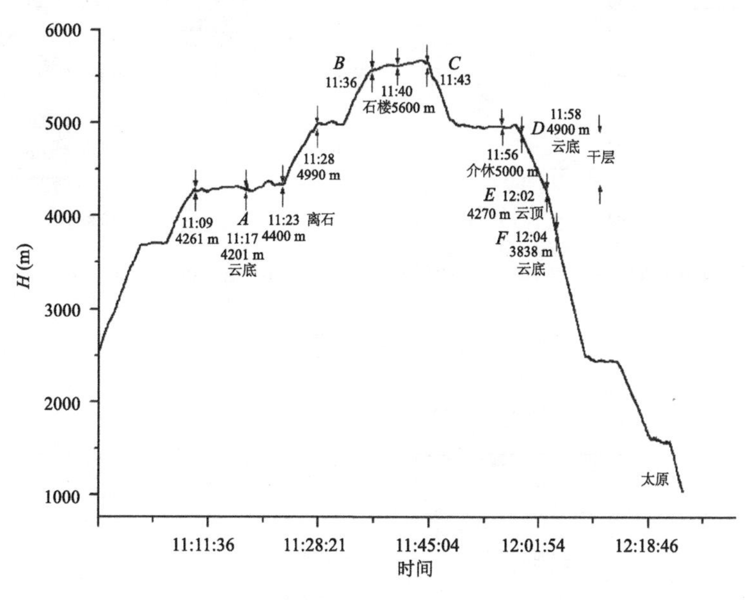

图 4.2.2　飞机随高度和时间的飞行轨迹

4.2.2　微物理结构的垂直特征分析

为了研究云层的分布和云带的微观特征，图 4.2.3 给出了上升和下降过程中 CDP、CIP 探测观测到粒子的浓度(*N*)、平均直径(*D*)、液态水含量(LWC)随高度的垂直分布。

本次天气系统的降水云系上升阶段主要由高层云组成，下降阶段主要由高层云和雨层云组成，雨层云下分布着一些不均匀的碎雨云。从云滴浓度的垂直分布可见，上升阶段高层云云底高 4201 m，由于飞机飞行高度的限制，本次过程未到达云顶；下降过程中高层云的云底高 4900 m，4270～4900 m 为干层，雨层云的云底高为 3838 m，0℃层高度为 4640 m。

由云粒子浓度高度分布图可见，上升、下降阶段云滴浓度随高度变化呈多峰分布，且起伏较大，LWC 与 *N* 具有较好的正相关性。上升阶段，4200 m 以上云滴迅速达到 62 个/cm^3，LWC 也随之升高。下降阶段，在 0℃层(4640 m)附近出现小值区，大值分别出现在 0℃层以下 3862 m 附近、0℃ 层以上 300 m(即 5000 m 附近)，在 5000 m 附近云粒子平均浓度约 159 个/cm^3。在上升和下降阶段，云粒子直径随高度变化也表现为多峰分布，云滴直径与云滴浓度在 0℃层以下范围内呈现负相关，大的云滴直径对应小的云滴浓度，随着高度的进一步升高云滴直径有递减的趋势。

从 CIP 资料可以看出，上升阶段在 0℃层以上，粒子浓度较大，平均直径比较相近，变化不大。下降阶段粒子浓度较上升阶段明显减少，随着高度的升高，粒子浓度和直径变化不大。上升和下降的资料对比显示粒子直径有增大趋势，说明大云粒子在下降过程中有增大趋势，在云的上部探测的冰相粒子以柱状粒子为主，浓度出现很大的跃增。

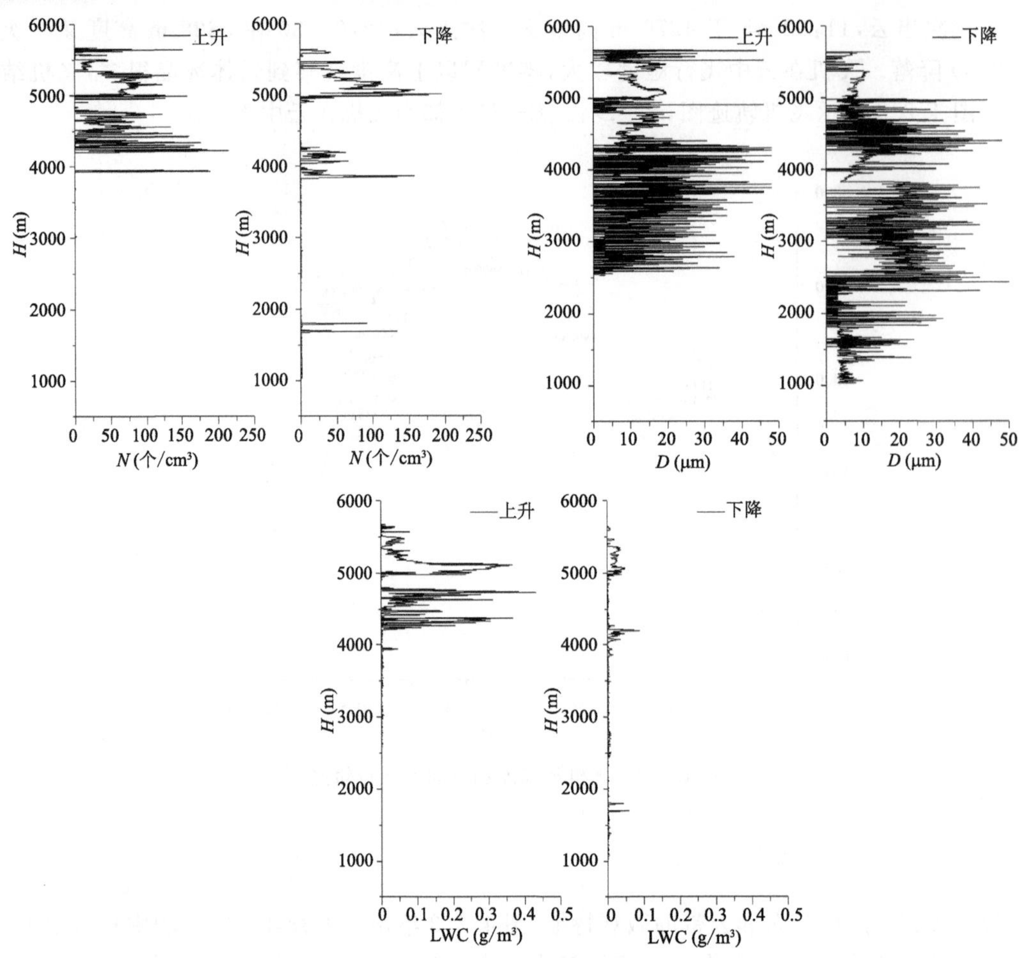

图 4.2.3　2008 年 7 月 17 日上升、下降过程云滴浓度(个/cm³)、云滴平均直径(μm)和液态水含量(g/m³)的垂直分布(取自 CDP 资料)

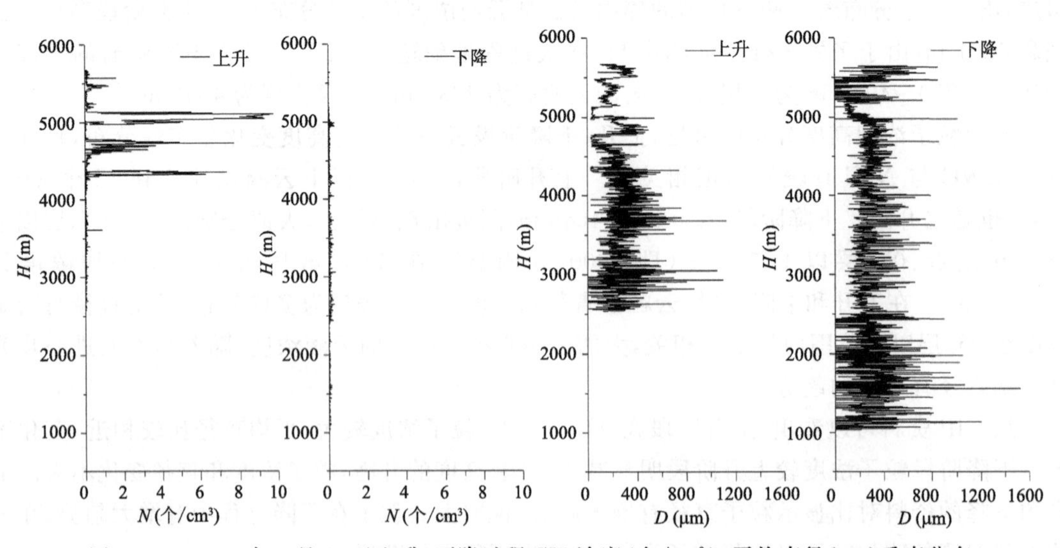

图 4.2.4　2008 年 7 月 17 日上升、下降过程 CIP 浓度(个/cm³)、平均直径(μm)垂直分布

4.2.3　云内粒子随时间的变化特征

层状云系的综合探测中，尽可能多地了解云系不同部位微物理结构及降水分布等特征，研究其降水形成机制，对于指导播云非常重要。

将本次系统影响下的云系按上升、下降两个阶段进行分析，其中上升阶段选取是11:17:32—11:36:26(参见图 4.2.2，从轨迹点 A 到轨迹点 B)，下降阶段选取 11:43:50—12:04:25(参见图 4.2.2，从轨迹点 C 到轨迹点 F)。

为了研究上升阶段云系的特征，图 4.2.5 将这一时段的飞机轨迹点叠加在雷达回波图上，所用资料为雷达最佳观测仰角 1.5°仰角层的体扫资料，所示时间为体扫结束时间，给出了在 11:10、11:15、11:26 三个时刻飞机轨迹在雷达 PPI 图上的水平面投影。11:10，飞行区域内的回波主要为分布均匀的大范围层状云降水回波，中间夹杂着分布不均的、小片的、结构松散的絮状强回波块，回波强度均在 25 dBZ 以上。在飞往离石的航线上，回波以层状云回波为主；11:21，回波向东移动，不断发展加强，块状结构初显。强回波逐渐聚拢，且面积增大，强度增强，强中心达 35 dBZ 以上。

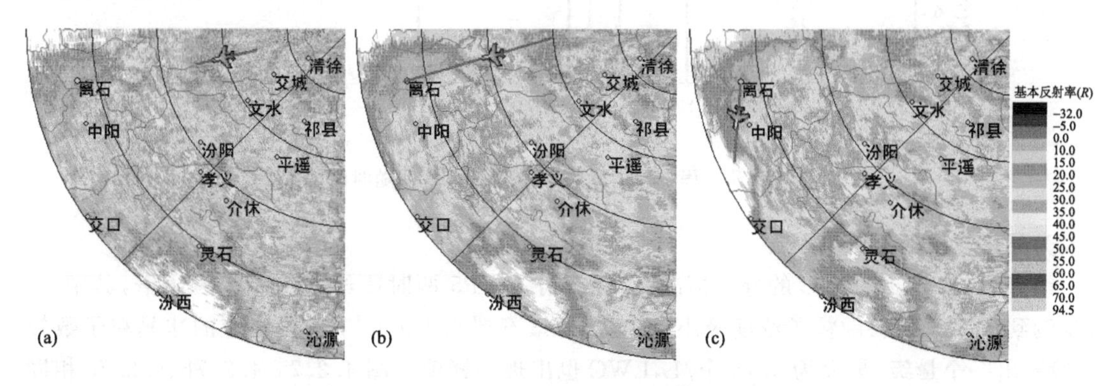

图 4.2.5　飞机上升过程 3 个时刻太原站雷达 PPI 回波图(仰角 1.5°)与飞机轨迹叠加
(a)11:10;(b)11:15;(c)11:26

图 4.2.6 给出了上升过程云内飞机探测到的各微物理量沿航线的时间分布。横坐标为时间，纵坐标中：LWC 是液态水含量、CDP 为云粒子数浓度、CIP 为冰粒子数浓度、H 是高度。

从图 4.2.6 可以看出，云内云滴数浓度最大为 177 个/cm^3，最小仅为 0.06 个/cm^3，两者相差 4 个量级。11:17:02—11:23:04 飞机在 4300 m 高度水平飞行，对应图中 P1 段，在这个时间段可以看出各探头探测到的微物理量起伏都较大，其中 LWC 最大为 0.36 g/m^3，最小几乎为 0.0 g/m^3，说明层状云云内分布极不均匀。

P2 段对应时间为 11:23:05—11:24:51，此时段飞机爬高 350 m 左右，于 11:24:51 到达 0℃层。从雷达 RHI 回波图(图略)可以看出，在 0℃层有明显的融化层亮带，融化层亮带附近回波强度有所增强，是云层中雪花、冰晶融化、降水粒子碰并等造成的，反映了在层状云降水中存在明显的冰水转换层。雷达回波强度主要取决于大粒子的特征，P2 段内随高度的升高，冰粒子浓度增大，即大粒子个数增多，云滴数浓度减小，而液态水含量却增大，这主要是由于大粒子引起的含水量的增大，符合 0℃层亮带的回波特征。

P3 对应 0℃层上方 200 m 高度层，云滴数浓度、液态水含量和冰晶数浓度均出现一峰值，

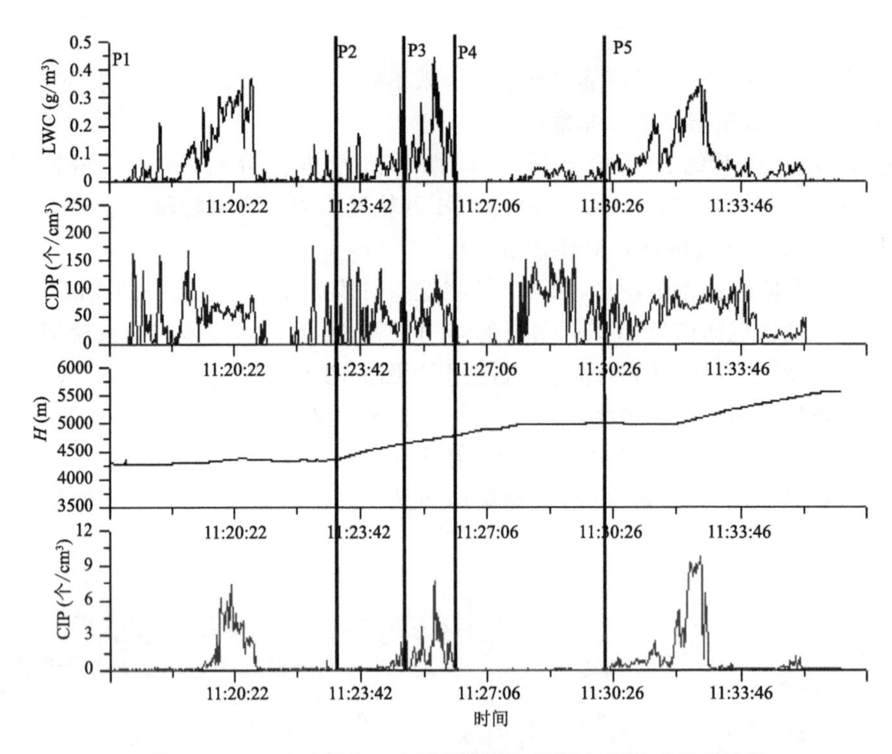

图 4.2.6　上升过程中云内微物理量和飞行高度随时间的变化

该段为降水粒子的活跃增长层。

结合图 4.2.5 的 LWC 的分布情况，对冷云分 P4、P5 两时段给出各探头粒子谱，其中 P4 段探测到得 CIP 探头的粒子浓度极小，液态水含量不到 0.1 g/m³，P5 段对应的冰晶粒子数较 P3 段高出一个量级，最大为 9.74 个/L，LWC 也出现了锋值。图 4.2.7a、4.2.7b、4.2.7c 相同标志谱线为同一时段，其中 11:28:00—11:28:10 和 11:29:13—11:29:23 时段 LWC 含量较低，11:31:26—11:31:36 和 11:32:33—11:32:43 对应 LWC 的高值时段。

从图 4.2.7a 云粒子谱分布可以看出，LWC 较低时对应的云滴粒子谱小云滴（3～11 μm）浓度高于 LWC 较高时，云滴粒子谱呈双峰分布，峰值直径在 6～9 μm 左右，当 LWC 增高后，峰型变为多峰，谱展宽，峰值直径为 16 μm，可见冷云中 LWC 含量主要由较大尺度云滴贡献。图 4.2.7b 所示四个时段大云滴和部分小冰晶粒子谱型均呈多峰分布，且在 800 μm 以下出现了明显的不连续现象，这与高层大粒子沉降有关，各档粒子浓度在 LWC 较高时段均大于 LWC 较低时段值。图 4.2.7c 所示为降水尺度粒子谱，11:31:26—11:31:36 为单峰分布且较窄，各档粒子浓度在 LWC 较高时段均小于 LWC 较低时段值，其余时段谱型均为多峰结构且较宽。对照图 4.2.8 所取的相应时段的二维粒子图像，可见在 LWC 较低时段存在冰雪晶聚合体以及比较多的冰晶和少量的较小尺度过冷云滴，而 LWC 较高时段可以发现以过冷云滴的存在为主，这说明冰雪晶粒子对云中过冷水云滴产生了消耗，使得过冷水含量降低，云滴各档粒子数浓度降低且谱变宽而降水尺度粒子数浓度增加且谱变宽。

为了研究下降阶段降水云系特征，图 4.2.9 同样将下降时段的飞机轨迹点叠加在雷达回波图上，给出了 11:47、11:57、12:08 三个时刻的飞机轨迹在雷达 PPI 图上的叠加。11:47，强

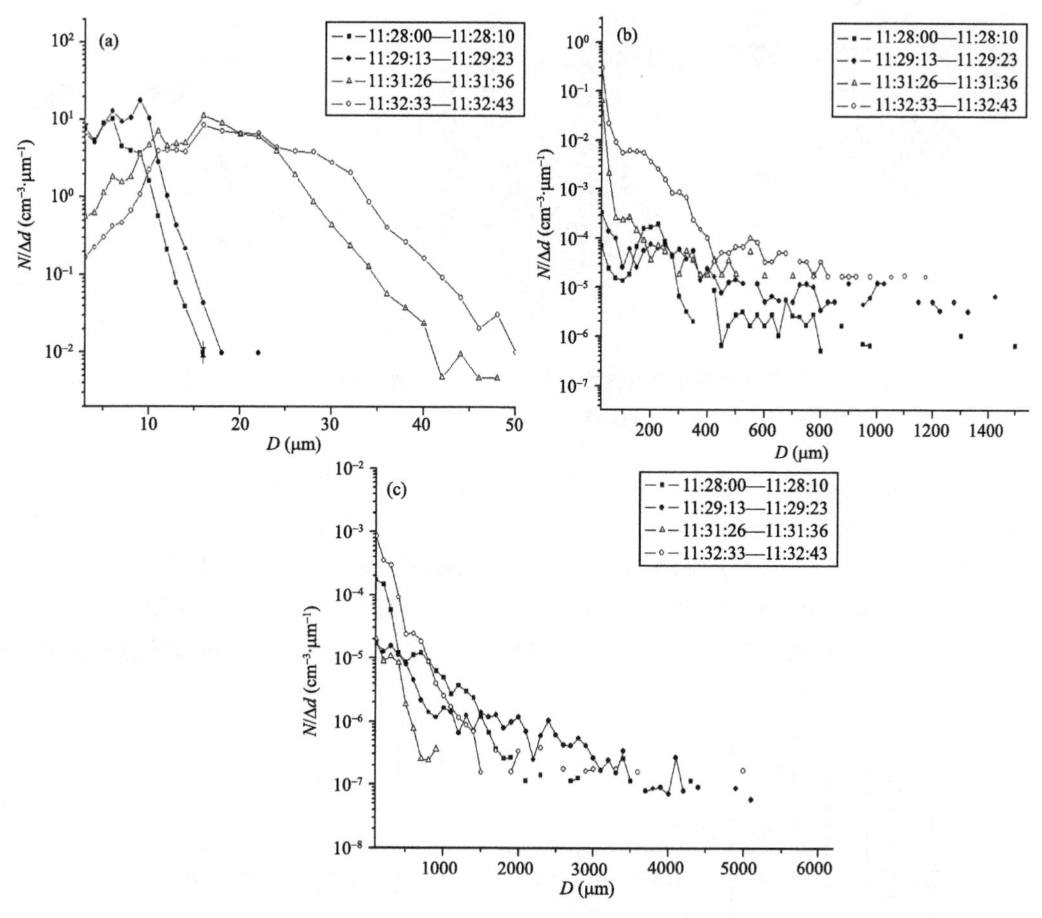

图 4.2.7 飞机上升过程某些时间段的云粒子谱、冰晶粒子谱、降水尺度粒子谱

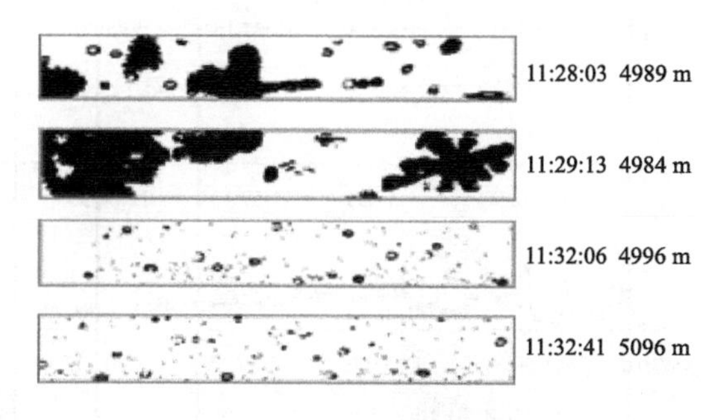

图 4.2.8 上升过程某些时间段的二维粒子图像(取自 CIP)

回波由分散的块状合并成一个长方形回波带,回波带长约 90 km 宽约 25 km,中心强度在 40 dBZ以上,层积混合云结构明显。11:57,飞机穿过一片强回波带进入较弱回波区;12:08,回波继续东移,飞机所经过的雷达回波区明显减弱。

图 4.2.10 给出了下降过程中对应图 4.2.2 飞机轨迹从轨迹点 C 到轨迹点 F 的云粒子数浓度(由 CDP 观测得到)、冰晶数浓度(由 CIP 观测得到)、雪晶数浓度(由 PIP 观测得到)、液态水含量(LWC)和飞行高度 H 随时间的分布特征。

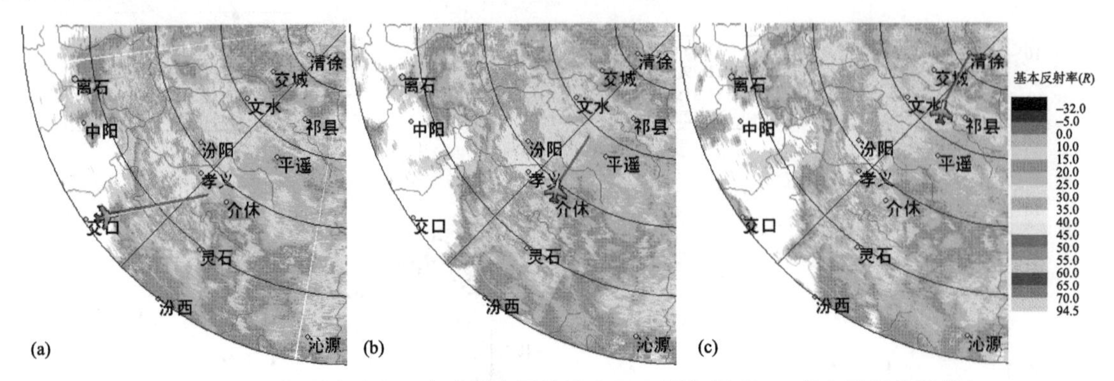

图 4.2.9　飞机下降过程 3 个时刻太原站雷达 PPI 回波(仰角 1.5°)与飞机轨迹叠加

(a)11:47;(b)11:57;(c)12:03

图 4.2.10 中 P1、P2、P3、P4、P5 分别对应于冷云中不同时段。通过分析发现，云层中，在 0℃层(4640 m)以上的冰晶浓度随高度分布是不均匀的，在冷云底部(4640～5000 m)(对应 P4 段)和 5700 m 高度处(对应 P1 段)分别存在极大值，冰晶的平均浓度较高为 48.1 个/L。液态水含量从云底开始向上有递增趋势，在云的中下部达到峰值，此后递减。云滴浓度与液态水含量有较好的对应关系，峰值区与液态水含量峰值区一致都在云的中下部，这些地方应该是云的丰水区。

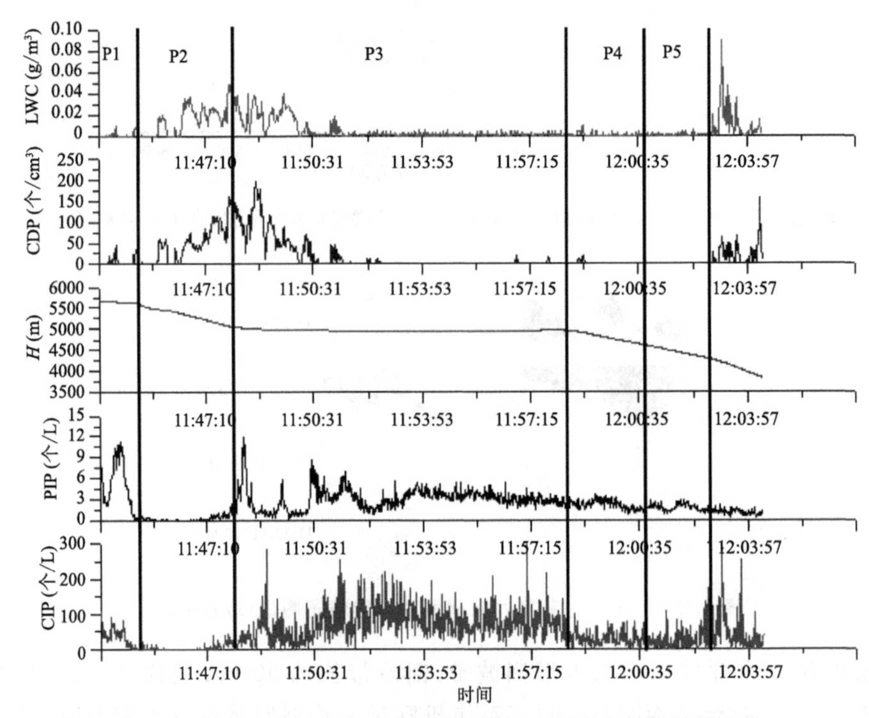

图 4.2.10　下降过程中云内微物理量和飞行高度随时间的变化

P1 段(11:43:50—11:45:07)，高度 5700 m 左右，冰晶的形状以柱状类型为主，发生了冰雪晶凝华增长(见图 4.2.11a)。P2 段(11:45:08—11:48:08)，高度 5700～5000 m，存在较小尺度的过冷云滴和霰粒，霰粒是由冰晶与过冷水滴的淞附机制产生，这些说明有可能存在较充足的水汽条件有利于冰雪晶的增长。该段也是液水含量高值区，有利于从高层降落下来的冰雪晶粒子进一步增长形成降水。该层属于冰晶和过冷水共存，冰相粒子快速增长。此层对应的冰雪晶浓度为低值区，可以考虑该高度范围作为飞机增雨作业的高度。

P3 段为飞机在 5000 m 高度平飞，时而出云，时而入云，云外仍观测到冰雪晶粒子，这是高层形成冰雪晶粒子降落造成的。P4 段对应于 0℃以上 300 m 高度范围内。P3、P4 段冰晶浓度为 65.3 个/L，粒子形状为不规则型(见图 4.2.11c、4.2.11d)，观测到枝状、板状冰雪晶，在这个高度出现了冰晶聚合体，过冷水含量不到 0.01 g/m^3，说明在 0℃层以上 300 m 内存在冰晶粒子攀联、碰冻过程，这可能是云中产生降水的一个重要机制。该层存在冰晶与冰晶攀联过程，冰晶粒子与过冷水碰冻过程。

P5 为 0℃层以下的干层区，云滴的总浓度、含水量都极小，CIP 观测的粒子图像发生了明显的变化，12:00:47，高度 4612 m，粒子浓度 32.7 个/L，粒子形状为球形(见图 4.2.11e)，说明为雨滴，是降水元的融化区。P6(粒子图像见图 4.2.11f)对应雨层云，云滴总浓度、含水量出现极大值，对比 P5 段二维粒子图像，CIP 探测的粒子在下降的过程中，直径增大，可知该区域是雨滴的碰并增长和云滴凝结增长区。

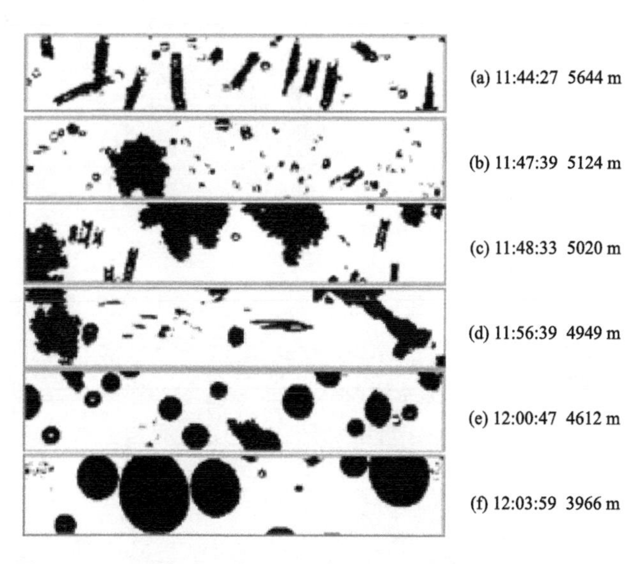

图 4.2.11　下降过程某些时间段的二维粒子图像(取自 CIP)

4.2.4　小结

本节利用 2008 年 7 月 17 日一次冷锋天气过程获取的 DMT 资料，配合其他探测资料，对山西省锋面系统影响下降水云系的微物理结构和降水机制进行了分析。

将本次探测分为上升和下降两个过程进行对比分析，首先分析了微物理特征随高度的垂直分布，上升阶段由高层云组成，下降阶段由高层云和雨层云组成，且雨层云下分布些不均匀的碎雨云。上升、下降阶段云滴浓度、云粒子直径随高度变化呈多峰分布，云滴浓度起伏较大，LWC 与 N 具有较好的正相关性。云滴直径与云滴浓度在 0℃以下范围内呈现负相关性。下降阶段冰晶粒子浓度较上升阶段明显减少，上升和下降的资料对比显示冰晶粒子直径有增大趋势。

其次，为了进一步研究降水机制，将上升和下降过程各物理特征量随时间的变化进行分段分析，并结合雷达回波的演变和二维粒子图像的分布，指出本次过程符合 Bergeron 提出的催化云一供水云相互作用的降水概念。对平飞资料进行分析，发现了层状云水平不均匀性，这与层状云中镶嵌的对流泡有关。分析了过冷云的液态水分布，对指导作业具有重要意义。

第 5 章　太行山典型层状云不同发展阶段的结构特征

5.1　不同发展阶段层状云系的结构分析

2010 年 4 月 20—21 日，受高空低槽与地面冷空气的共同影响，我国中东部地区出现了一次较大范围的大风、降温和降水过程。山西南部、河南、山东西南部、湖北西北部、湖南北部、江西中部、浙江南部等地的部分地区降雨 25～50 mm，其中河南西部、湖北西北部局地降雨量达 50 mm 以上。

由图 5.1.1a 可知，四川北部存在一个弱的低涡，其中心值为 3000 gpm，由此低涡中心向南，可见一明显的高空槽。受其影响，在四川南部、湖北、安徽及以南的区域以西南气流为主，而四川东部、甘肃及河南一带则呈现东南气流，因此在该交界处出现了明显的切变线，导致我国中东部地区出现了明显的降水过程，湖北和河南的部分区域甚至产生了大暴雨。由图 5.1.1b 可知，500 hPa 高度上，高空槽位于甘肃、四川一带，因此该地区东侧的省份，包括山西的中南部地区均受其影响，形成了明显的西南气流。

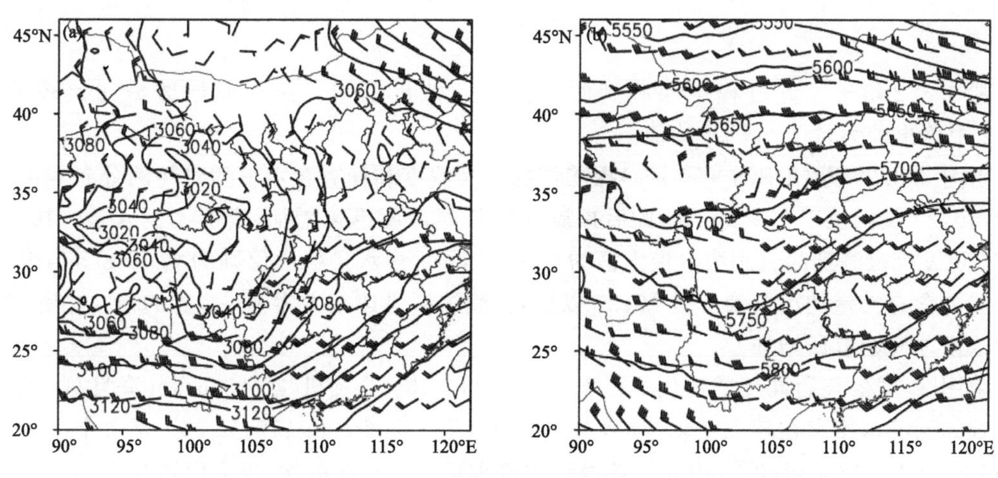

图 5.1.1　2010 年 4 月 20 日 08 时的位势高度场和风场图

(a)700 hPa；(b)500 hPa

5.2　飞机探测飞行计划

针对该次降水过程，分别在降水的前期（4 月 20 日 10:11—11:48）、中期（4 月 20 日 16:26—17:59）和后期（4 月 21 日 09:33—11:44）组织了飞机探测，并且在中期进行了三架飞机的联合探测。其中，前期和后期的探测为山西人工增雨飞机的单机探测，而中期探测为山西、河北和北京增雨飞机的同时探测。

5.3　2010年4月20日系统发展阶段山西飞机单机探测

2010年4月20日上午10:11—11:48山西飞机自太原机场起飞后，在3.6 km高度经交城采用折线飞行至汾阳以东20 km，随后返回。返回过程中，飞机做了3.6～5.8 km(云顶)的爬升探测及5.8～2.8 km(云底)的盘旋式下降探测。飞行轨迹见图5.3.1。

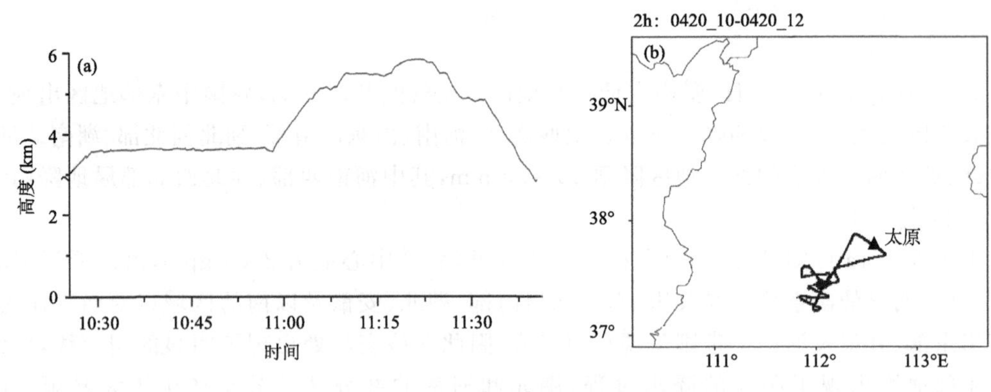

图5.3.1　2010年4月20日山西单机探测飞行轨迹
(a)二维飞行轨迹；(b)水平飞行路线

5.3.1　粒子浓度的分布

图5.3.2给出了此过程中探测到的云内粒子浓度情况。由于原始数据起伏较大，图5.3.2中给出的为每10 s的平均值。

由图5.3.2a为CDP(2～50 μm)探测到的云滴浓度和计算含水量随时间的分布。由该图可知，10:24飞机位于2.9 km处，此后探测到的云滴浓度迅速增加，表明飞机入云。10:24—10:27间飞机探测到的云滴浓度极大值为214个/cm^3，含水量极大值则为0.08 g/m^3，因此在该云层内含有大量的小云滴。但10:27以后，云滴浓度迅速减少为不足1个/cm^3，直到10:30云滴浓度才开始有所增加。

由图5.3.2a飞行高度的变化可以看出，10:29—10:55飞机位于3.6 km高度处，此期间探测到的云滴浓度存在较大变化，包括10:31的接近300个/cm^3、10:44的不足1个/cm^3以及10:49的约200个/cm^3，所以由此计算得到的含水量同样存在起伏，极大值达0.23 g/m^3，而低含水量区则不足0.01 g/m^3。

10:55—11:19飞机缓慢由3.6 km处爬升到5.8 km，期间基本没有探测到明显的云滴分布，仅在11:15—11:16探测到浓度达160个/cm^3的云滴。此后飞机盘旋下降过程中，同样探测到不同区域的云滴浓度存在较大的起伏。

图5.3.2b为相同时段内CIP和PIP探测到的云粒子和降水粒子浓度的分布。由图5.3.2中CIP的探测结果可知，10:24飞机入云后，探测到的云粒子浓度达40个/L，此后很多区域的云粒子浓度均能达到20个/L以上，甚至达70个/L。即使在小云滴浓度不足1个/cm^3的部分区域，仍能探测到明显的云粒子分布。由图5.3.2b中PIP的探测结果知，降水粒子的

浓度分布基本与 CIP 探测到的云粒子浓度分布一致，即二者的峰值区基本一致，如 10:50 的 4.7 个/L、11:05 的 6.4 个/L 和 11:15 的 6.4 个/L 均与 CIP 的高值区对应。总体而言，不同高度层上，降水粒子的浓度约为 1～6 个/L，但其尺度和形态分布随含水量的变化而不同。

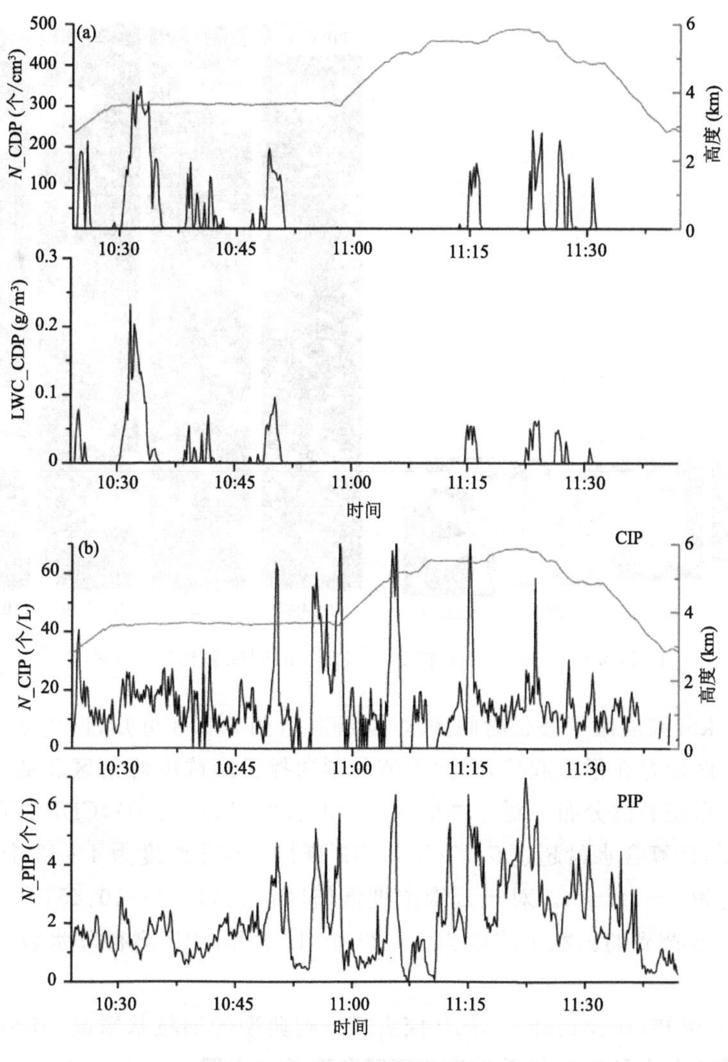

图 5.3.2　云内粒子的浓度分布

(a)云滴浓度和计算云水含量；(b)云粒子和降水粒子浓度

5.3.2　粒子形态的变化

CIP 和 PIP 探头可以提供云和降水粒子的二维图像，为分析云内粒子的增长机制提供了资料。

由图 5.3.3 中 CIP 图像可知，10:24:42 飞机刚入云时可观测到针状的冰晶，此后观测到的主要为辐枝状的冰雪晶，其边缘非常清晰，其中 10:25:43 的图像可表明两个雪花的聚并过程。10:25:59 的图像则仅拍下了该雪花的部分辐枝，其辐枝上又生长出新的辐枝，表明该粒子生长旺盛，其尺度超过 1550 μm。考虑到部分粒子尺度超出 CIP 的量程，图 5.3.3 同时给出了 PIP 观测到的粒子图像。由图 5.3.3 中 PIP 图像可知，10:24:12 降水粒子多为片状和不规则状，同时有少量的针状，而其他的三幅图中则转变为辐枝状为主，同时存在片状的粒子。该云层内辐枝状雪晶的出现与CDP观测到的大量小云滴密切相关，丰富的含水量促进了粒子的增长，而辐枝状粒子的聚并过程则进一步加速了降水粒子的长大。

图 5.3.3　飞机入云后在2.9～3.2 km间探测到的粒子形态

飞机在3.6 km高度做了较长时间的水平探测，由图5.3.3可知，该高度层内粒子的含水量和浓度在不同区域存在很大起伏，因此本节分别选择云滴浓度峰值区和低值区两个时间段对比分析粒子的形态和谱分布。对于峰值区(10:31:30—10:32:30)，CDP探测到的云滴浓度大于200个/cm^3，计算含水量超过0.1 g/m^3，CIP测得云粒子浓度为4～63个/L不等，PIP测得降水粒子浓度为1～2个/L。对于云滴浓度低值区(10:44:01—10:45:01)，云滴浓度小于0.5个/cm^3，CIP观测到的云粒子浓度为1～20个/L不等，PIP测得降水粒子浓度仍为1～2个/L。

由图5.3.4a可知，10:31:38时，PIP探头观测到典型的辐枝状雪晶，其辐枝扩展较多，另一个突出特征是存在大量辐枝状雪晶的的攀联和聚并。由图5.3.4b可知，10:44，降水粒子尺度明显变小，多以片状或不规则状为主。对比这两个时次的粒子分布可知，云滴浓度较多时，降水粒子增长快，以辐枝状为主，并伴有聚并过程，而云滴浓度小时，则以片状和不规则状为主，虽然此时降水粒子浓度变化不大，但尺度明显变小。

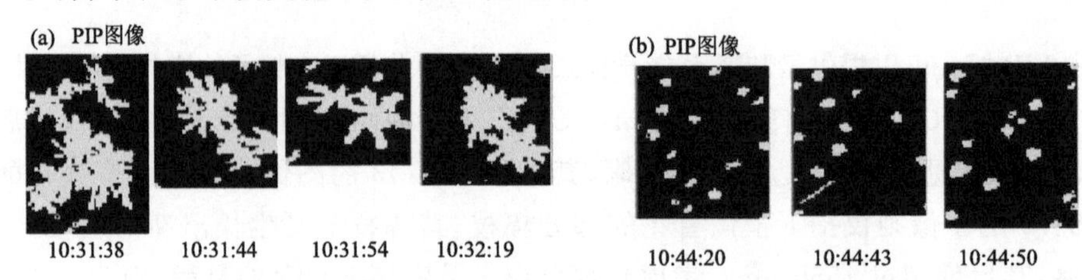

图 5.3.4　PIP分别在云滴浓度峰值区和低值区观测到的降水粒子形态

此后，飞机由3.6 km上升到5.8 km，此过程中观测到的粒子形态与3.6 km有所不同。粒子图像如图5.3.5所示。

10:58—11:10飞机位于3.6～5.5 km之间，由图5.3.5可知，该高度层内粒子形态为辐枝或不规则状，此时的辐枝状粒子尺度已经较3.6 km高度处粒子小得多。由11:15—11:20间的粒子图像可知，5.5 km高度以上主要为不规则状的较小降水粒子，表明粒子增长极为缓慢。

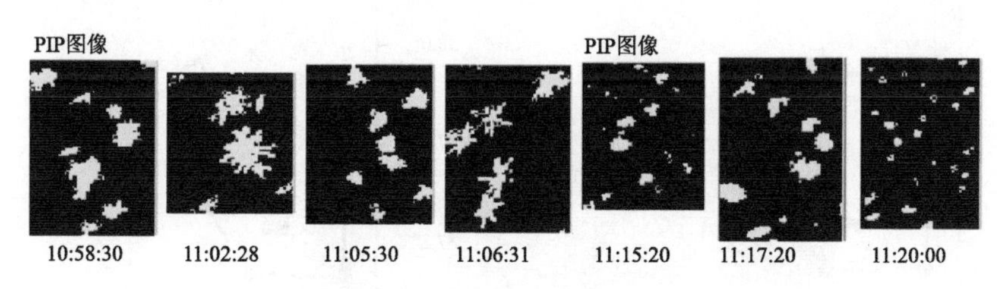

图5.3.5 PIP在3.6～5.8 km探测到的降水粒子形态

5.4 2010年4月20日系统中期的三机联合探测

2010年4月20日16—18时，山西、北京和河北三架人工增雨飞机在山西试验区内对同一云系的不同高度层做了水平探测。其中主要探测时段为16:26—17:59，此期间三架飞机的飞行轨迹如图5.4.1和图5.4.2所示。

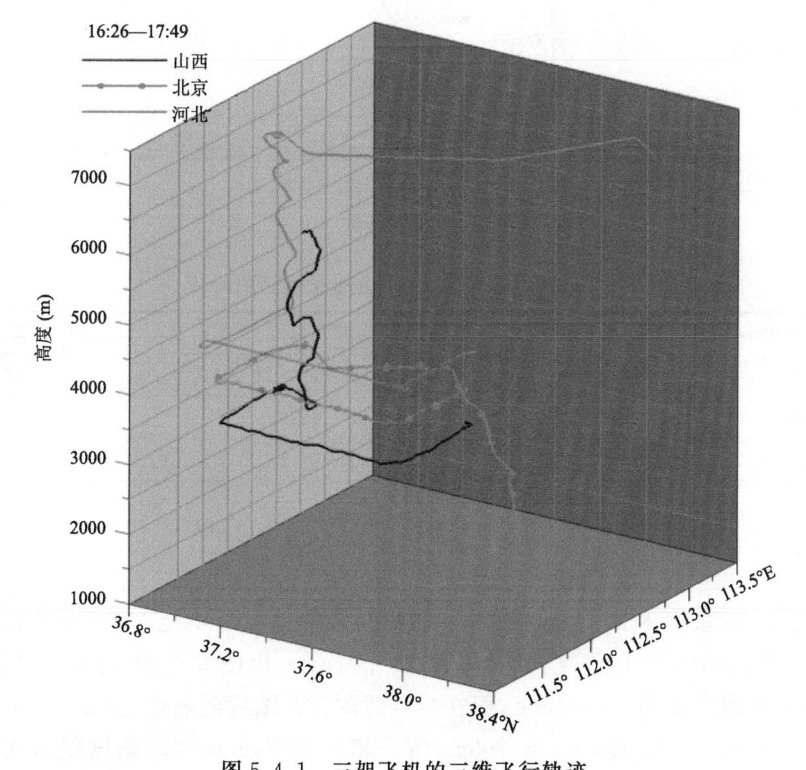

图5.4.1 三架飞机的三维飞行轨迹

由图5.4.1和图5.4.2可知，山西、北京和河北三架飞机所在的高度分别为3.6 km、4.2 km和4.8 km，分别经过了计划探测区域内的 A、B、C 和 D 四点。由于河北飞机飞行速度比另外两架飞机快，因此在其首先到达 B 点和 C 点后，在原地盘旋等待。由表5.4.1可看出，三架飞机基本做到了在同一时间对不同云层的水平探测。

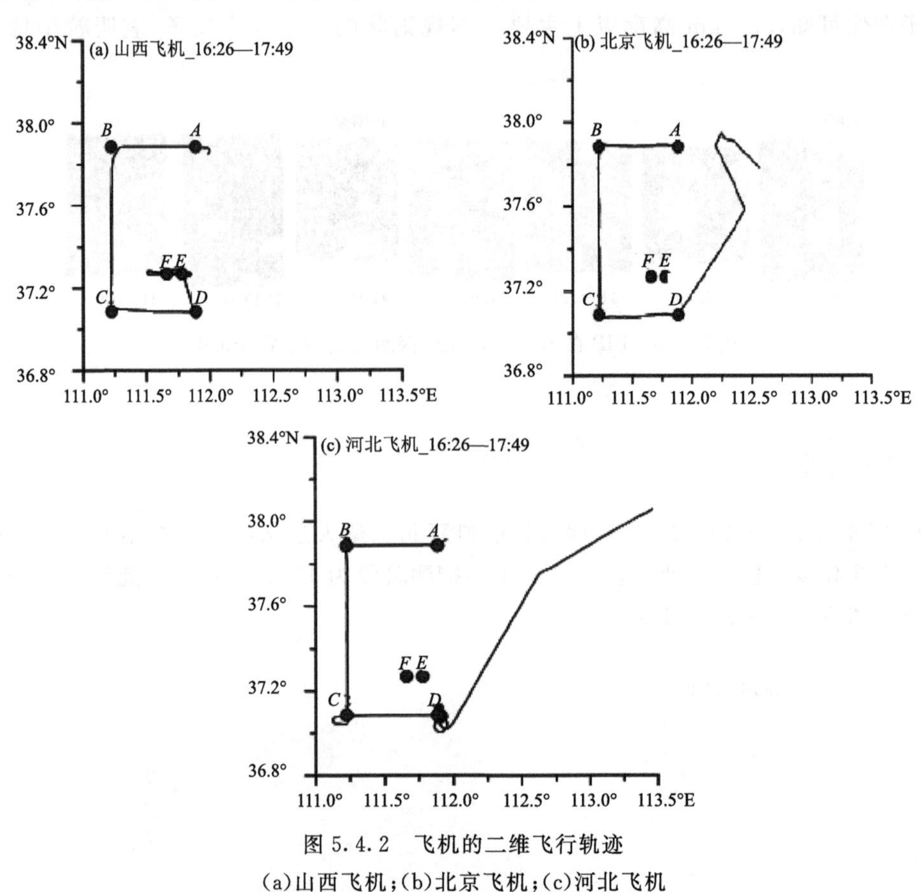

图5.4.2 飞机的二维飞行轨迹

(a)山西飞机；(b)北京飞机；(c)河北飞机

表5.4.1 三架飞机分别经过试验区的时间

飞行方向及对应时间	山西飞机	北京飞机	河北飞机
$A \to B$(过程1)	16:28—16:40	16:26—16:40	16:27—16:38
$B \to C$(过程2)	16:40—17:00	16:40—17:01	16:41—16:57
$C \to D$(过程3)	17:00—17:11	17:01—17:12	17:02—17:11

5.4.1 粒子浓度分布

由图5.4.3a可知，4.8 km处云滴浓度非常小，多数情况下不足5个/cm³，仅在17:02前后出现浓度大于10个/cm³的情况，其峰值为25个/cm³。由图5.4.3b可知，4.27 km处云滴浓度有所增加，其值主要为10个/cm³，但在少数时刻存在浓度的高值，如16:29的59个/cm³、16:55的116个/cm³及16:58的136个/cm³等。相比而言，3.69 km高度处云滴含量明显不同，16:40前该高度层上云滴浓度仍然很低，多为1～10个/cm³，而16:40—17:00则出现了浓度为 100 个/cm^3 以上的较多区域，表明该处的云体比前一时段发展旺盛，但同时存在浓度的低值区也表明了云体的不均匀性。17:00—17:10 则以 10^1～10^2 个/cm^3 为主，虽然其峰值小于 16:40—17:00 的浓度峰值，但很少出现仅为 1 个/cm^3 的低值，说明此时飞机经过的云系处于更为成熟的阶段。

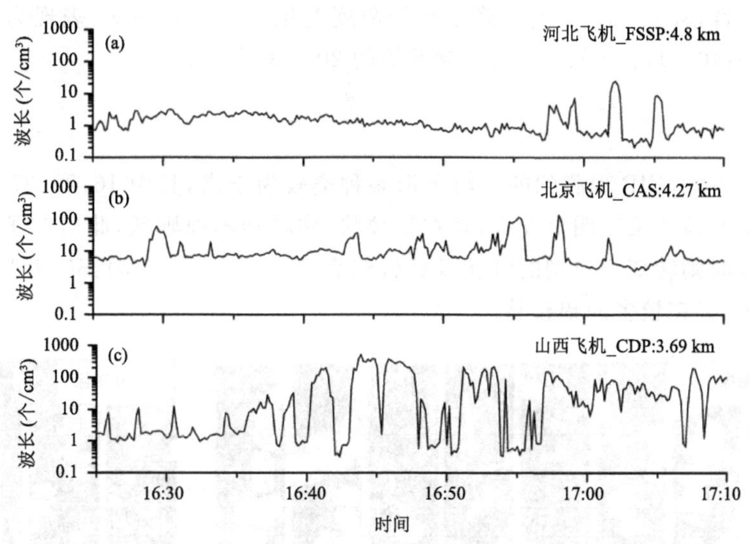

图 5.4.3　16:25—17:10 不同高度层上云滴浓度分布

由于 4.8 km 处无明显的云粒子和降水粒子分布，因此图 5.4.4 仅给出了 4.27 km 和 3.69 km 处粒子的分布。

由图 5.4.4a 可知，4.27 km 处云粒子浓度较高，其中 16:40 之前云粒子浓度较为均匀，基本在 100 个/L 上下起伏，16:40—17:00 出现了较多的高浓度峰值，峰值达 200～350 个/L，而到 17:00 以后，浓度却减少为约 50 个/L。对比而言，3.69 km 高度处云粒子浓度同样很高，基

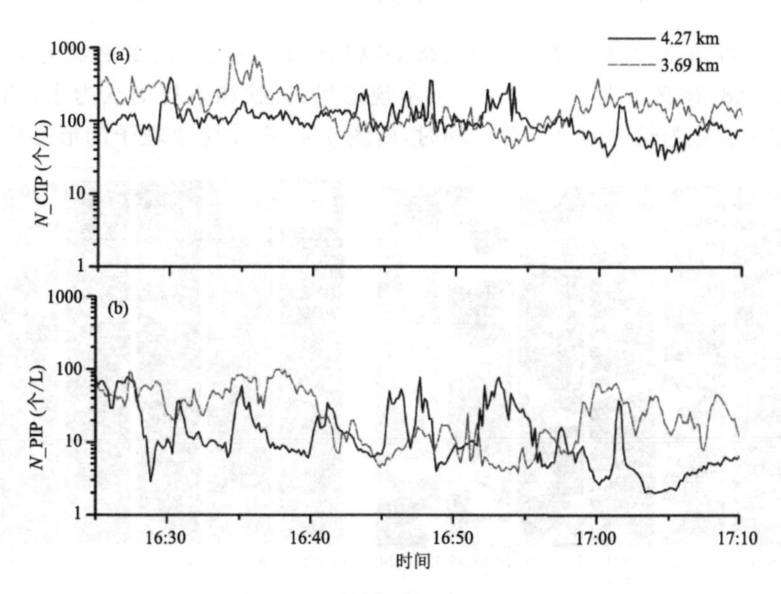

图 5.4.4　16:25—17:10 云粒子(a)和降水粒子浓度(b)在 4.27 km 和 3.69 km 上的分布

本为 10^2 个/L 的量级，不同的是 16:40 前该高度上云粒子浓度更高一些，高达 100～500 个/L，此后其值有所减少，基本为 100 个/L。由图 5.4.4b 可知，4.27 km 高度处降水粒子浓度存在很大起伏，如由 16:27 的 80 个/L 迅速减少为 16:29 的仅为 4 个/L，随后在 16:31 时又增加到 36 个/L，如此变化直到 17:02 前后。而后，该高度层上降水粒子浓度减少为 2～5 个/L。相比而言，3.69 km 高度上降水粒子浓度变化较为平缓一些，表现为 16:40 之前的 30～80 个/L、16:40—17:00 的 10 个/L 到此后的 20～50 个/L。

5.4.2 云粒子和降水粒子形态

由图 5.4.5 可知，CIP 观测到的云粒子形态种类较为丰富，其中 16:29:37 时为较小的片状，到 16:34:37 时粒子尺度明显变大，存在辐枝状、柱状和不规则状，此后粒子尺度又有所减少，到 16:53:25 时则转变为典型的针状及针针组合状。而后到 17:04:36 和 17:09:26 时，粒子尺度再次增大，存在较多的辐枝状。

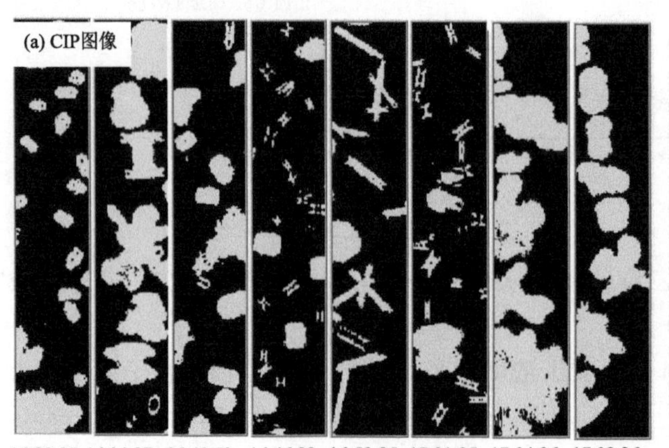

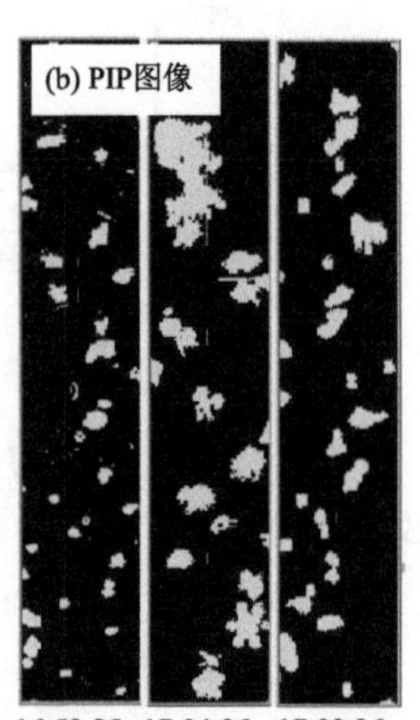

图 5.4.5　4.27 km 高度上云粒子和降水粒子的形态

由图 5.4.6a 可知，3.69 km 高度上，16:28:56 和 16:36:17，云粒子以针状为主，而 16:42:22、16:44:22 和 16:48:26 改变为分别以片状或不规则状、针状和不规则状为主，到 17:02:59 和 17:07:24 则完全转化为较大的辐枝状。同时，由图 5.4.6b 中降水粒子的形态可知，图中前四

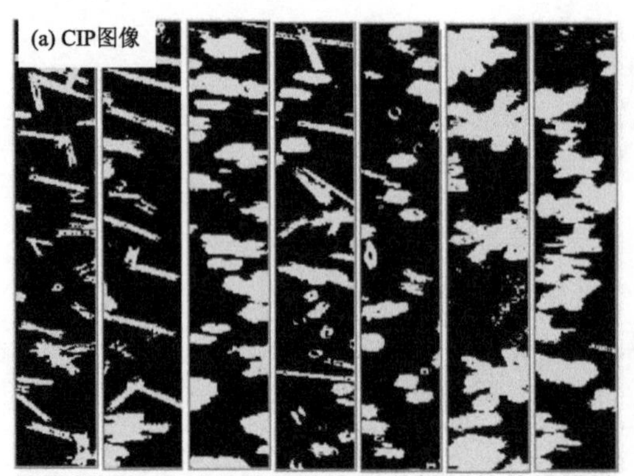

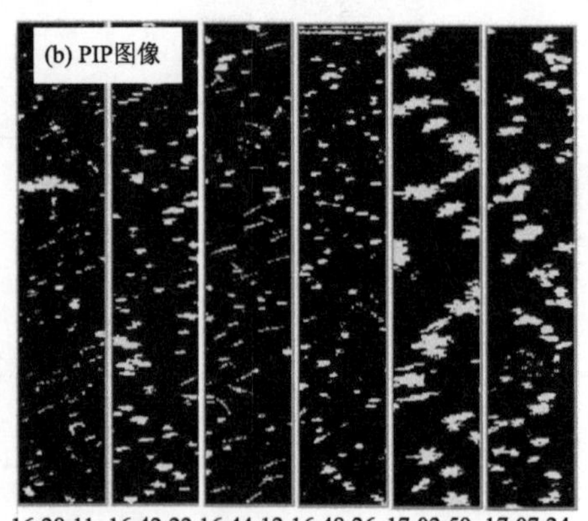

图 5.4.6　3.69 km 高度上云粒子和降水粒子的形态

个时刻的粒子尺度均较小，而后两个时刻的辐枝状粒子明显偏大。对比粒子的形态与图 5.4.4 中云滴浓度的分布可知，16:40 前云滴浓度仅为 10^0 个/cm^3 时，该高度层上形成的主要为针状，此后当云滴浓度增大时，针状粒子减少，辐枝状增多，并且当云滴浓度普遍增加到 10^1～10^2 个/cm^3 时(即不存在云滴浓度＜10 个/cm^3 的低值区)时，降水粒子才有可能完全转化为辐枝状。

5.5　2010 年 4 月 21 日系统发展后期单机探测

2010 年 4 月 21 日上午，山西中部部分地区仍有弱降水，但已处于降水的后期。09:33—11:44 山西飞机由太原机场起飞后(图 5.5.1)，经古交—娄烦一带对云系的水平和垂直结构做了探测。

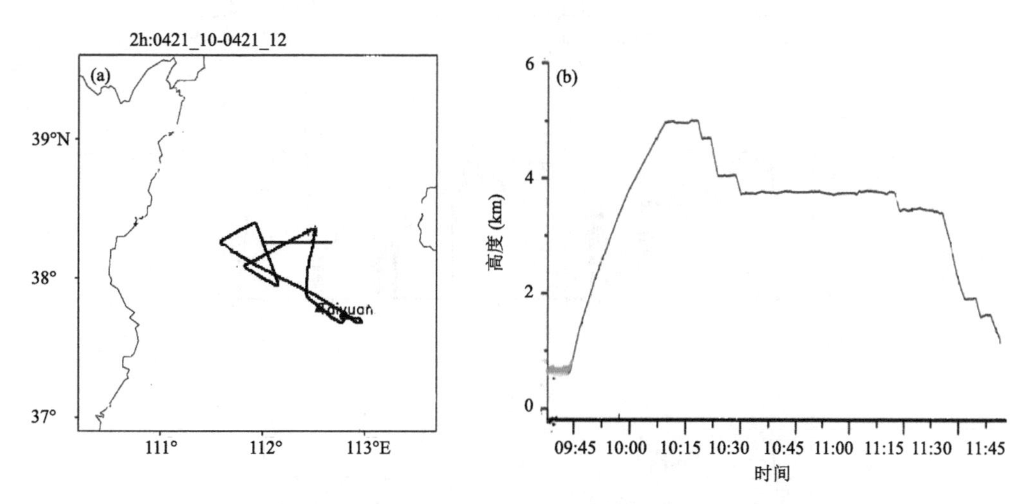

图 5.5.1　2010 年 4 月 21 日山西单机探测飞行轨迹

(a)二维飞行轨迹；(b)水平飞行路线

由图 5.5.2a 可知，09:47 机载 CDP 探头开始探测到明显的云滴，此时位于 1.7 km 高度处，表明飞机入云。该云层内，探测到云滴浓度峰值为 238 个/cm^3，但当飞机上升到 2.5 km 时云滴浓度又减少为不足 1 个/cm^3。此后到飞机上升至 5.2 km 的过程中，均未探测到明显的云滴分布，表明云体开始消散。整个探测过程，仅在 09:47、10:30 和 11:14—11:40 时探测到云滴，由此计算的含水量值约 0.1 g/m^3，其他时间段内均无云滴分布。

由图 5.5.2b 可知，09:47 飞机入云后，可探测到云粒子和降水粒子峰值浓度分别为 129 和 8 个/L，表明 1.7～2.5 km 高度内存在仍可产生降水粒子的条件。但是此高度以上，云内粒子浓度明显降水，到 10:15，云粒子和降水粒子浓度均不足 0.1 个/L，考虑到该高度层上同时也无云滴分布，认为 5.2 km 处已为云顶。对于 3.9 km 处，存在部分云粒子，其浓度约 1～30 个/L，而降水粒子浓度则为 1～10 个/L。由于 3.9 km 处同样无云滴分布，因此探测到的云粒子不具备进一步长大的条件，因而该云层趋于消散。对于下降阶段，3.6～1.5 km，同时存在云滴、云粒子和降水粒子，是造成降水的主要来源。图 5.5.3 给出了在该下降阶段，CIP 观测到的云粒子图像。

根据机载温度探测，0℃高度为 2.5 km 处。图 5.5.3 中 11:25:53—11:28:49 的四个时次

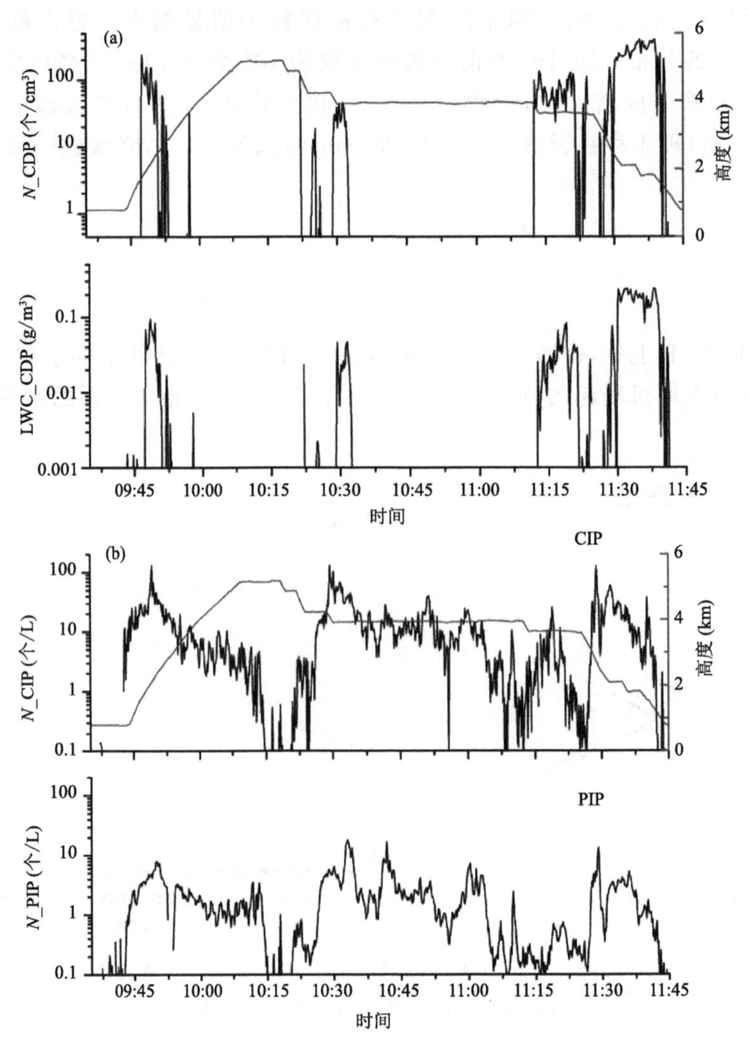

图 5.5.2 云内粒子的浓度分布

(a)云滴浓度和计算云水含量;(b)云粒子和降水粒子浓度

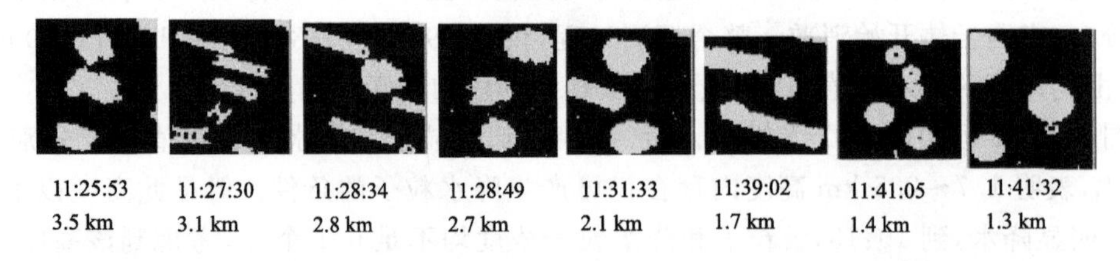

图 5.5.3 由 3.5～1.3 km 下降过程中观测到的云粒子图像

中粒子表示冷层冰雪晶,可以看出存在不规则状、针状,其中 11:28:34 和 11:28:49 出现了近似于球状的粒子,表示冰雪晶增长较缓慢。由 11:31:33 和 11:39:02 的图像可知,针状粒子的边缘较模糊及近似球状的粒子,表明其处于尚未完全融化的阶段,而到 11:41,粒子已全部融化,为球状。

第6章 太行山层状云系降水特征

6.1 太行山层状云系降水的云宏微观物理特性

云的宏微观物理结构对降水的形成发展过程起着重要的作用。FY-2C静止卫星是我国自主研制并于2005年6月1日正式投入运行的业务卫星，该卫星获取的数据具有较高的时间频次，通常1 h一次资料，6—9月的汛期加密至0.5 h一次，2007年FY-2D的发射使得卫星资料的时间间隔缩短至15 min，十分有利于跟踪监测目标云系。利用卫星的多通道辐射特性反演的云参数，可以反映出云中微物理演变规律和热力学相态的变化。Rosenfeld[24]利用NOAA-11卫星反演了云顶的有效粒子半径(reff)，多次试验研究，发现当reff为14 μm时是产生降水的阈值。他还利用卫星反演的云粒子有效半径和热力学垂直廓线来探测强对流风暴，研究播云促进降水和抑制冰雹的现象及微物理机制，以及污染气溶胶对云降水的影响。周毓荃等[25]利用我国FY-2C/D静止卫星观测资料融合其他多种观测，开发了一套包括云顶高度、云顶温度、过冷层厚度、云光学厚度、云粒子有效半径、云液水路径等近10种云宏微观物理特征参数系列产品。陈英英等[26]利用这些产品初步开展了同MODIS相关产品、雷达回波和地面降水等的初步研究，发现光学厚度与地面降水强中心吻合较好。刘健等[27]利用NOAA极轨卫星资料，对中尺度强暴雨云团云光学厚度和地面小时雨量的对比分析表明，地面雨量基本与云光学厚度呈正相关，地面降水的大小与6 h内云团光学厚度的大值区密切相关。

2010年山西省引进了开发的系统，项目利用二次大范围气旋天气背景下局部对流降水过程中的云参数演变特征和地面降水数据变化特征进行了研究，得出一些云和降水的时空演变规律，为精细的降水分析预测及人工影响天气条件的分析提供参考依据。

6.1.1 2010年8月18日天气过程分析

(1)天气形势

500 hPa图上，在新地岛有一较强冷涡，中心强度为520 dagpm，温度为−31℃，其向西南伸出的大槽经俄罗斯西部至巴尔喀什湖西南。贝加尔湖以北有一小低槽，贝加尔湖以南有一冷性低涡，中心强度达559 dagpm，−17℃。冷涡向西南伸出低槽经内蒙古中部河西走廊至青海东部地区。西太平洋副热带高压脊线位于30°N，控制了黄淮流域及华南地区。山西省处于副高边缘西南大风区控制之中，湿度较大。

700 hPa图上，中心位于新地岛的冷涡及南向伸出的大槽位置同500 hPa，贝加尔湖以南的冷涡中心在蒙古中部向南伸出的低槽断裂为两支，北支伸至河西走廊中部，南支位于甘肃省南部及四川省北部。西太平洋副热带高压(简称“西太副高”)控制华北东部、黄淮流域和华南。山西省处于西南大风区中，湿度较大。

850 hPa图上，新地岛的大槽位置同上，蒙古东部有一冷涡，其向西南伸出的低槽经河套顶部伸至青海北部。西太副高脊线位于40°N，控制东北及华北的东部地区和黄淮、华南地区。山西省处于西太副高边缘偏南气流控制当中，湿度较大。

08时地面图上，巴尔喀什湖北部有一气旋，贝加尔湖西部有一高压中心强度为1025 hPa，蒙古东部地区有一气旋，其向西偏南方向伸出的冷锋经内蒙古北部至甘肃省北部；向东南伸出的暖锋至内蒙古东部地区。甘肃省中部及青海东部有一副冷锋。山西省基本处于西太副高西部边缘控制之中。

受高空冷涡及地面蒙古气旋的影响下，08时山西省中北部地区开始下小到中雨。

由2010年8月18日08时云图（图略）可以看到蒙古国东部有一气旋向南伸出的锋面云带覆盖了内蒙古、山西、陕西、甘肃、四川等部分地区。

图6.1.1为2010年8月18日太原地区逐时降水量图，从图上可以看出，降水从06时开始逐渐增大，09时出现一个小峰值，11时再次加大而后减小，15时又出现一峰值，18时出现当日最大一个峰值16.3 mm，此后雨量逐渐减少。

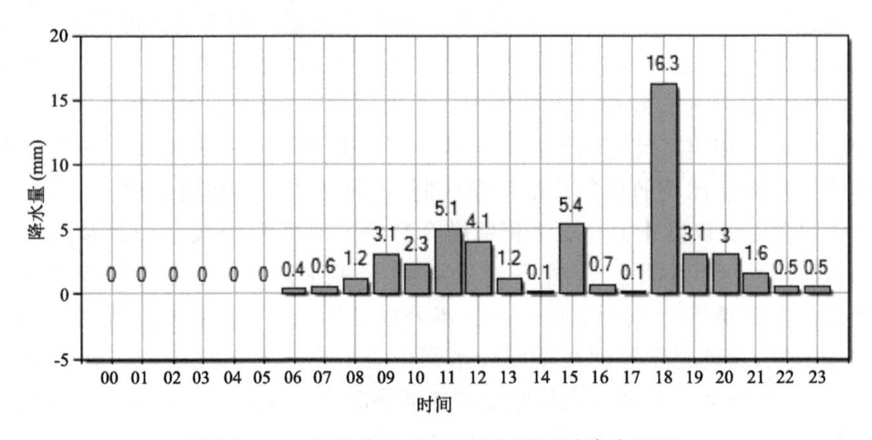

图6.1.1　2010年8月18日太原逐时降水量图

(2)云宏微观物理特征与降水特征分析

由图6.1.2可知，降水发生前(06时)，云系发展，云顶高度抬升，云顶温度和TBB(云黑体亮温)都降低。降水开始后(06时)，云顶高度于08时达到一峰值，1 h后雨量09时出现一小

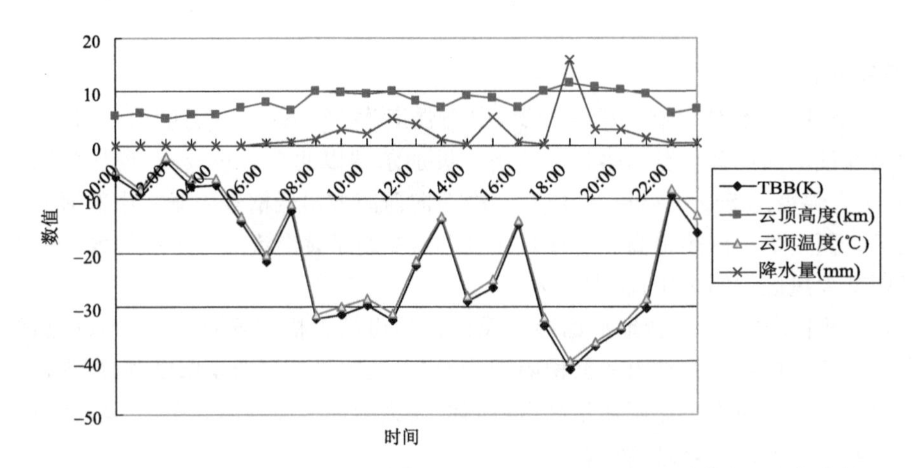

图6.1.2　2010年8月18日逐时雨量与云顶高度、云顶温度、云黑体亮温变化趋势图

峰值,在11时两者都同时出现峰值,14时云顶温度出现一峰值,1 h后15时雨量出现一小峰值,而在18时两者同时出现当日的最大值。

TBB与云顶温度变化趋势线几乎重叠,两者变化趋于一致。云顶温度在08时出现一峰值,1 h后09时雨量出现一小峰值,在11时两都同时出现峰值,14时云顶温度出现一峰值,1 h后15时雨量出现一小峰值,18时两都同时出现峰值。

由此可见,云顶高度、云顶温度和云黑体亮温各项的峰值与雨量变化峰值出现时间相比,有的提前1 h,有的几乎一致。云参数先于地面降水变化,两者大概相差0～1 h。

图6.1.3是8月18日云光学厚度(lightlen)与雨量逐时变化图,在08时、10时、14时、17时云光学厚度都出现了大小不一的峰值,1 h后雨量在09时、11时、15时、18时也出现了峰值。但是08时云光学厚度为当日极大值,相对应的09时降水量并非当日最大小时降水量,21时以后云光学厚度值增大,但雨量并未增大。

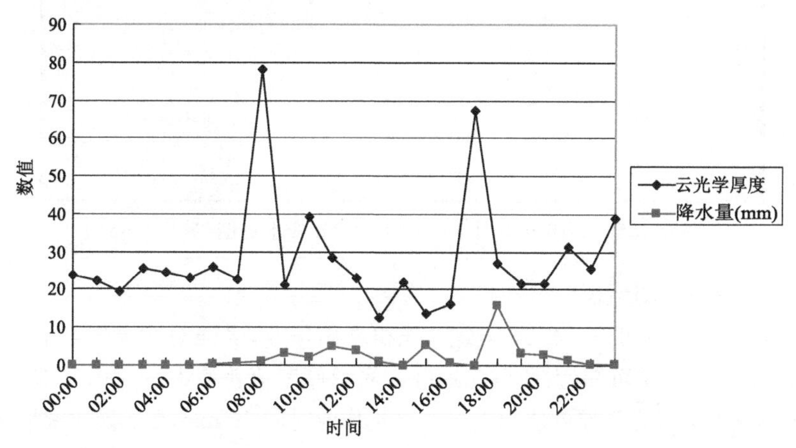

图6.1.3 2010年8月18日逐时雨量与云光学厚度变化趋势图

图6.1.4是8月18日液水路径与雨量逐时变化图。由图可知,在08时、10时、14时、17时液水路径分别出现了峰值,1 h后雨量在09时、11时、15时、18时出现了峰值。

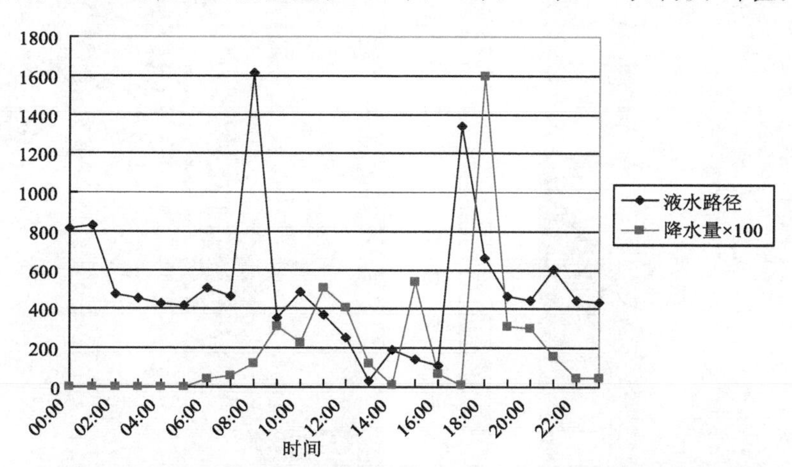

图6.1.4 2010年8月18日逐时雨量(mm)与云液水路径变化趋势图

对比2010年8月18日降水量图(图6.1.5)和液水路径图(图6.1.6)发现,液水路径的大值区与强降水中心的位置基本一致，云液水路径的大小与地面雨量的大小呈现正相关关系。

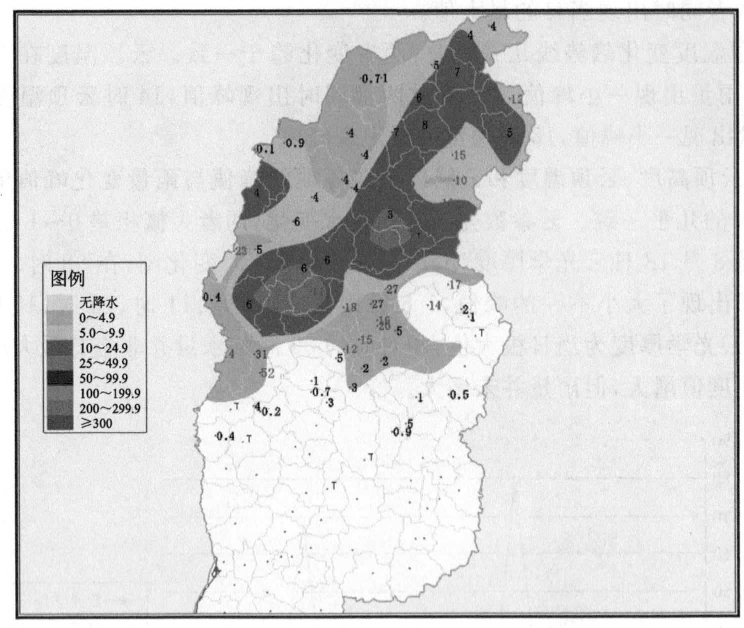

图 6.1.5　2010 年 8 月 18 日 14 时 6 h 降水量图(单位:mm)

(3)飞机人工增雨探测情况

2010 年 8 月 18 日 13:55—14:54 组织了飞机增雨作业，受强对流天气影响，航线选择了太原至静乐地区。由图 6.1.7 可知，太原以北地区云光学厚度值普遍大于 500，局部地区达到 900～1000，太原以西的离石区云光学厚度值为 1000。飞机作业时间 59 min，点燃碘化银烟条 500 g。

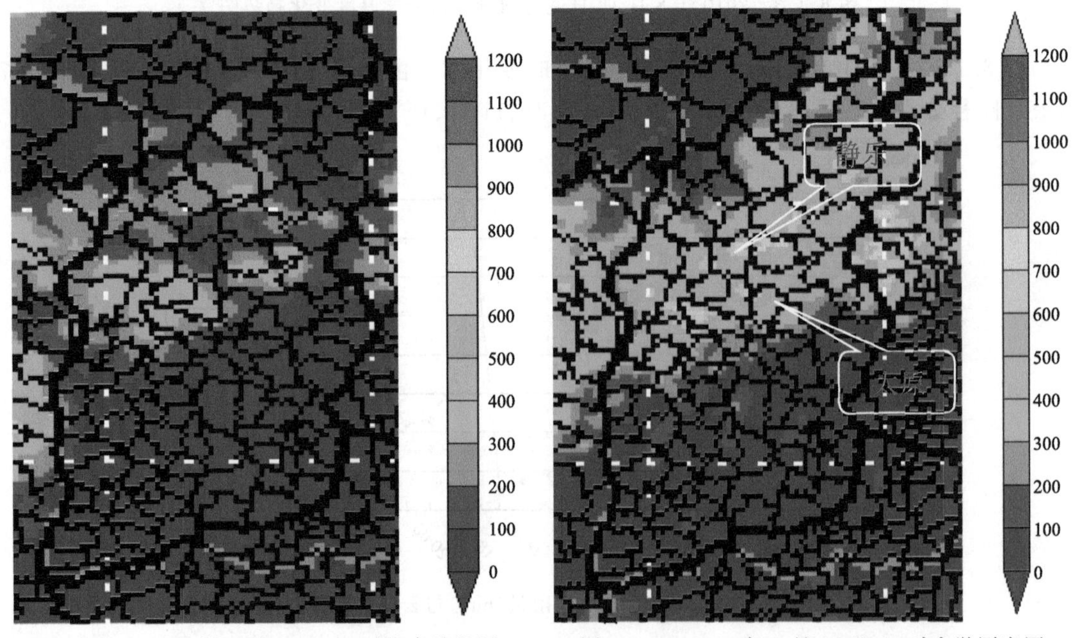

图 6.1.6　2010 年 8 月 18 日 14 时液水路径图（单位:g/m^2）

图 6.1.7　2010 年 8 月 18 日 14 时光学厚度图

6.1.2 2011 年 5 月 8—10 日天气过程分析

(1)降水云团和地面雨量的演变趋势

从图 6.1.8—6.1.11 可知,8—9 日降水量在 8 日 17 时,9 日 16 时和 9 日 21 时分别出现了峰值,降水量最大在 8 日 17 时,降水强度值为 4.7 mm/h。

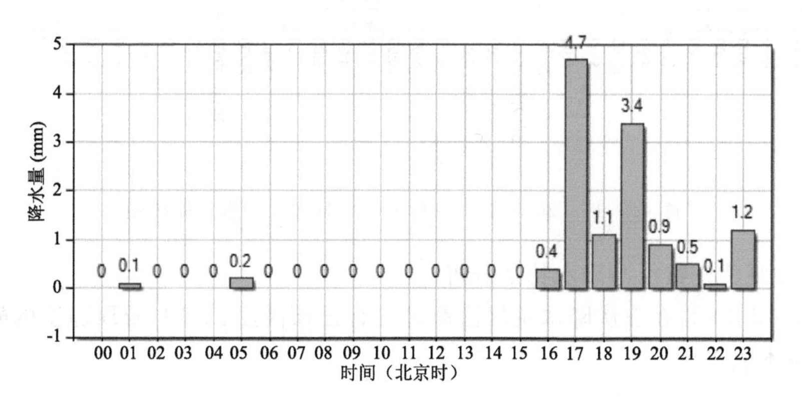

图 6.1.8 2011 年 5 月 8 日太原降水量图

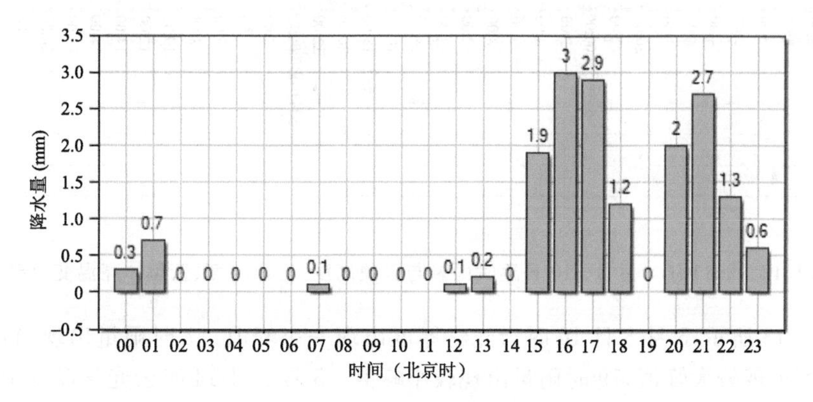

图 6.1.9 2011 年 5 月 9 日太原降水量图

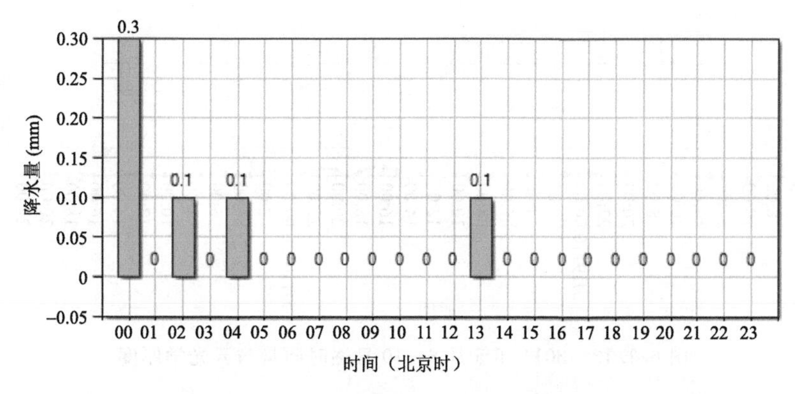

图 6.1.10 2011 年 5 月 10 日太原降水量图

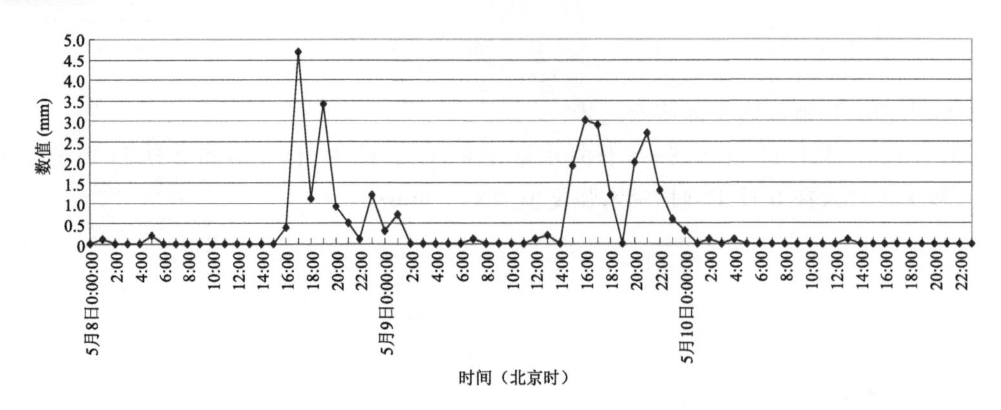

图 6.1.11　2011 年 5 月 8 日—10 日太原降水量曲线图

(2)云宏微观物理特征与降水特征分析

如图 6.1.12 所示，在三次降水量峰值都对应有云顶高度、TBB、云顶温度的峰值，幅度与降水量峰值基本成正比。

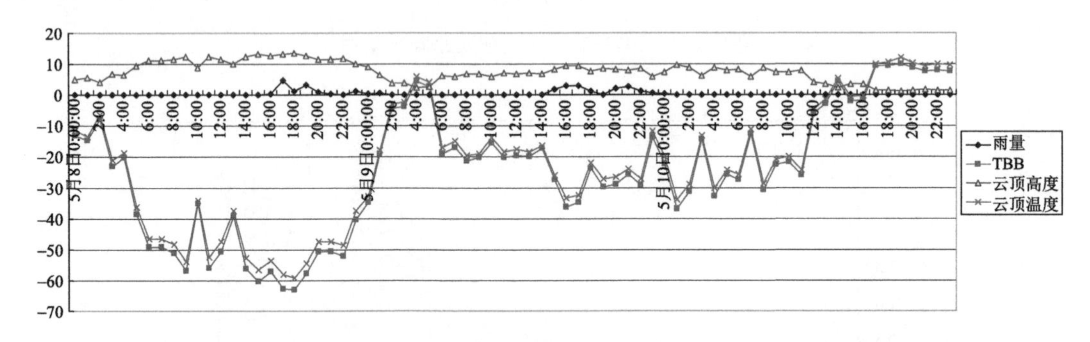

图 6.1.12　2011 年 5 月 8—10 日逐时雨量与云顶高度、云顶温度、云黑体亮温变化趋势图

如图 6.1.13 所示，5 月 8 日 16 时云光学厚度出现一小峰值，17 时雨量出现当日最大值，18 时云光学厚度出现较大峰值，19 时雨量出现较小峰值。5 月 9 日 14 时云光学厚度出现当日最大值，16 时雨量出现最大值。20 时云光学厚度出现较小峰值，21 时雨量出现一当日次大峰值。

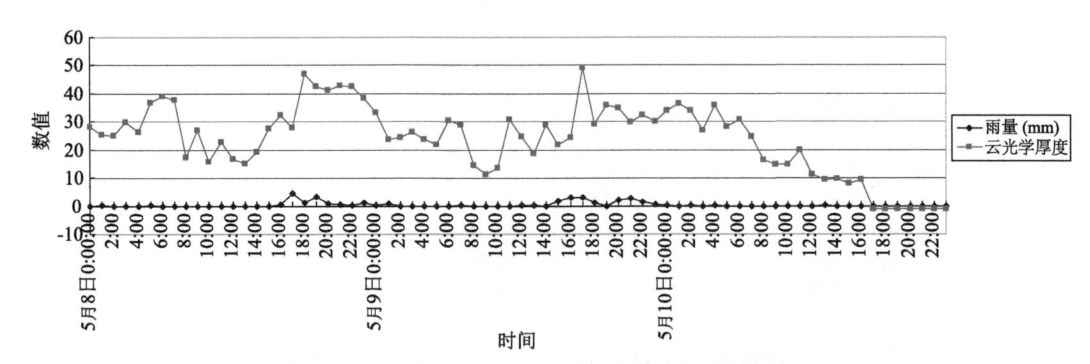

图 6.1.13　2011 年 5 月 8—10 日逐时雨量与云光学厚度

如图 6.1.14 所示，对应三次降水量峰值，三次云液水路径在降水量峰值出现前 1 h 都有峰值出现。此外，在无降水时段云液水路径也有若干小峰值出现。

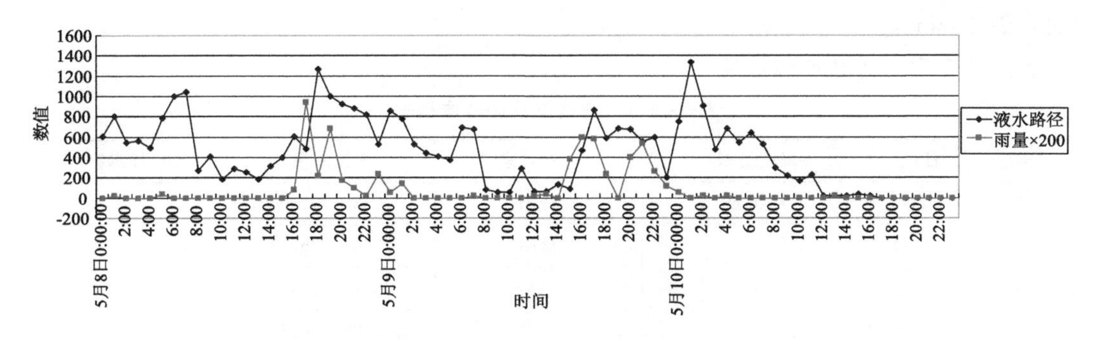

图 6.1.14　2011 年 5 月 8—10 日逐时雨量(mm)与液水路径

6.1.3　结论

(1)反演得到的各云参数对地面降水有一定的指示意义,一般降水发生前,云顶不断抬升,云顶温度和云黑体亮温都较低,云光学厚度增大。强降水发生前,云顶超 10 km,云顶温度和云黑体亮温都低于−40℃。云参数先于地面降水变化,两者大概相差 0～1 h。

(2)云的光学厚度与地面降水的相关性比云顶高度、云顶温度和云黑体亮温更好。

(3)一般地面降水强,云光学厚度也大。若云层光学厚度较小(低于 10),即便云顶发展得很高,地面也几乎无降水或降水较小;但云光学厚度大时,地面降水强度并不一定大,地面多降毛毛雨。云光学厚度和地面降水的关系还同云体的其他结构有关。

(4)云液水路径的大值区与强降水中心的位置基本一致,云液水路径的大小与地面雨量的大小呈现正相关关系。

6.2　太行山层状云系降水的雨滴谱特征

6.2.1　太行山层状云系降水雨滴谱特征统计研究

降水是云微物理过程、云动力学过程以及影响降水形成和发展诸因素综合作用的结果。由大气环流形势、天气系统、雷达回波和卫星云图资料综合分析降水过程的宏观特征;由云中云滴谱、含水量、冰雪晶、雨滴谱资料分析降水形成的微观特征。由于云中微观资料的获取受探测仪器及其他因素的制约,利用地面自动雨滴谱仪观测雨滴谱更为简单易行。雨滴谱谱型和有关特征量可以反映降水的微物理特征,雨滴谱观测是云降水物理观测的重要内容之一。目前,国内外对雨滴谱特征参量、雨滴谱拟合函数和地基雨滴谱观测仪器的研究都取得了一些成果。本节主要分析太行山层状云降水过程中的雨滴微物理特征参量分布及起伏特征、谱分布形式等,并将分析结果与层积云降水进行对比,对进一步了解自然降水的微物理过程有着很重要的意义。

(1)雨滴谱资料的收集

雨滴谱观测使用的是德国 OTT 公司生产的 Parsivel 激光降水粒子谱测量仪,该仪器是用以激光测量为基础的光学传感器,通过测量降水中所有液体和固体粒子的宽度和通过时间来计算降水粒子的尺度和速度。激光降水粒子谱仪测量的数据共有 32 个尺度测量通道和 32 个速度测量通道,测量粒子尺度范围为 0.2～25 mm,落速范围为 0.2～20 m/s,雨滴谱仪取样间隔设定为 1 min。

表 6.2.1 列出各站观测情况。

表 6.2.1 雨滴谱观测样本概况

日期(年.月.日)	降雨类型	观测站点	观测时段	样本数
2008.4.19—4.20	层状云	汾阳	19:50—02:00	371
2009.5.14	层状云	汾阳	02:07—06:13	247
		祁县	02:19—06:32	254
		太谷	02:06—06:34	269
2009.5.28	层状云	汾阳	05:01—10:00	254
		太谷	04:53—11:00	368
2009.7.8	层积云	汾阳	08:48—12:13	206
		祁县	09:43—11:49	127
		太谷	09:43—12:00	138
2009.7.17	层积云	汾阳	05:56—08:15	91
		太谷	07:08—09:18	131
2009.9.6	层积云	汾阳	06:08—08:19	132
		祁县	08:20—10:35	135

(2)雨滴谱微物理结构

①微物理特征参量平均值

表 6.2.2 给出了层状云、层积云影响下不同过程、不同观测地点的云微物理特征参量平均值分布,其中 N、I 为雨滴空间数密度及雨强,Q 为平均含水量,D_1、D_2、D_3、D_{max} 分别为雨滴平均直径、均方根直径、均立方根直径、最大直径。层状云降水雨滴数密度、雨滴含水量、雨强和各类特征直径明显小于层积云。层状云降水雨滴不大,空间含水量少,雨强偏小,雨滴的平均数密度均较大,一般为 10^2 量级。三次层积云降水过程雨滴平均数密度一般为 1000 个/m^3 以下,雨滴的平均最大直径分别为 3.13 mm、3.72 mm、3.80 mm,空间含水量较大。

表 6.2.2 二类降水云降水滴谱观测的微物理特征参量分布

日期(年.月.日)	降水类型	观测地点	参量						
			N(m^{-3})	I(mm/h)	Q(g/m^3)	D_1(mm)	D_2(mm)	D_3(mm)	D_{max}(mm)
2008.4.19—4.20	层状云	汾阳站	135	0.38	0.026	0.63	0.68	0.72	1.46
2009.5.14	层状云	汾阳站	85	0.38	0.023	0.72	0.77	0.82	1.61
		祁县站	229	0.44	0.028	0.59	0.64	0.69	1.54
		太谷站	224	0.62	0.038	0.59	0.65	0.71	1.78
		平均	179	0.48	0.029	0.63	0.68	0.74	1.64
2009.5.28	层状云	汾阳站	143	0.52	0.032	0.65	0.69	0.73	1.49
		太谷站	74	0.30	0.018	0.67	0.72	0.78	1.62
		平均	109	0.41	0.025	0.66	0.71	0.76	1.56

续表

日期（年.月.日）	降水类型	观测地点	参量						
			N(m^{-3})	I(mm/h)	Q(g/m^3)	D_1(mm)	D_2(mm)	D_3(mm)	D_{max}(mm)
2009.7.8	层积云	汾阳站	464	4.44	0.238	0.89	0.98	1.05	2.52
		祁县站	556	11.2	0.506	1.01	1.14	1.26	3.44
		太谷站	467	10.3	0.494	1.10	1.23	1.35	3.42
		平均	496	8.65	0.413	1.00	1.12	1.22	3.13
2009.7.17	层积云	汾阳站	551	14.2	0.618	1.10	1.24	1.38	3.93
		太谷站	305	6.27	0.287	1.07	1.20	1.32	3.51
		平均	428	10.24	0.453	1.09	1.22	1.35	3.72
2009.9.6	层积云	汾阳站	743	6.98	0.359	0.86	0.96	1.05	2.89
		祁县站	470	6.81	0.337	0.98	1.08	1.17	4.70
		平均	607	6.90	0.348	0.92	1.02	1.11	3.80

②各档雨滴所占比例及其对雨强的贡献

表 6.2.3 计算了各档雨滴所占比例以及它们对雨强的贡献。其中 1 mm 以下、1～2 mm、2～3 mm、大于 3 mm 的雨滴数密度为 n、N_{12}、N_{23}、N_3 及小于 1 mm、1～2 mm、2～3 mm、大于 3 mm 的雨强为 I_{01}、I_{12}、I_{23}、I_3。由表 6.2.3 可见，对层状云降水贡献较大的是 0.25～2.0 mm 的雨滴，雨滴的数密度大主要是大量小于 1 mm 的小雨滴造成的；对层积云降水强度贡献较大的是 1～3 mm 的雨滴，大于 3 mm 雨滴对雨强贡献与小于 1 mm 雨滴对雨强贡献接近，这与哈尔滨地区层状云和积雨云的观测也是类似的。

表 6.2.3　二类降水云各档雨滴对数密度和雨强的贡献(%)

日期（年.月.日）	降水类型	观测地点	参量							
			n/N	N_{12}/N	N_{23}/N	N_3/N	I_{01}/I	I_{12}/I	I_{23}/I	I_3/I
2008.4.19—4.20	层状云	汾阳站	91.7	8.2	0.1	0.0	47.3	50.3	2.4	0.0
2009.5.14	层状云	汾阳站	87.4	12.3	0.2	0.1	36.5	56.0	6.7	0.8
		祁县站	95.6	4.2	0.2	0.0	51.4	43.9	4.7	0.0
		太谷站	93.3	6.2	0.3	0.2	31.7	49.1	17.6	1.6
2009.5.28	层状云	汾阳站	90.9	8.8	0.2	0.1	37.5	48.7	12.7	1.1
		太谷站	89.3	10.4	0.2	0.1	42.0	50.3	7.2	0.5
2009.7.8	层积云	汾阳站	73.5	25.4	1.0	0.1	20.3	61.3	17.3	1.1
		祁县站	63.8	32.2	3.7	0.3	9.7	44.7	35.4	11.2
		太谷站	59.7	35.1	4.9	0.3	6.5	44.8	38.5	10.2
2009.7.17	层积云	汾阳站	61.0	33.2	5.2	0.6	5.6	37.8	37.5	19.1
		太谷站	60.6	37.1	2.2	0.1	8.0	47.6	35.4	9.0
2009.9.6	层积云	汾阳站	78.3	20.3	1.3	0.1	16.0	52.6	25.4	6.0
		祁县站	63.4	34.7	1.8	0.1	13.5	60.5	21.7	4.3

③微物理参量的起伏特征

为了定量研究降水的起伏特征，计算了起伏量：

$$\delta(x)=\frac{\sigma(x)}{\mu(x)}$$

式中，$\sigma(x)$是随机变量 x 的均方差，$\mu(x)$是其数学期望值。计算结果见表 6.2.4。由此可见，层状云降水的微物理参量起伏量比较大，雨强起伏量最大，最小平均起伏量为 0.891，粒子直径平均起伏量最小为 0.225，数密度介于两者之间。从表 6.2.4 中还可以看出，2009 年 5 月 28 日过程汾阳站的降水起伏量是最小的，各起伏量均小于平均值，如此强烈的起伏变化说明层状云降水水平分布的非均匀性。层积云降水的起伏量小于层状云，也是雨强起伏量最大，数密度次之，平均直径起伏量最小。

表 6.2.4　二类降水云微物理参数起伏量

降水类型	日期(年.月.日)	站点	δN	δD	δI
层状云	2008.4.19—4.20	汾阳	0.426	0.225	0.891
	2009.5.14	汾阳	0.681	0.241	0.337
		祁县	1.093	0.252	0.988
		太谷	0.775	0.243	1.402
		平均	0.850	0.245	0.909
	2009.5.28	汾阳	1.217	0.292	1.275
		太谷	1.298	1.016	1.056
		平均	1.258	0.654	1.166
层积云	2009.7.8	汾阳	0.558	0.169	0.815
		祁县	0.428	0.285	0.689
		太谷	0.432	0.155	0.781
		平均	0.473	0.203	0.762
	2009.7.17	汾阳	0.494	0.115	0.896
		太谷	0.235	0.087	0.661
		平均	0.365	0.101	0.779
	2009.9.6	汾阳	0.381	0.220	0.887
		祁县	0.270	0.010	0.572
		平均	0.326	0.115	0.730

(3)雨滴谱分布特征

①稳定谱与非稳定谱的区分

根据雨滴谱的谱分布形状随时间的变化情况，将雨滴谱分为稳定谱和非稳定谱。其中稳定谱是指在一段时间内雨滴谱的分布形式没有发生明显的变化，同时一个明显的特征是雨滴谱的最大值变化不是非常明显，没有超过一个量级以上，而且谱的形状以及谱宽基本保持不变，见图 6.2.1。而非稳定谱是指在一段时间内雨滴谱的分布形状变化差异大，雨滴谱的最大值差异明显，见图 6.2.2。从雨滴谱的谱分布形状随时间的变化可以看出，稳定雨滴谱的谱形状随时间变化明显比非稳定谱的小。表 6.2.5 列出了不同过程的层状云、层积云的总雨滴谱个数、稳定谱个数以及稳定谱的百分比。由于层状云降水时间长，所以选择的总雨滴谱数目较层积云多，但从稳定谱数目所占总的雨滴谱数目上来看，层积云出现稳定谱的比例高于层状云，层积云中出现稳定谱的比例基本在 50%附近，而层状云的低于 50%。

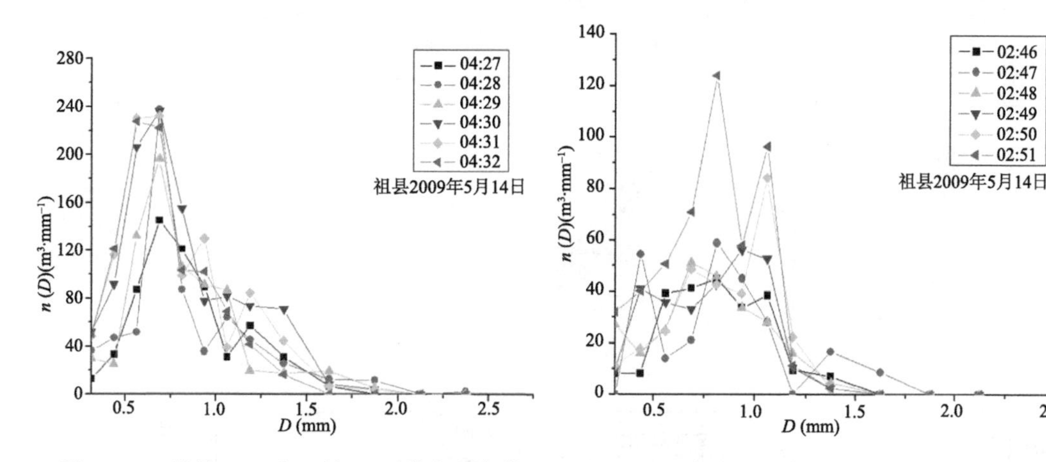

图 6.2.1　祁县 2009 年 5 月 14 日稳定雨滴谱　　图 6.2.2　汾阳 2009 年 5 月 14 日非稳定雨滴谱

表 6.2.5　两类不同降水云总雨滴谱数目、稳定雨滴谱数目及稳定谱百分比

降水云系	降水日期(年.月.日)	站点	雨滴谱总数目	稳定谱数目	稳定谱百分比
层状云	2008.4.19—4.20	汾阳	371	126	34.0
	2009.5.14	汾阳	241	91	37.8
		祁县	254	96	37.8
		太谷	268	89	33.2
	2009.5.28	汾阳	254	109	42.9
		太谷	367	90	24.5
层积云	2009.7.8	汾阳	206	103	50.0
		祁县	89	50	56.2
		太谷	138	66	47.8
	2009.7.17	汾阳	91	44	48.6
		太谷	131	52	40.0
	2009.9.6	汾阳	123	65	52.8
		祁县	135	60	44.4

②平均雨滴谱分布

图 6.2.3 为汾阳、祁县、太谷三站点不同降水过程二类降水云的平均雨滴谱分布。可以看出，层状云降水滴谱分布比较窄，汾阳、祁县、太谷最大雨滴直径分别为 3.25 mm、3.0 mm、3.75 mm，层积云降水谱较宽，三站点最大雨滴直径分别达到 6.5 mm、6.5 mm、5.5 mm。两种谱分布曲线除雨滴直径 $D<0.5625$ mm 外，层积云在上、层状云在下，说明 $D>0.5625$ mm 的雨滴数密度层积云大于层状云。从谱型来看，层状云谱基本服从指数分布。层积云降水不仅大水滴多，小于 1 mm 的小水滴也很多，曲线呈向下弯曲的趋势，而且在大水滴一侧起伏较大，呈现多峰结构。这种特大雨滴一部分落地被测出，大部分在下落途中破碎，在破碎谱和非破碎谱叠加时，不仅有可能造成特大滴的增多和多峰结构，也会使特小雨滴大量增多。

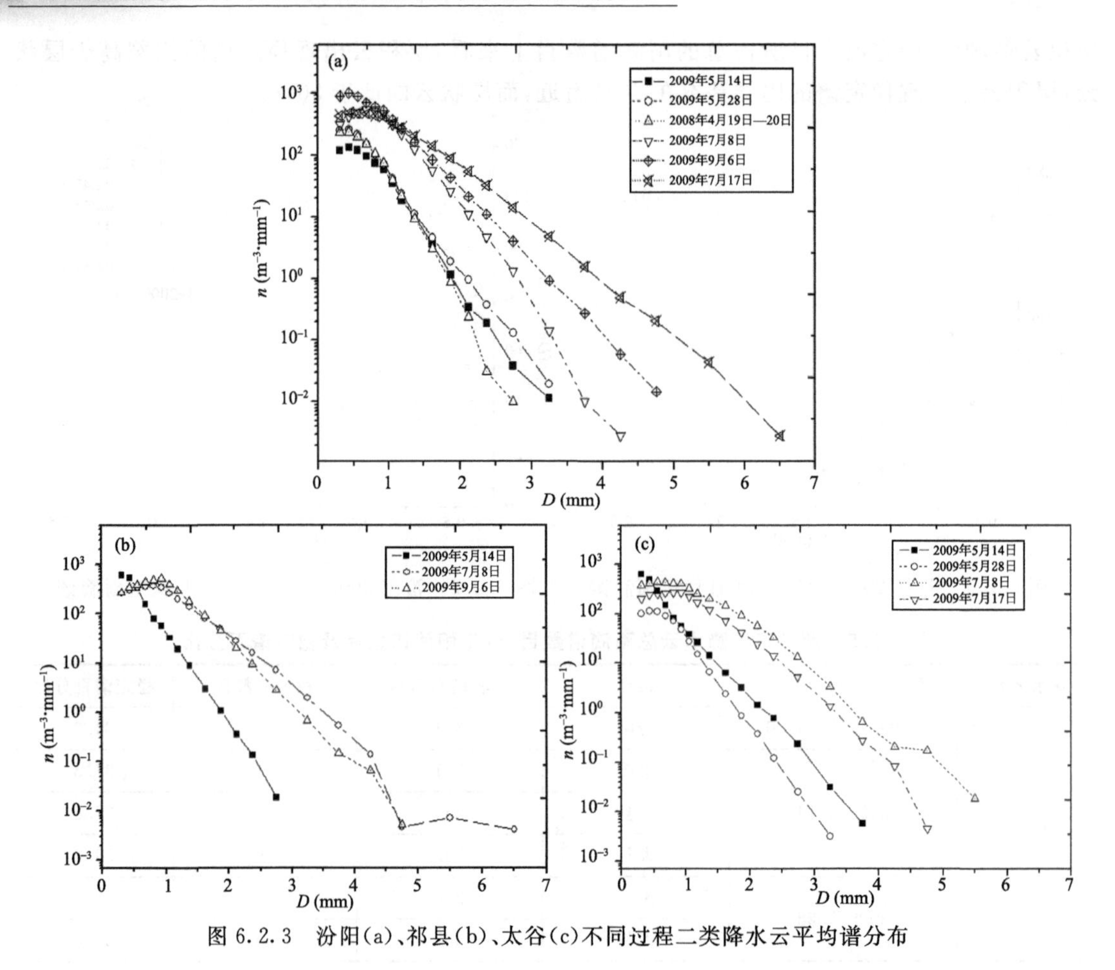

图 6.2.3　汾阳(a)、祁县(b)、太谷(c)不同过程二类降水云平均谱分布

③多峰谱特征

按谱型特征分布将雨滴谱谱型分为指数型、单峰型、多峰型(典型的雨滴谱分布见图6.2.4)。多峰型按照峰值的数目分为双峰、三峰、四峰、五峰雨滴谱,统计这几种谱型的雨滴谱

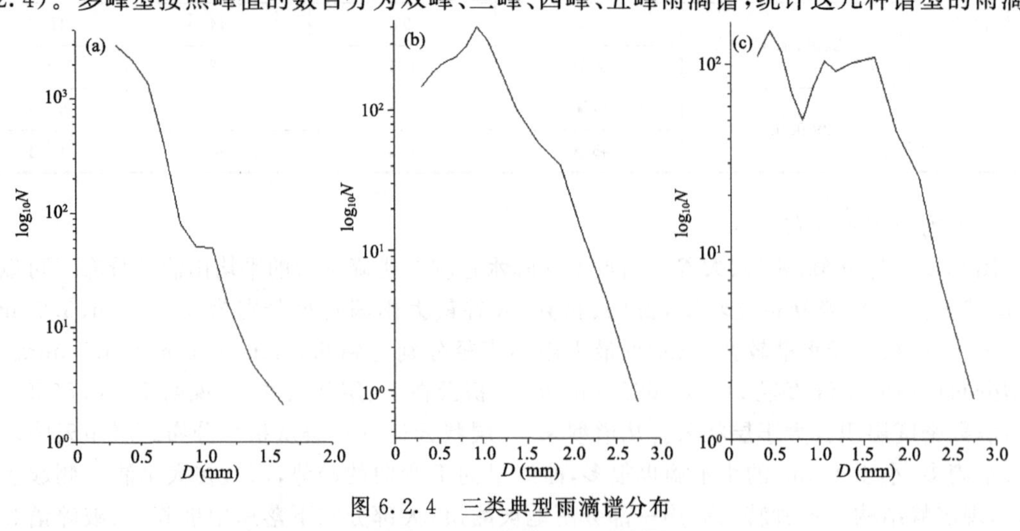

图 6.2.4　三类典型雨滴谱分布

(a)指数型;(b)单峰型;(c)多峰型

占总雨滴谱的比例。表 6.2.6 中列出了几次层状云、层积云降水过程中各谱型出现的频率数。在分析中所选定的雨滴谱都是连续谱。对于两种不同类型的降水云系，由表 6.2.6 可以看出，层状云、积状云雨滴谱出现单峰、双峰、三个峰值的频率比较高，第四、五峰值的频率比较少。在层积云降水中，雨滴谱分布没有出现指数型。对谱型的分布研究可以应用于模式计算中，对于不同云系类型的降水雨滴谱应该分别给予不同的考虑。

表 6.2.6 降水雨滴谱中各谱型出现比例(%)

降水日期(年.月.日)	降水云系(样本数)	站点	指数谱	单峰谱	双峰谱	三峰谱	四峰谱	五峰谱
2008.4.19—4.20	层状云(371)	汾阳	13.2	24.5	32.4	21.2	8.6	0.1
2009.5.14	层状云(243)	汾阳	3.3	17.3	38.7	26.3	12.3	2.1
	层状云(246)	祁县	13.4	9.3	50.4	19.5	6.9	0.5
	层状云(267)	太谷	10.9	8.2	44.6	25.1	10.1	1.1
2009.5.28	层状云(254)	汾阳	16.7	25.4	37.2	15.5	5.1	0.1
	层状云(366)	太谷	3.3	13.9	36.8	29.8	12.8	3.4
2009.7.28	层积云(204)	汾阳	0.0	27.5	42.2	21.1	9.2	0.0
	层积云(97)	祁县	0.0	24.1	43.7	21.8	9.2	1.2
	层积云(138)	太谷	0.0	8.7	35.5	39.9	11.6	4.3
2009.7.17	层积云(91)	汾阳	0.0	5.5	38.5	38.5	16.5	1.0
	层积云(131)	太谷	0.0	5.4	29.0	40.5	18.3	6.8
2009.9.6	层积云(123)	汾阳	0.0	25.4	46.5	22.3	5.8	0.0
	层积云(135)	祁县	0.0	23.0	49.6	19.3	7.4	0.7

(4)结论

通过对层状云降水和层积云降水地面雨滴谱的观测研究，得出如下结论。

①层状云降水雨滴数密度、雨滴含水量和雨强明显小于层积云，层状云降水雨滴不大、空间含水量少、雨强偏小，雨滴的平均数密度均较大，一般为 10^2 量级；层积云降水强度、空间含水量、空间数密度和各类特征直径都较大。

②对层状云降水贡献较大的是 0.25～2 mm 的雨滴，雨滴的数密度大主要是大量小于 1 mm的小雨滴造成的；对层积云降水强度贡献较大的是 1～3 mm 的雨滴，大于 3 mm 雨滴对雨强贡献与小于 1 mm 雨滴对雨强贡献接近。

③层状云降水的微物理参量起伏量大于层积云，两类降水云雨强起伏量最大，数密度介于两者之间，平均直径起伏量最小；层积云出现稳定谱的比例高于层状云；从谱型分布看，层状云、层积云雨滴谱出现单、双、三峰值的频率比较高，第四、五峰值的频率比较少，在层积云降水中，雨滴谱分布没有出现指数型。

④层状云降水滴谱分布比较窄，层积云降水谱较宽，两种谱分布曲线层积云在上，层状云在下。从谱型来看，层状云谱服从指数分布。层积云曲线呈向下弯曲的趋势，而且在大水滴一侧起伏较大，呈现多峰结构。

6.2.2 太行山层状云系降水空中、地面雨滴谱特征研究

利用 2010 年 5 月 27 日祁县、介休一次层状云降水过程中地面、空中观测的雨滴谱资料，

分析了太行山层状云降水过程中地面、空中雨滴谱特征，并对地面和空中雨滴谱进行比较。

(1)观测方案

选取2010年5月27日飞行探测个例分析空中雨滴谱与地面相应位置雨滴谱观测资料，探测飞机为运-12，飞行区域为祁县、介休上空，09:11飞机从太原武宿机场起飞，本场小雨，起飞后垂直爬升飞往祁县，0℃层在3500 m，09:37到达祁县，高度5600 m(未到云顶)，随后保持高度5600 m折线飞往介休并作业，09:55从介休保持5600 m平飞往祁县回穿作业云，10:04在祁县盘旋下降600 m后保持5000 m平飞到介休，10:17在介休盘旋下降600 m后保持4400 m平飞到祁县，10:29在祁县盘旋下降600 m后保持3800 m平飞到介休，10:44从介休返航回太原，根据飞行记录返航途中2100 m高度左右飞机出云，11:19降落(图6.2.5)。

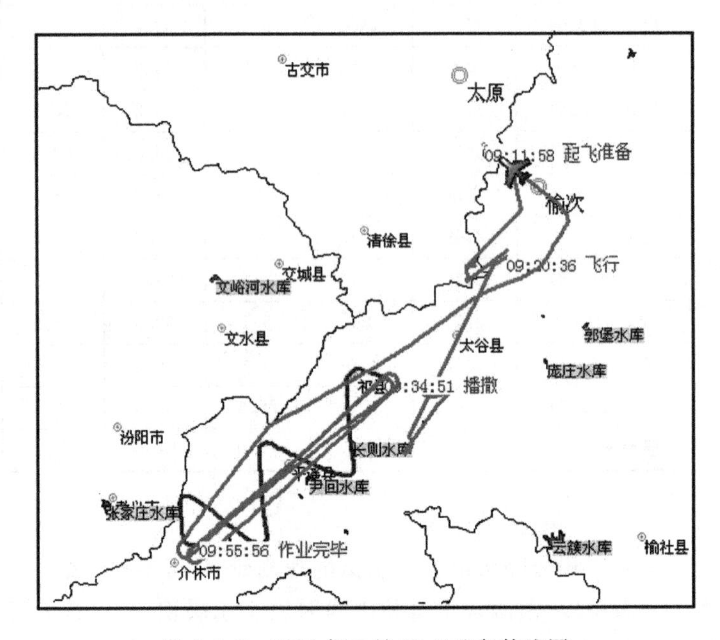

图6.2.5 2010年5月27日飞行轨迹图

除雨滴谱资料外，各观测点还有MICAPS常规天气学资料、多普勒天气雷达资料、卫星云图资料(红外、可见光、水汽)和地面站观测资料等资料。其中云系宏观特征的分辨主要借助于分析雷达资料和卫星遥感反演资料来实现，而MICAPS系统则用于分析高空形势以研究高空位势高度场和温度场的演变，进而实时了解和跟踪降水系统的移动演变和生消。

(2)观测资料的获取

利用地面雨滴谱仪和机载二维降水粒子图像探头对2010年5月27日冷涡系统影响下的地面、空中雨滴谱进行连续观测，研究层状云降水特点和雨滴谱型在云中下落的演变，并对比地面和空中雨滴谱，探讨空中雨滴的变化机制，为数值模拟和实际应用提供基础性理论，完善人工增雨的科学理论依据。

(3)天气形势概述

2010年5月26日08时，500 hPa图上，从巴尔喀什湖移入的冷空气在新疆东北部与蒙古国西部交界处形成一冷性低涡，其向南伸出两个槽线，东部槽线位于河西走廊一带，西部槽线则在新疆东南部。在700 hPa中层冷涡前移至河套顶部，其槽线经河套地区向西南伸至四川中部地区。在 850 hPa 低层从四川省东部向北伸出一冷性倒槽，河套顶部有一小涡。山西处于此倒槽前部。

2010 年 5 月 27 日 08 时，在 500 hPa 高空图上，冷涡加强东移至蒙古国中部，其南向的两条低槽合并为一条低槽经蒙古国南部河套西部伸至四川南部。山西处于槽前西南气流控制之中。在 700 hPa 图上，冷涡略向北抬强度增大，其向南低槽经蒙古东部、河套东部、陕西南部至四川东部地区。山西处于槽前偏南气流当中。在 850 hPa 图上，小型冷涡向北移至蒙古中东部，26 日 08 时的倒槽被中心位于东北的高压切断，山西处于此高压控制的东南气流之中。

2010 年 5 月 26 日 08 时，地面图上与 850 hPa 形势类似，中心位于四川中部的倒低压向北伸展至河套顶部，山西处于低压前部，在山西中南部地区雨区由西往东逐渐发展。2010 年 5 月 27 日 08 时地面图上，在蒙古国中东部地区有一低压中心，长江以南为一倒低压区，朝鲜半岛有一高压中心其向西发展延伸控制了河套、黄淮地区。山西全境处于此高压控制之中，全省下了小到中雨。2010 年 5 月 26 日 11 时，南北低压带稳定少变。中部高压继续向西扩展，山西全省下了小雨，局部中到大雨。

2010 年 5 月 26—27 日，出现全省范围的连续性的小到中雨，山西全省降水量为 4.7～40.3 mm，最大出现在芮城站。2010 年 5 月 26 日 08 时运城先出现小雨，17 时系统东移中南部大部分地区降小雨，2010 年 5 月 26 日 17 时—5 月 27 日 20 时为全省范围的小到中雨，5 月 27 日 23 时全省降水基本结束。5 月 27 日探测时间段(09:11—11:19)空中的主要云系是高层云，降水类型是连续性小雨，其中介休 2.5 mm，祁县 2.1 mm。

根据 2010 年 5 月 27 日 10 时红外及可见光云图(图 6.2.6、图 6.2.7)分布看，受巴尔喀什湖移入冷涡系统和西太平洋副热带高压边缘暖湿气流系统影响，在华北大部分地区、内蒙古东部地区的上空形成一条云系带，卫星云图上表现为一条东北—西南走向的连续云带，以层状云为主。飞机只在云系的某一部位进行了观测，云团从西部向东北移动，山西上空降水云系进一步发展加强，移动过程中逐渐聚合，此次探测都是在云团内进行。

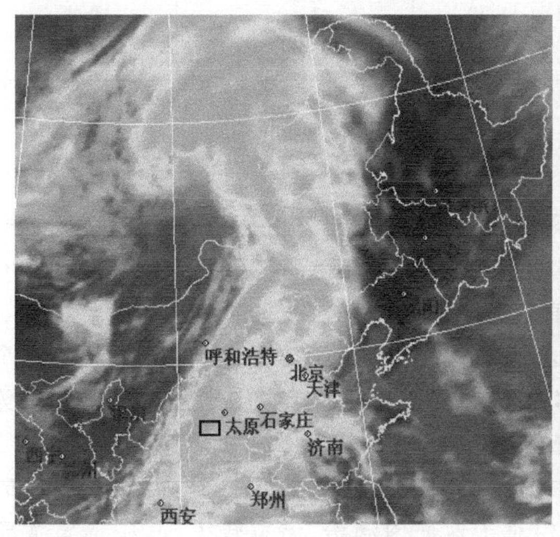

图 6.2.6　2010 年 5 月 27 日 10 时红外云图

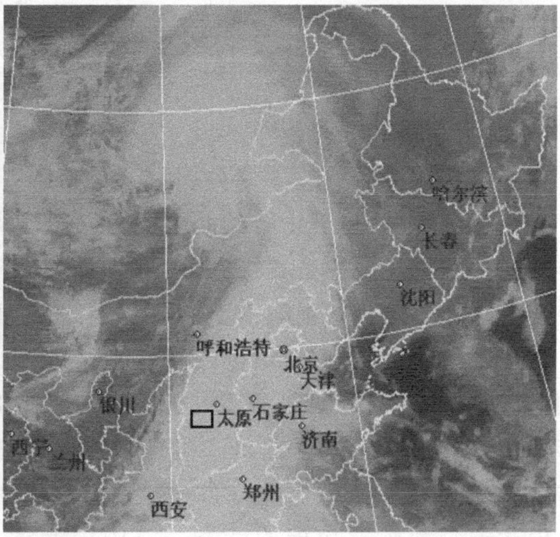

图 6.2.7　2010 年 5 月 27 日 10 时可见光云图

图 6.2.8 所示为 2010 年 5 月 27 日 10:04 太原多普勒雷达回波。图 6.2.8a 为 PPI 雷达回波，此次过程为典型的层状云降水回波，回波为大范围片状分布，回波均匀，雷达回波强度在

20 dBZ 左右；图 6.2.8b 为介休、祁县方位剖面，回波顶高不均匀，观测区域回波顶高在 6.5～8.0 km 之间，雷达回波强中心顶高在 4 km 处。

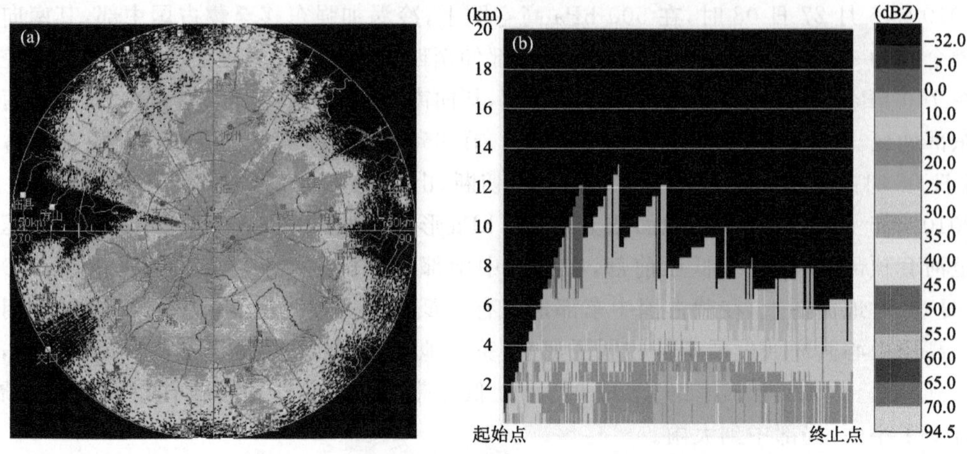

图 6.2.8　2010 年 5 月 27 日 10:04 雷达回波图

(a)PPI;(b)RHI

(4)资料获取

此次观测在山西祁县、介休进行，并在地面、空中同时采集雨滴样本，获得了同一次降水过程中的地面、空中雨滴谱资料。空中雨滴谱采用机载二维降水粒子图像探头，采样间隔时间为 1 s，空中雨滴谱共 6949 个样本，在空中观测时间段内，地面利用激光雨滴谱仪进行雨滴谱观测，取样间隔时间是 1 min，地面雨滴谱共 258 个样本(表 6.2.7)。

表 6.2.7　2010 年 5 月 27 日观测资料

类别	样本个数	观测时间	取样时间间隔	观测地点
地面	129	09:11—11:19	1 min	祁县
	129	09:11—11:19	1 min	介休
空中	6949	09:15—11:10	1 s	祁县、介休

(5)雨滴谱特征分析

①雨滴谱谱型

在大多情况下，理论得到的雨滴谱分布同测量得到的雨滴谱分布之间存在比较大的差异。导致这种差异的原因是真实测量得到的雨滴谱中，存在着多个峰值的结构。不论是降水时间长或者降水时间短的雨滴谱中，都存在着多峰值的现象(图 6.2.9)。

按谱型特征将空中、地面雨滴谱分为 3 类，选取典型的指数型、单峰型、多峰型雨滴谱个例，统计这几种谱型的雨滴谱占总雨滴谱的比例。如表 6.2.8 所示，地面雨滴谱中，祁县、介休多峰型分别占总样本数的 82.9%、68.2%，单峰型次之，指数型最少。空中雨滴谱主要是多峰型，占 99.5%，与云滴谱的分布十分相似。空中雨滴在大滴处有多个峰值，雨滴的碰并、破碎还没达到一种相对均衡的状态。空中雨滴谱相对于地面雨滴谱，谱宽较大，其中谱宽大于 2.5 mm的宽滴谱占空中雨滴谱的 81.4%，而地面雨滴谱中介休仅占 8.5%，祁县占 38.7%。可见，在雨滴到达地面的过程中，大雨滴破碎、蒸发，消耗明显。

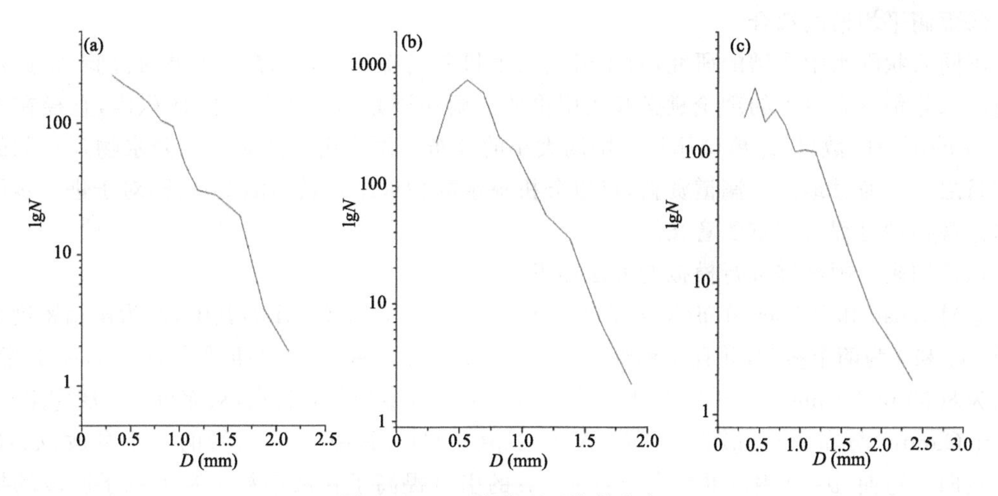

图 6.2.9 三类典型雨滴谱分布

(a)指数型;(b)单峰型;(c)多峰型

表 6.2.8 雨滴谱谱型

	地面雨滴谱				空中雨滴谱	
	祁县		介休		样本数(个)	百分比(%)
	样本数(个)	百分比(%)	样本数(个)	百分比(%)		
指数型	2	1.6%	8	6.2%	23	0.3%
单峰型	20	15.5%	33	25.6%	16	0.2%
多峰型	107	82.9%	88	68.2%	6910	99.5%

②空中和地面雨滴平均谱的对比

地面雨滴的平均谱比空中雨滴的平均谱窄,谱型较陡(图 6.2.10)。对雨滴直径 $D<$ 1.2 mm的雨滴,地面雨滴谱数浓度大于空中雨滴谱数浓度。空中雨滴谱在 $D>1.6$ mm 的区间,数浓度较大。反映出地面小雨滴比空中多,空中大雨滴比地面多,这可能是雨滴下落到地面的过程中不断的破碎和蒸发所致。

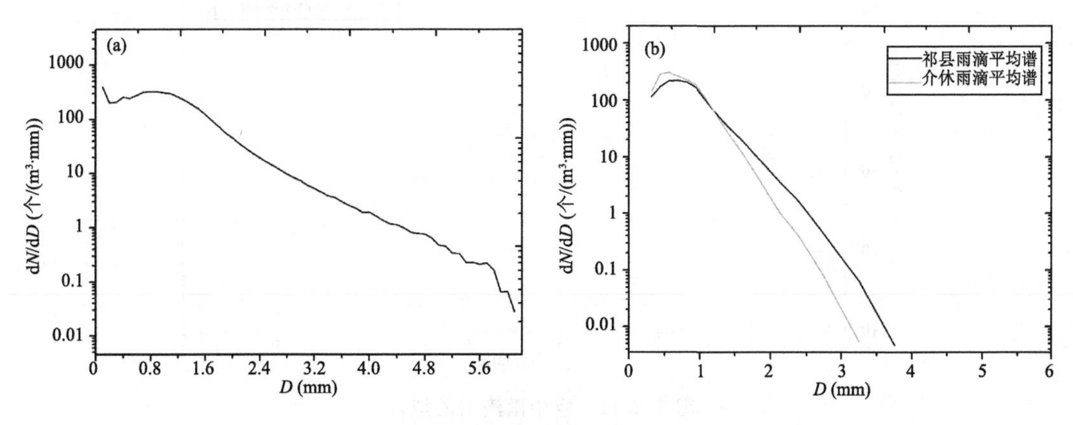

图 6.2.10 (a)空中平均雨滴谱;(b)地面平均雨滴谱

③雨滴平均谱的拟合

不同云状降水雨滴谱的研究，对于云内成雨机制的探索、人工增雨效果的检验、雷达定量测量降水等都具有重大的理论意义和实用价值。雨滴谱是指在单位空间体积内，直径在 $D\sim D+\Delta d$ 的雨滴的数目，即单位体积内雨滴大小的分布。雨滴谱观测是云和降水物理观测的重要项目之一。通过地面雨滴谱资料，可以分析降水的物理结构及其演变特征，对于进一步研究降水微观物理过程有着重要意义。

通常用来对雨滴谱进行模拟的方法如下。

ⓐMarshall 和 Palmer 分布(M-P 分布)，形式为：$N=N_0\exp(-\lambda D)$，其中，N 为雨滴密度分布函数，N_0 和 λ 为两个参数，并且 λ 和雨强 R(mm/h)有如下关系：$\lambda=41R^{-0.21}(\mathrm{cm}^{-1})$，$n_0$ 为常数，其值为 8000 $\mathrm{m}^{-3}\cdot\mathrm{mm}^{-1}$。由于 M-P 分布具有一般雨滴谱的共同特点，从而得到广泛应用。

ⓑGamma 分布，分布形式为：$N=N_0D^{\mu}\exp(-\lambda D)$，其中，$\mu$ 是新增的一个参数，$\mu>0$ 表示曲线向上弯曲，$\mu<0$ 表示曲线向下弯曲。μ 的引进提高了在微小粒子和大粒子区段的拟合精度。

对空中雨滴平均谱进行 M-P 分布和 Gamma 分布的拟合。空中雨滴平均谱 M-P 分布的拟合结果是 $\lambda=1.521$，$N_0=832.6$。Gamma 分布拟合的结果是 $\lambda=1.751$，$\mu=0.501$，$N_0=1106.6$。M-P 拟合结果和观测值的相关系数为 96.9%，Gamma 分布拟合的相关系数为 97.5%。

对地面雨滴平均谱进行 M-P 分布和 Gamma 分布的拟合。祁县 M-P 拟合结果 $\lambda=2.761$，$N_0=1161.5$。Gamma 分布拟合的结果是 $\lambda=4.039$，$\mu=1.916$，$N_0=5628.7$。M-P 拟合结果和观测值的相关系数为 96.1%，Gamma 分布拟合的相关系数为 98.3%。介休 M-P 拟合结果 $\lambda=3.787$，$N_0=3115.0$。Gamma 分布拟合的结果是 $\lambda=6.302$，$\mu=3.388$，$N_0=67287.0$。M-P 拟合结果和观测值的相关系数为 95.7%，Gamma 分布拟合的相关系数为 97.5%。可见，两种拟合相差不大，均能较好拟合这次降水的空中、地面雨滴平均谱，但 Gamma 分布提高了小滴和大滴端的精度(图 6.2.11、图 6.2.12、表 6.2.9)。

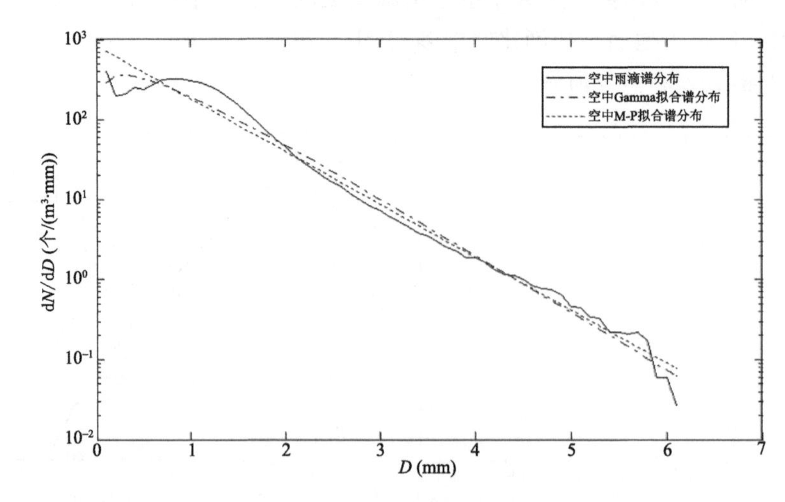

图 6.2.11　空中雨滴谱的拟合

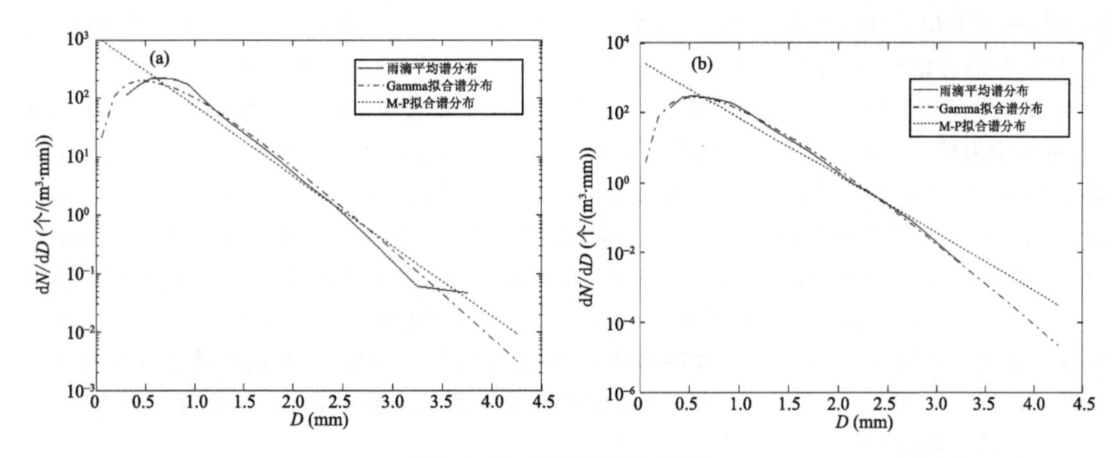

图 6.2.12　地面雨滴谱的拟合

(a)祁县;(b)介休

表 6.2.9　空中、地面雨滴谱 M-P 和 Γ 谱分布拟合参数

		M-P 分布			Gamma 分布			
		N_0	λ	相关系数	N_0	μ	λ	相关系数
空　中		832.6	1.521	0.969	1106.6	0.501	1.751	0.975
地面	祁县	1161.5	2.761	0.961	5628.7	1.916	4.039	0.983
	介休	3115.0	3.787	0.957	67287.0	3.388	6.302	0.975

④空中雨滴谱随高度的分布

对 2010 年 5 月 27 日观测到的空中雨滴谱样本按高度将其分为 7 层:5600 m、5000 m、4400 m、3800 m、3000 m、2100 m、1500 m(图 6.2.13)。由云的宏观资料得知,这段雨滴谱位于云的中下部(包括冷云中上部、下部和全部暖云)和云底,暖云影响雨滴数浓度、大小的主要

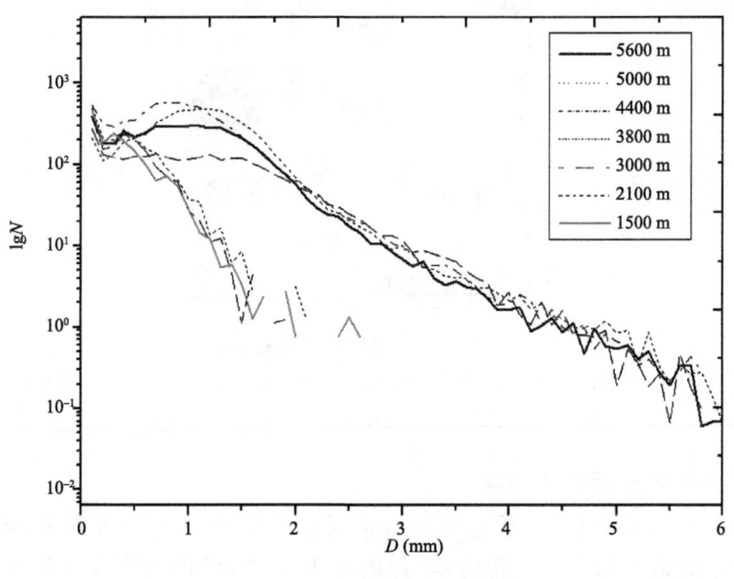

图 6.2.13　不同高度层雨滴谱

因素是与云滴和小雨滴的碰并、破碎、蒸发，冷云影响降水的主要因素包括冰晶的凝华增长、破碎、繁生与碰并增长，碰并增长又分为凇结与丛集两种不同的过程。各高度层雨滴谱特征量见表6.2.10。云中上部5.6 km平均数浓度和各尺度粒子浓度较冷云其他层都偏低，由于温度低，可推论为核化和凝结增长层(见图6.2.14a)。5000 m、4400 m高度处雨滴数浓度大于高度5600 m处，含有丰富的过冷水，这里应是云滴和冰粒子活跃增长层(见图6.2.14b)。高度3800 m平均直径较冷云其他层增加明显，同时数浓度减小，这里是固态粒子聚合和云滴蒸发层(见图6.2.14c)。3000 m、2100 m和1500 m高度的雨滴数浓度明显减小，谱宽变窄。高度3000 m较2100 m雨滴平均数浓度减少，但平均直径增加(见图6.2.14d、e)，$D>0.7$ mm的小雨滴浓度显著降低，滴谱呈现不连续的多峰分布，说明雨滴在3000 m高度雨滴之间的碰并比较活跃。云底2100 m云滴平均直径最小，雨滴可能受到蒸发影响，云滴在下落过程中碰并、破碎并伴随着凝结增长。

表6.2.10　各高度层雨滴谱特征量

高度层(m)	平均温度(℃)	平均数浓度(个/L)	平均直径(mm)	对应云位置
5600	−8.4	4.93	1.68	云中上部
5000	−6	6.41	1.65	云中部
4400	−3.6	7.28	1.65	
3800	−1.2	2.73	2.12	
3000	2	1.35	1.16	云下部
2100	7.4	2.08	0.79	云底
1500	11	1.34	0.80	云外

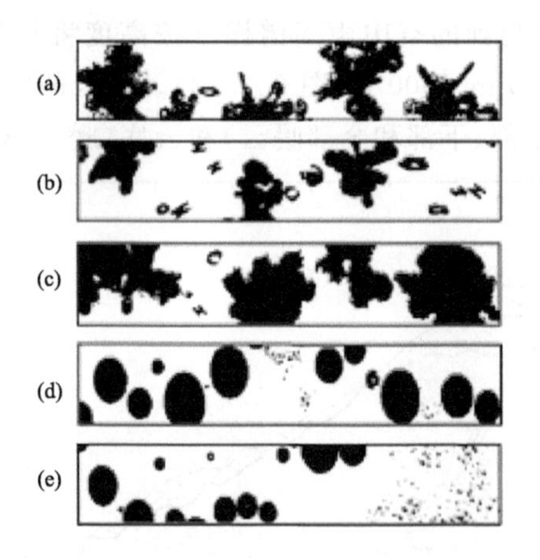

图6.2.14　不同高度层二维粒子图像

(a)09:56:38　5600 m;(b)10:16:07　5018 m;(c)10:39:17　3757m;
(d)10:55:57　3026 m;(e)11:00:55　2108 m

⑤谱特征参量与地面雨强的关系

雨强在气象站都有观测记录，通过建立雷达反射率因子(Z)、雨水含量(W)、雨滴数浓度(N)、Gamma分布的谱参数N_0、λ和雨强(I)的相关关系，可由雨强反演降水的物理特征量W、N及谱参数N_0和λ，了解降水的物理性质。同时，由雷达观测降水的Z值计算雨强，也可测定降水量和区域降水量。表6.2.11给出了地面雨滴普的谱特征量及谱参数与雨强的关系式，对关系式进行拟合，将指数形式转化为线性，确定 A、b 的值。

介休雨滴谱 Z-I 关系可表示为 $Z=212.941I^{1.651}$，W-I 关系可表示为 $W=60.256I^{0.908}$，N-I 关系可表示为 $N=201.386I^{0.495}$。祁县雨滴谱 Z-I 关系可表示为 $Z=349.098I^{1.187}$，W-I 关系可表示为 $W=53.781I^{0.905}$，N-I 关系可表示为 $N=137.840I^{0.569}$。与牛生杰等[28]利用1982—1984年6—9月在宁夏7个气象站200次观测获取的6053份滴谱资料所得出的层状云降水相关关系结果相近。介休 $N_0=1191.381I^{0.149}$，$\lambda=2.651I^{-0.136}$，祁县 $N_0=614.673I^{0.583}$，$\lambda=2.276I^{0.044}$。N_0 有随 I 的增大而增大，λ 有随 I 的增大而减小的趋势，但是相关系数较低。

表6.2.11 雨强 I 与各谱特征参量及谱参数的相关关系

	介休			祁县		
	A	b	相关系数	A	b	相关系数
$Z=AI^b$	212.941	1.651	0.421	349.098	1.187	0.513
$W=AI^b$	60.256	0.908	0.933	53.781	0.905	0.945
$N=AI^b$	201.386	0.495	0.171	137.840	0.569	0.361
$N_0=AI^b$	1191.381	0.149	0.004	614.673	0.583	0.132
$\lambda=AI^b$	2.651	−0.136	0.036	2.276	0.044	0.009

图6.2.15、图6.2.16分别给出介休、祁县各谱特征参量及谱参数与 I 的关系。由图可以看出，双对数坐标上 Z-I 关系和 W-I 关系点分布较为集中，相关性很好，介休、祁县 Z-I、W-I 相关系数分别为42.1%、93.3%和51.3%、94.5%。而 N-I、λ-I 关系的点较为分散，相关性不是很好。

(6)结论

利用Parsivel自动雨滴谱观测仪和机载的PIP仪器，对2010年5月27日层状云降水地面和空中雨滴谱进行观测，主要结论如下。

①此次层状云系的降水，地面雨滴谱中祁县、介休多峰型分别占总样本数的82.9%、68.2%，单峰型次之，指数型最少。空中雨滴谱主要是多峰型，占99.5%。

②地面平均雨滴谱比空中雨滴平均谱窄，谱型较陡。对雨滴直径 $D<1.2$ mm的雨滴，地面雨滴谱数浓度大于空中雨滴谱数浓度。空中雨滴谱在 $D>1.6$ mm的区间，数浓度较大。这可能是受到碰并、蒸发、破碎的共同影响。

③M-P分布和Gamma分布均能较好地拟合这次降水的空中、地面雨滴平均谱分布，两种拟合相差不大，但Gamma分布提高了小滴和大滴段的精度。

④云中上部5.6 km为核化和凝结增长层。5000 m、4400 m高度雨滴数浓度大，并含有丰富的过冷水，为云滴和冰粒子活跃增长层。3800 m高度雨滴平均直径增加明显，同时数浓度减小，是固态粒子聚合和云滴蒸发层。3000 m高度雨滴碰并活跃，2100 m高度可能受到蒸发影响，雨滴在下落过程中碰并、破碎并伴随着凝结增长。

⑤介休雨滴谱 Z-I 关系可表示为 $Z=212.941I^{1.651}$，W-I 关系可表示为 $W=60.256I^{0.908}$，N-I 关系可表示为 $N=201.386I^{0.495}$。祁县雨滴谱 Z-I 关系可表示为 $Z=349.098I^{1.187}$，W-I 关系可表示为 $W=53.781I^{0.905}$，N-I 关系可表示为 $N=137.840I^{0.569}$。Z-I 关系和 W-I 关系点分布较为集中，相关性很好。介休 $N_0=1191.381I^{0.149}$，$\lambda=2.651I^{-0.136}$，祁县 $N_0=614.673I^{0.583}$，$\lambda=2.276I^{0.044}$。N_0 有随 I 的增大而增大，λ 有随 I 的增大而减小的趋势，N-I、

λ-I 关系的点较为分散，相关系数较低。

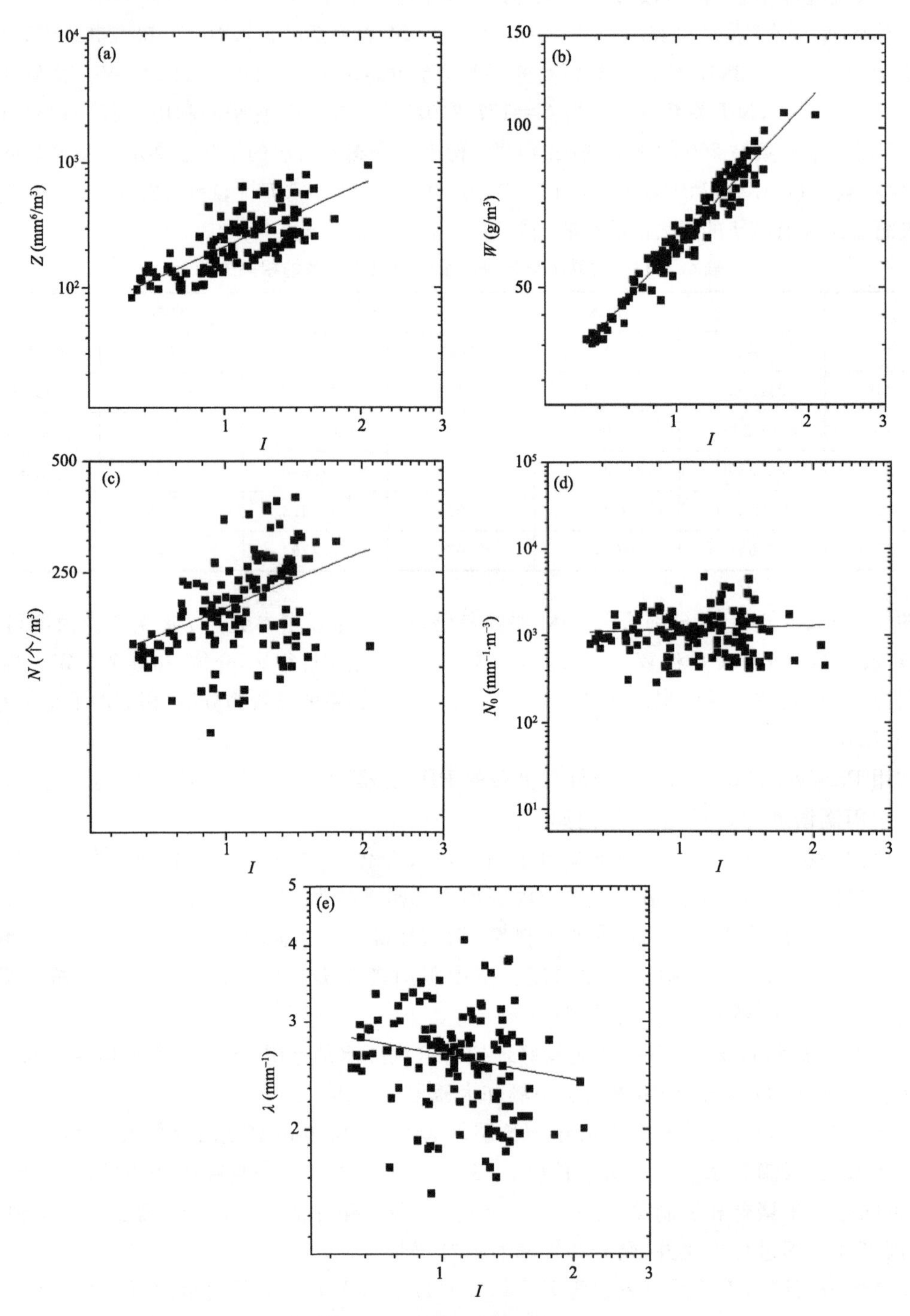

图 6.2.15 介休雨强 I 与雨滴谱物理特征量和谱参数的相关关系

(a)雷达反射率因子；(b)雨水含量；(c)雨滴浓度；(d)谱参数 N_0；(e)谱参数 λ

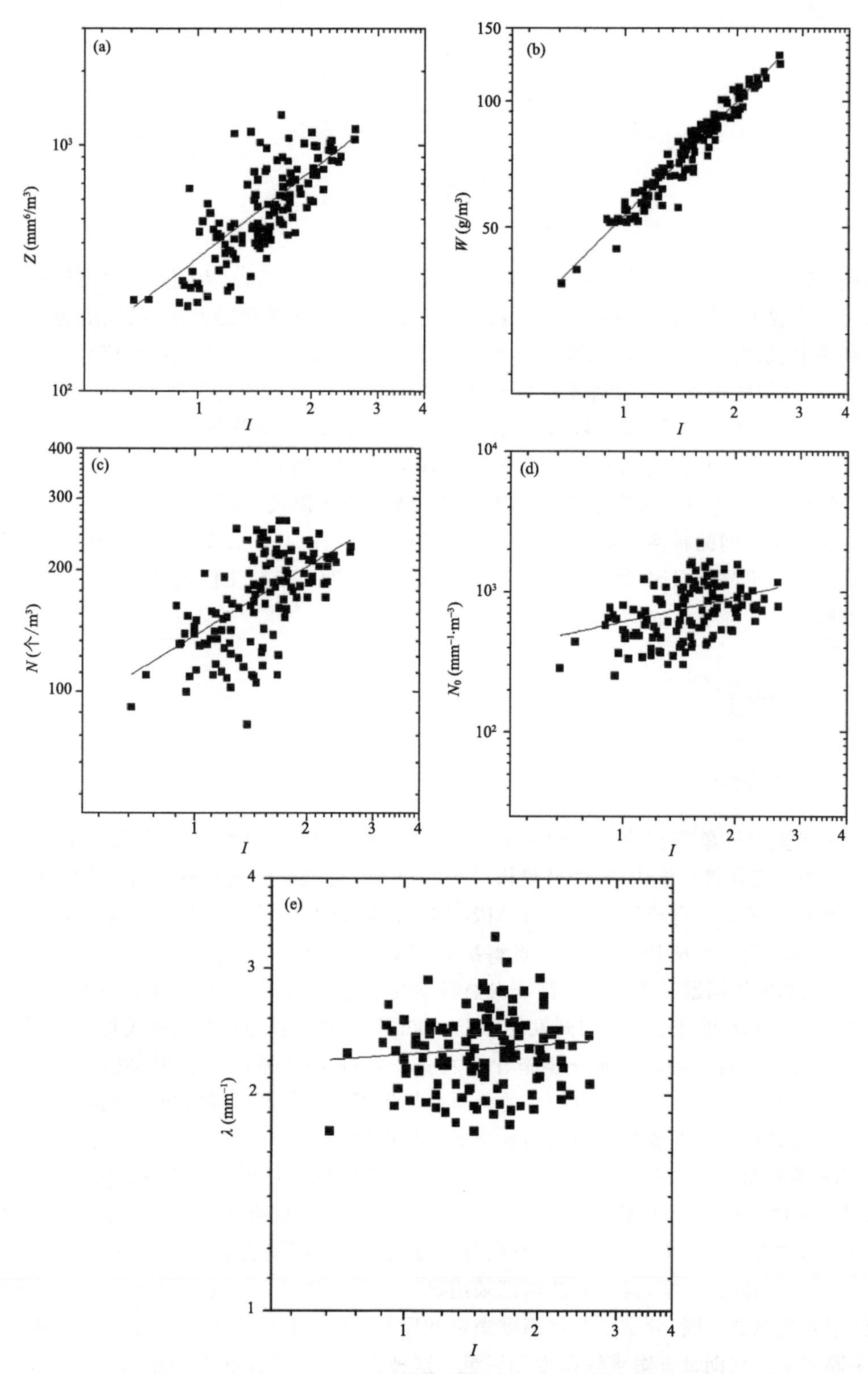

图 6.2.16　祁县雨强 I 与雨滴谱物理特征量和谱参数的相关关系

(a)雷达反射率因子；(b)雨水含量；(c)雨滴浓度；(d)谱参数 N_0；(e)谱参数 λ

第 7 章 层状云降水系统微物理结构数值模拟与观测资料的对比

由于云体形成条件、局地气象条件的不同，降水机理也会不同。人们对于云微物理的认识尚很粗浅，这成了制约人工影响天气的瓶颈。因此，利用综合观测的方法，以飞机为主要观测平台，利用卫星、雷达、地面雨量、雨强计观测网，观测降水层状云系，利用中尺度模式进一步加强对降水云系的微物理结构和降水机制的认识是非常必要的。项目采取上述思路，为了更加深入地了解层状降水云系，综合利用了飞机、雷达等观测资料，分别进行了两次个例分析：2009 年 5 月 1 日 02—08 时河北省降水、2010 年 4 月 20 日 10 时—4 月 21 日 12 时。其中，对于 2009 年 5 月 1 日 02—08 时降水采取一维层状云和 WRF 模式模拟，详细分析了此次降水机制、水成物粒子之间的转换。对于 2010 年 4 月 20 日 10 时—4 月 21 日 12 时山西降水过程，结合单机探测、三机联合探测，利用 WRF 模式、MM5 中尺度云参数化模式进行了微物理过程的分析，判断研究了降水形成的机制。

7.1 模式的选取

7.1.1 WRF 模式

1997 年美国气象部门在 NCAR（美国国家大气研究中心）中小尺度气象处（NMM）、NCEP（美国国家环境预报中心）的环境模拟中心（EMC）、FSL 的预报研究处（FRD）和俄克拉何马大学（OU）的风暴分析预报中心（CAPS）四部门联合发起并建立新一代高分辨率中尺度模式——WRF 模式系统开发计划，重点解决分辨率为 1～10 km、时效为 60 h 以内的有限区域天气预报和模拟问题。该计划由国家自然科学基金会（NSF）和 NOAA（美国国家海洋大气局）共同支持，1998 年已形成共同开发的标准，2000 年 2 月它被确定为实现美国天气研究计划（USWRP）主要目标而制定的研究实施计划之一。WRF 模式系统具有可移植、易维护、可扩充、高效率、使用方便等诸多特性，使新的科研成果运用于业务预报模式更为便捷，也使科研人员在大学、科研单位以及业务部门之间的交流变得更加容易。

WRF 模式是一个完全可压缩、非静力模式、控制方程组为通量形式，模式的水平网格采用 Arakawa C 格式，这种格式有利于在高分辨率模拟中提高数值计算精度。模式的动力框架有三种不同方案。前两个方案都采用时间分裂显式方案求解动力学方程组，即模式中垂直高频波的求解采用隐式方案，其他的波动则采用显式方案。这两种方案的最大区别在于他们所采用的垂直坐标的不同，分别是几何高度坐标和质量（静力气压）坐标。第三种动力框架方案采用半隐式半拉格朗日方案求解动力方程组。这种方案的优点是能采用比前两种模式框架方案更大的时间步长。

7.1.2 MM5中尺度云参数化模式

2009年依托山西省领军人才项目，山西省人工降雨办公室引进了中国气象科学研究院已经运行的MM5中尺度云参数化模式并已实现业务运行。该中尺度云参数化数值模式是经过中国气象科学研究院胡志晋、楼小凤等改进后的含有详细微物理过程的高分辨MM5模式，该模式的微物理过程采用双参数化方案，云物理预报量包括各种水成物的比质量与比数浓度，分别是水汽、云水、雨、冰晶、雪和霰的比质量(Q_v，Q_c，Q_r，Q_i，Q_s，Q_g)和雨、冰晶、雪和霰的比数浓度(N_r，N_i，N_s，N_g)以及云滴谱拓宽度F_c，共有11个预报量，考虑了31种云物理过程，56个方程式。整个云分辨模式采用准隐式计算格式，保证了计算的正定性、稳定性和水物质守恒。与MM5原有的显式降水方案相比，可以预报水汽、云水、雨、冰晶、雪和霰的混合比质量和雨、冰晶、雪和霰的比数浓度，与原MM5原有的方案相比，增加了雨、雪和霰的粒子比数浓度的预报，完善了多个微物理过程的描述，如云雨自动转化、冰晶核化、冰一雪和雪一霰的自动转化、冰晶繁生等过程。该模式具有很好的模拟能力，已用于许多云和降水的研究中。通过对台风降水、华南暴雨、长江梅雨等实例的模拟，并与MM5原有的方案进行对比分析表明，该方案能合理地模拟各种云降水过程，模拟的云微物理结果合理，并且具有进行人工引晶催化数值试验的能力。2007年此模式开始用于中国气象科学院的准业务预报。

2010年3月底，为实现对重点区域的预报预警，项目组对该模式进行了精细化处理，实现了模式的双重嵌套，二重嵌套预报的网格距达到10 km。模式调整之后，该模式系统的中心位置经纬度为(38°N，110°E)；第一重预报范围为27.8°—48°N，95°—125°E，东西取向格点数为73，南北取向格点数为73，垂直分层为20层，水平格距为30 km；第二重嵌套模式预报范围为33°—42°N，105°—118°E，东西取向格点数为91，南北取向格点数为91，垂直分层为20层，水平格距为10 km；模式计算时间增至3 h，模式运行稳定正常，精细化处理后的一重和二重的模式产品在山西省气象局业务网站上实时发布。

为实现模式的进一步精细化处理，2010年12月初，项目组对模式进行了再次精细化处理，实现了二套网格距达到5 km，一套网格距15 km。模式中心经纬度为(38°N，111.50°E)，模式外层格点数为91×100，格距为15 km，模式内层格点数为100×100，格距为5 km。模式采用中国气象科学研究院CAMS显式云物理方案和Grell对流参数化方案，边界层方案采用Blackdar方案，辐射方案采用云辐射方案。

7.1.3 一维层状云模式

就本质而言，云尺度的动力学依然是大气动力学的一个分支，虽然它的微物理过程考虑得更为详细，但依然是遵照流体力学和热力学的基本定律，建立起来的大气动力学方程组是适用的。

假定组成云水场的粒子是单分散的，云滴平均浓度为常数，并假定层状云在水平方向上均匀分布，建立了一维层状云模式。一维层状云模式中考虑了详细的微物理过程，将水物质分成六类：水汽、云水、雨水、冰晶、雪和霰，粒子谱采用双参数，既能预报各种粒子的含水量，又可预报粒子的浓度。同时一维模式还考虑了在冰晶的源项中增加了云水在−40℃的均质核化过程，更有利于云降水水成物的转换研究。

7.2 2009年5月1日张家口层状云降水的模拟分析

7.2.1 天气过程简介

由500 hPa高空图7.2.1可见，5月1日00时(图7.2.1a)，我国高空形势呈一加深的槽控制，槽线位于蒙古—内蒙古—陕西一线，河北省位于槽前的暖湿西南气流中，具有水汽供应条件，500 hPa高空槽前有正涡度平流，槽后有负涡度平流，且温度场落后于高度场，槽前有暖平流，槽后有冷平流，此种热力因子和涡度因子会使得高空槽因冷平流而加深，并因涡度平流而向前移动，地面气旋中心减压。5月1日08时(图7.2.1b)，槽线较上一时刻有所东移，并且强度较上一时刻减弱。

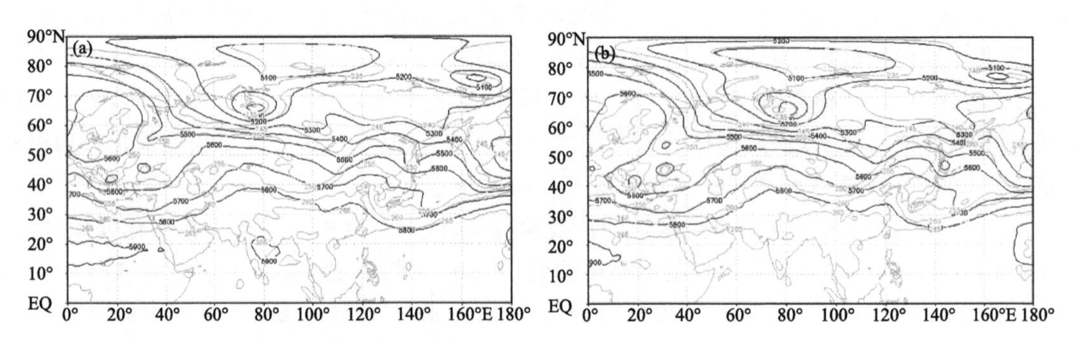

图7.2.1 2009年5月1日500 hPa位势高度场和温度场

(a)5月1日00时；(b)5月1日08时(黑色实线为位势高度场，灰色实线为温度场)

5月1日00时850 hPa图上(图7.2.2a)，我国中部受位于新疆的高压系统和位于蒙古的低压系统控制，其中，河北省位于蒙古低压和新疆高压的外围。5月1日08时(图7.2.2b)，低压系统减弱，位于黑龙江北部—内蒙古东北部，河北省处于低压系统后围。由此看见5月1日00—08时河北省高空形势利于发生降水。

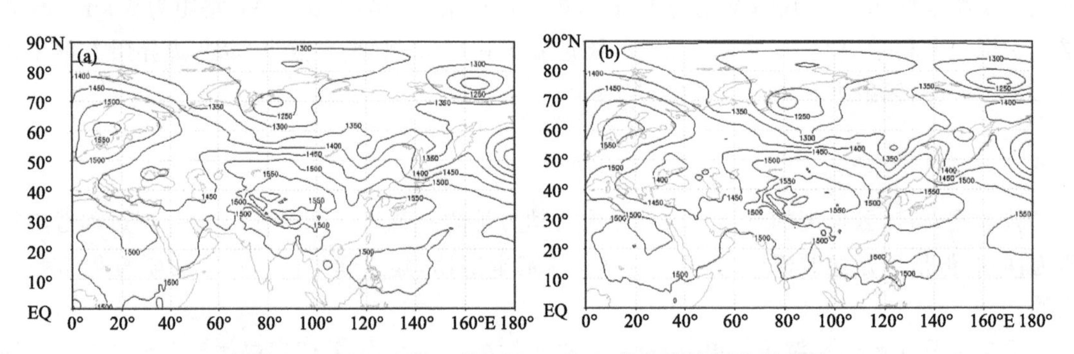

图7.2.2 2009年5月1日850 hPa位势高度场和温度场

(a)5月1日00时；(b)5月1日08时

5月1日04:00(图7.2.3a)(以下雷达PPI图中的时间均为世界时)，从张家口CB波段的多普勒雷达0.6°仰角的反射率上来看，东北—西南走向的层状云系回波带移动到张家口，回波呈扇形，外围强度值 20 dBZ 以下，其余大部分地区 20～30 dBZ，个别地方回波值达 35 dBZ。05 时(图 7.2.3b)，回波带继续往东南发展，20～30 dBZ 回波带范围增大，并且回波区域逐渐呈圆状，个别地方强度值仍达 35 dBZ，回波带的移动前方仍然是 20～30 dBZ。到 06 时(图 7.2.3c)，回波带仍以张家口为中心呈圆状，正移出张家口，回波强度大致没变，20～30 dBZ的回波带覆盖大部分张家口地区。07 时(图 7.2.3d)，层状云系已处于消散阶段，回波带正移出张家口。

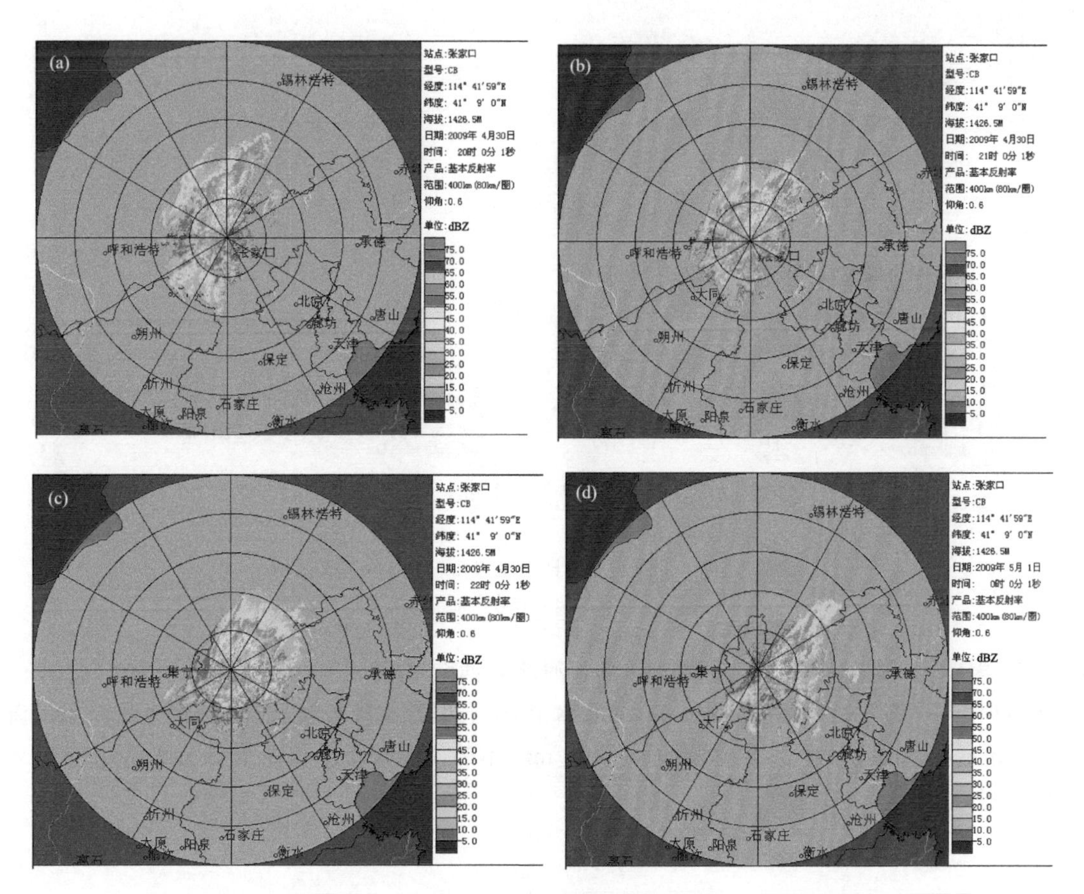

图 7.2.3　2009 年 5 月 1 日张家口雷达回波(图中时间为世界时)

(a)04 时；(b)05 时；(c)06 时；(d)08 时

由 04 时张家口 14°方位角垂直剖面图(图 7.2.4a)可见，云高接近 7.0 km，最大回波强度 35 dBZ，位于 2 km 附近。到 05 时由 14°方位角垂直剖面图(图 7.2.4b)，由此可见，云顶高约 7.0 km，最大回波强度 35 dBZ，位于 2 km 附近，水平尺度明显大于垂直尺度，层状云系特征明显。

从雷达回波图演变，可以初步断定此次降水主要发生在 5 月 1 日 04—08 时，05—06 时达到强盛阶段，云高约 7.0 km。影响张家口地区的回波区范围大致在 20～30 dBZ，回波呈西南—东北走向，层状云系降水明显，边缘零散不规则，随时间变化缓慢。

根据观测数据可得，5 月 1 日 02—08 时张家口 6 h 累计降水 6 mm，每小时平均雨强 1 mm/h。由 5 月 1 日 08 时 6 h 累积降水(图 7.2.5)可知，降水主要发生在山西省北部、河北

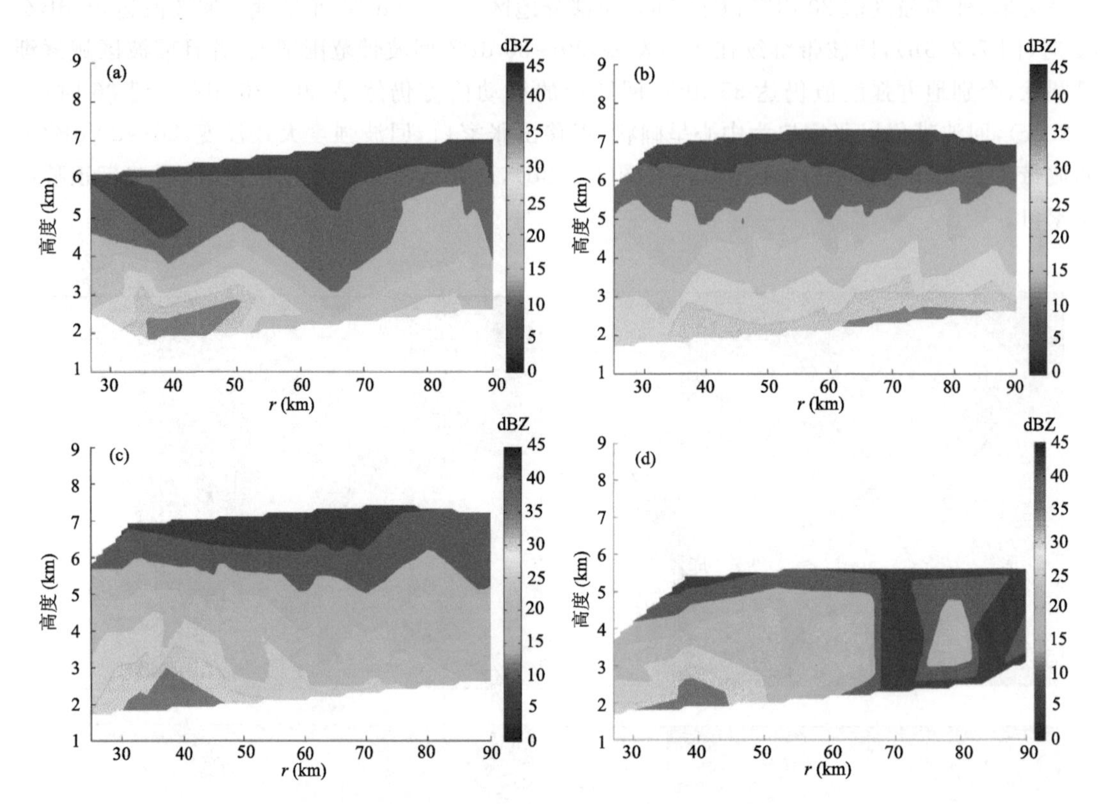

图 7.2.4　2009 年 5 月 1 日张家口 14°方位角垂直剖面

(a)04 时;(b)05 时;(c)06 时;(d)07 时

省北部、内蒙古南部，其中降水量大值区位于河北省西北部，4～8 mm 的大值区域在 41.5°—42°N、114.5—115°E，最大值达 8 mm。河北省北部与内蒙古省南部、山西省北部交界处的降水 3 mm 左右。山西省北部有少量降水，1～3 mm 不等。内蒙古南部位于降水域的外围，降水量在 1～2 mm。

7.2.2　一维层状云模式模拟试验设计

用一维时变层状云模式模拟 2009 年 5 月 1 日的降水过程。该模式忽略了以上动力学过程、热力学过程和水物质守恒方程中与水平速度有关的项，只考虑物理量在垂直方向上随时间的变化。云中上升运动由大尺度天气系统决定，上升气流的速度随高度呈抛物线分布。

2009 年 5 月 1 日 01 时的张家口加密探空资料见图 7.2.6，温度和露点温度均随高度增加而减小，0℃层位于 2800 m，0℃层以下温度较高且湿度大，利于深厚暖层的形成。采用此探空数据，模式运行的时间步长 $\Delta t=5$ s，$\Delta z=200$ m，模拟时间 600 min。最大上升气流速度 w_0 取 14.24 cm/s，模拟 300 min 后，云体发展达到稳定(01—06 时)。模拟 130 min 时地面开始出现降水(图 7.2.8)，300 min 后平均雨强 1.3 mm/h，与实际降雨接近。模拟雷达回波在 264 min 云顶高度约 7 km(图 7.2.7)，最大回波强度可达 40 dBZ，所在高度约 2.2～2.6 km，与实况 RHI (图 7.2.4)一致。

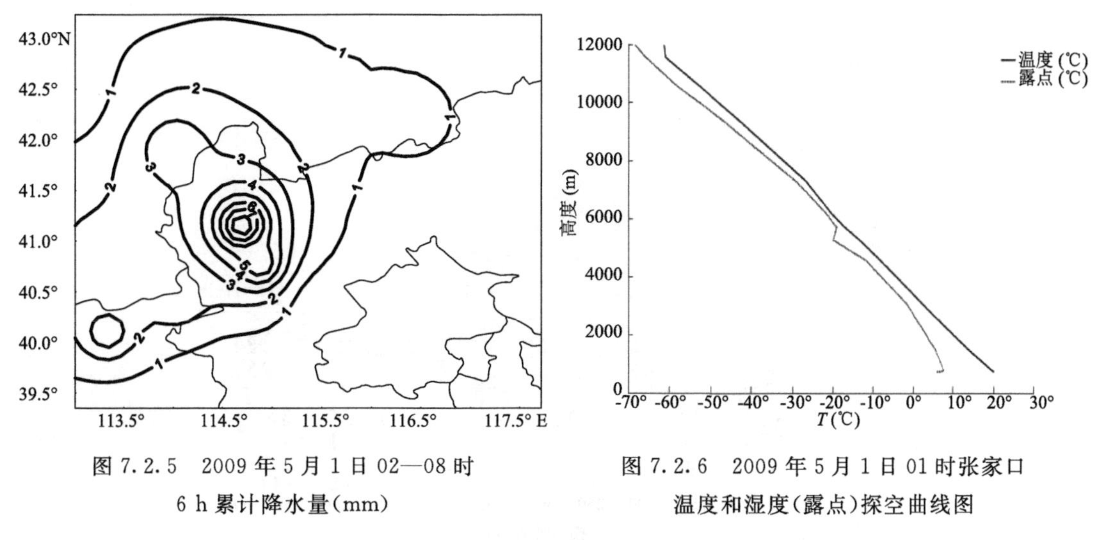

图 7.2.5　2009 年 5 月 1 日 02—08 时 6 h 累计降水量(mm)

图 7.2.6　2009 年 5 月 1 日 01 时张家口温度和湿度(露点)探空曲线图

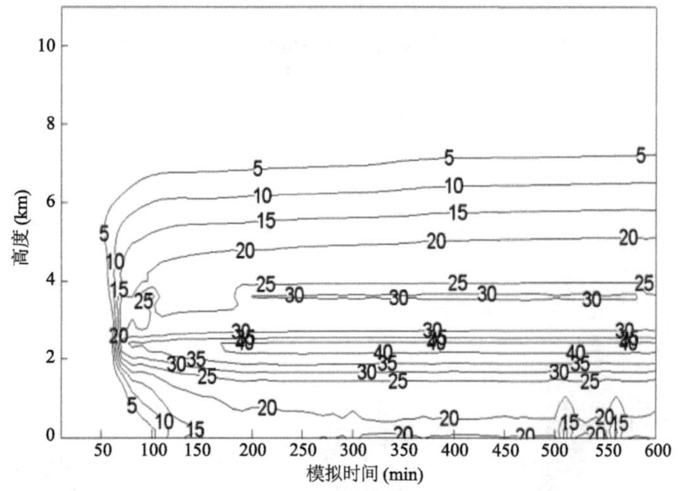

图 7.2.7　模拟雷达回波强度(单位:dBZ)的时空分布

(1)模拟的云体垂直结构

根据顾震潮提出的层状云降水三层云概念模型,按水成物粒子的不同将层状云在垂直方向上分为三个层次,由图 7.2.9(云水含量和冰晶比含水量随时间和高度分布)可得:第一层为 4.6 km 以上,冰晶层,无过冷水,温度在－15～－55℃。第二层为 2.5～4.6 km,混合层,冰晶与过冷水共存,温度在 0～－15℃,厚度约为 2.1 km。第三层为 1.3～2.5 km,暖层,温度 0℃以上,厚度约为 1.2 km。模拟 300 min 后,云的发展达到稳定。稳定后云底高约 1.3 km,云顶高 7.2 km,云顶温度－30℃,暖层厚度约 1.5 km,冷层厚度约 4.7 km。

由图 7.2.9 中可以看出,30 min 时高度 5.8 km 左右开始生成冰晶粒子,而后,随着上升气流输送、冰面过饱和度增加以及冰晶增长下落,冰晶比含水量增加迅速。40 min 后在高度 5.8 km 冰晶粒子达到极大值 0.008 g/m^3,而后云顶不断升高,冰晶比含水量减小然后增加,在 70 min 时 7 km 处出现极大值 0.008 g/m^3,然后冰晶比含水量减小并均匀,达到稳定。云水含量的极大值分布在 0℃层附近,最大含水量为 0.12 g/m^3。

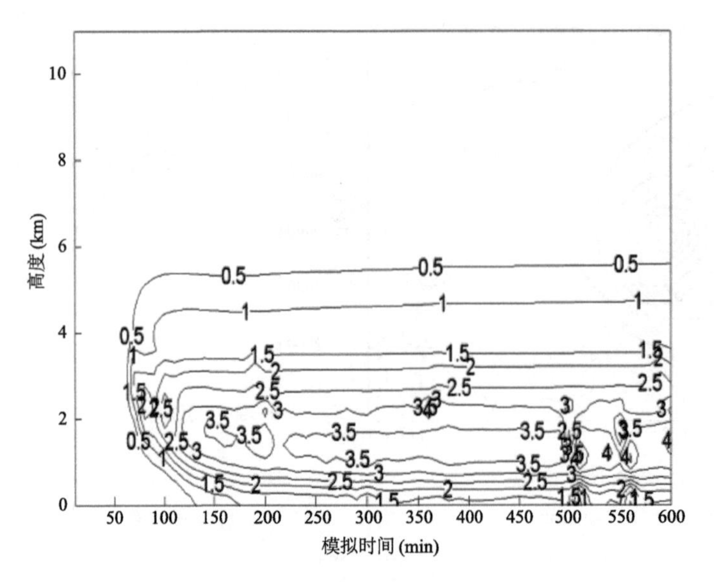

图 7.2.8　模拟雨强（单位：mm/h）的时空分布

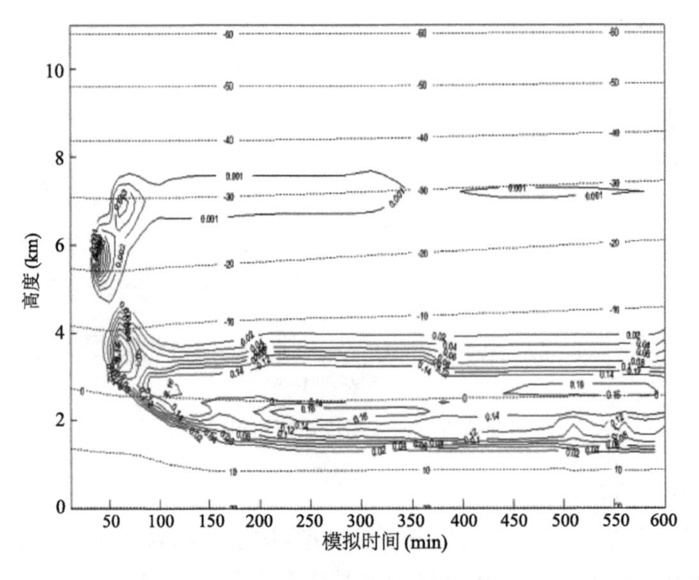

图 7.2.9　云水含量（——（细线），单位：g/m³）冰晶比含水量（——（粗线），单位：g/m³）与温度（黑色虚线，单位：℃）随时间和高度的变化

由图 7.2.10 可知，冰晶产生于 30 min，到 70 min 出现两个极大值，然后冰晶浓度逐渐减少。100 min 后，6.4～7.8 km 区域内云体高度不变，冰晶浓度在 2～8 个/L。290 min 后，冰晶浓度分布在垂直区域不断扩大，云顶不断增高，300 min 后，6.6～10.2 km 冰晶浓度比较均匀，大概在 2～4 个/L，少数区域可达 6 个/L。在 3～4 km，200 min 后冰晶浓度分布比较均匀，这是因为第一层冰晶对第二层播撒的作用。

由图 7.2.11 可知，雪粒子主要分布在第一、二层，第三层有较小浓度的雪。雪产生开始于 30 min 左右，50～120 min 雪的浓度出现中心区，最大值 4 个/L。此后云顶不断升高，各高度

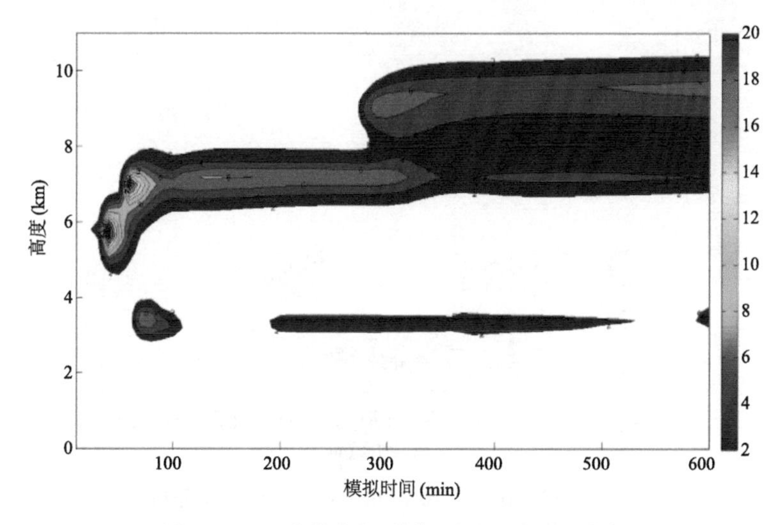

图 7.2.10　冰晶浓度(单位:个/L)的时空分布

层雪的浓度均匀。可见,雪和冰晶的产生以及雪和冰晶浓度最大值的时间一致,雪的产生主要是由于冰晶的自动转化和雪与冰晶的碰并增长。霰产生于 60 min(图 7.2.12),60～170 min 在第二层有个浓度极值区,此后浓度稳定。霰的极值区和稳定区与云滴浓度、雪的浓度有很好的对应。同时由于播撒作用,第三层顶部存在霰浓度的极大值。60 min 地面开始降水,90～360 min 第三层顶部出现雨滴浓度的两个低值区,分别对应这个高度霰浓度的大值区和云滴浓度的大值区,随着高度降低,雨滴浓度增加,霰和云滴浓度减小,可见霰的融化与云滴和雨滴碰并增长对雨滴形成和增长贡献显著(图 7.2.13)。

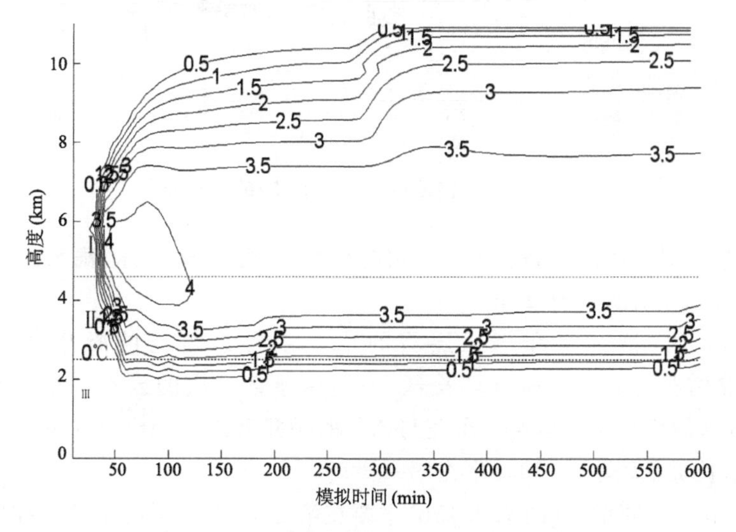

图 7.2.11　雪浓度(单位:个/L)的时空分布

图 7.2.14 是各水成物随高度的变化,第一层产生冰晶和雪,对第二层为第一层播撒下来的冰晶提供过冷水,产生于第二层的云水和霰对第三层上部播撒云水和霰,由于霰的比含水量和云水比含水量减小时对应雨水比含水量的增加,可见霰的融化、云滴与雨滴的碰并增长导致雨滴的增长。云体成熟时,300 min 时,第一层主要为冰晶和少量的雪晶,第二层主要有雪和

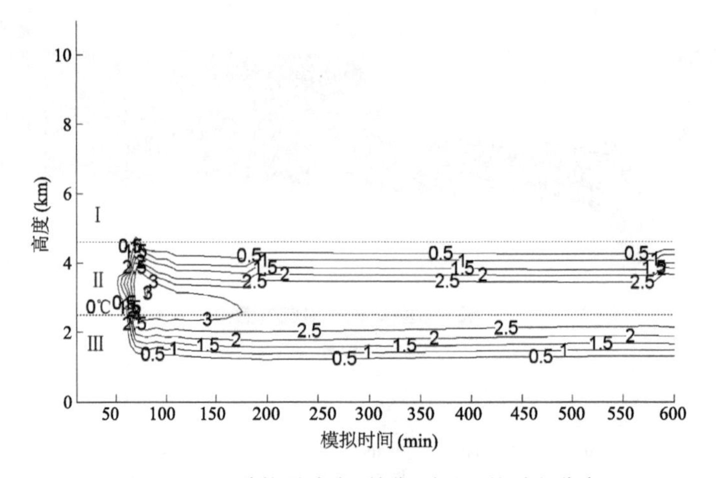

图 7.2.12　霰粒子浓度(单位:个/L)的时空分布

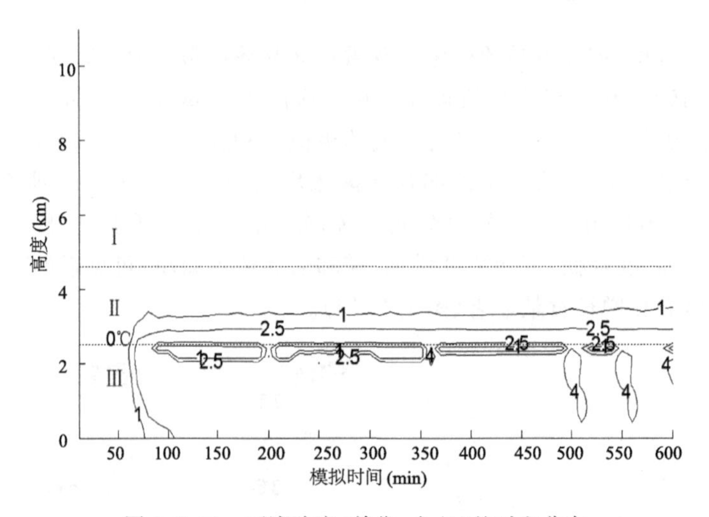

图 7.2.13　雨滴浓度(单位:个/L)的时空分布

少量的过冷水,第三层顶部由于高层播撒有雪的存在,同时有霰、云水、雨水。

(2)模拟的云体降水微物理过程

模拟 300 min 时,第一层和第二层雪的增长主要是雪花的凝华增长(VDVS)(图 7.2.15a),其次是雪花与云滴的碰并增长(CLcs),由于第二层的云水含量分布较多,0.02～0.06 g/m^3,所以雪的增长比较迅速。雪花与冰晶的碰并增长(CLis)和冰晶向雪花的自动转化(CNis)对雪的增长贡献较小,且均发生在第一层。

模拟 300 min 时霰的增长(图 7.2.15b)主要在第二层,其中霰与雪的撞冻增长(CLsg),霰与云滴的撞冻增长(CLcg),雪撞冻过冷水后转化为霰(CNsg),另外还有霰与过冷雨滴的撞冻增长(CLrg)、霰的凝华增长(VDvg)。在第三层上部,有较多的霰,说明第二层霰落入第三层,上层云对下层云有播撒作用。

雨水的增长(图 7.2.15c)主要在第三层,其中霰的融化(MLgr)对雨的形成和发展贡献最大,云滴与雨滴的碰并增长(RCLcr)次之,其次是云滴与其他水成物碰并增长(RCLcxr)。结

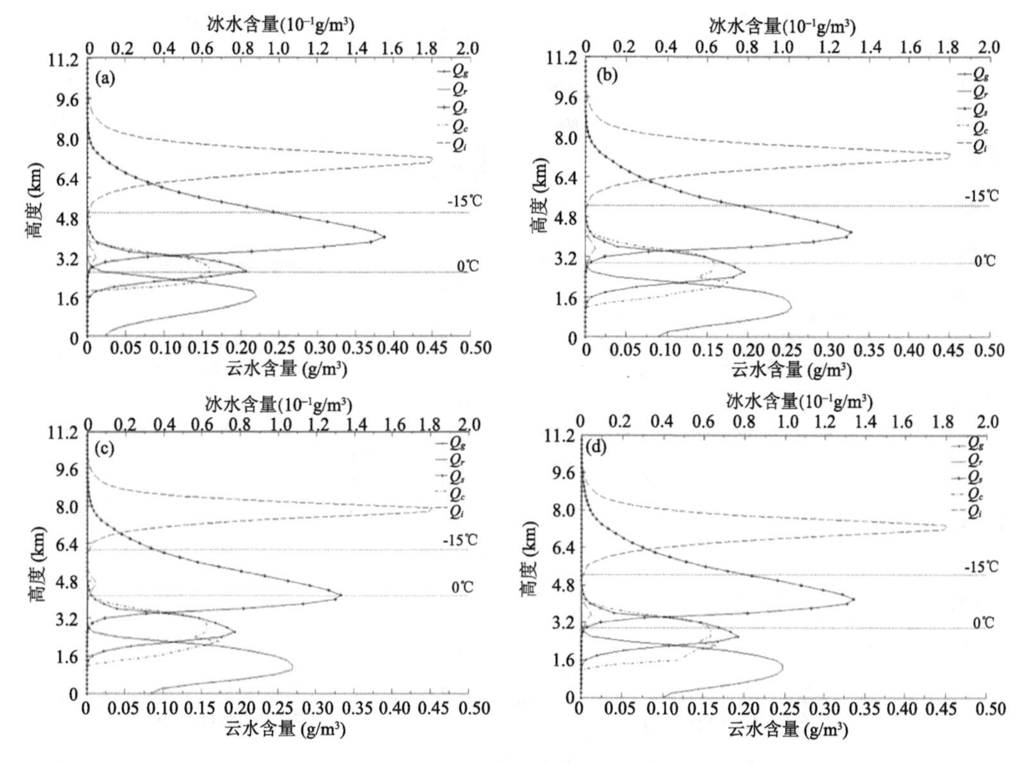

图 7.2.14　含水量的垂直分布

(a)120 min;(b)240 min;(c)300 min;(d)360 min

合图 7.2.15a 和图 7.2.15b 可看出,雨滴的增长区域与霰的增长区域、霰的增长区域与云滴、雪的增长区域有很好的对应关系。

(3)结论

①三层结构:第一层(6.2～7.0 km)有冰雪晶,以冰晶的自动转化为主。第二层(4.2～6.2 km)的冰雪晶主要通过冰晶的自动转化和凝华增长。该层内霰通过凝华和撞冻雪长大,贡献于第三层雨水形成。

②播种－供应关系:云体发展成熟时,各层之间存在播种－供应关系。第一层向第二层顶部播撒雪,第二层向第三层顶部播撒雪。

③粒子增长机制:雨产生于第三层,由于霰的融化和重力碰并长大。霰产生于第二层,主要通过霰的凝华和雪的撞冻长大。雪第一层主要通过冰晶的自动转化;第二层主要通过冰晶的自动转化和雪的凝华。

7.2.3　WRF 模式模拟试验设计

本节采用双层双向嵌套网格进行模拟,模拟区域中心点为(41.2°N,114.7°E),水平分辨率分别为 12 km 和 4 km,水平格点数分别为 74×74 和 121×76。垂直方向分 37 层。模式采用 NCEP1°×1°、6 h 一次的再分析资料作为初始场。其中两层区域均选择 RRTM 长波辐射方案、Dudhia 短波辐射方案、Monin-Obukhov 近地面层方案、Noah 陆面过程及 YSU 边界层物理方案,不同点是第一层区域选择 Kain-Fritsch 对流参数化方案及简单的 WSM3 微物理方

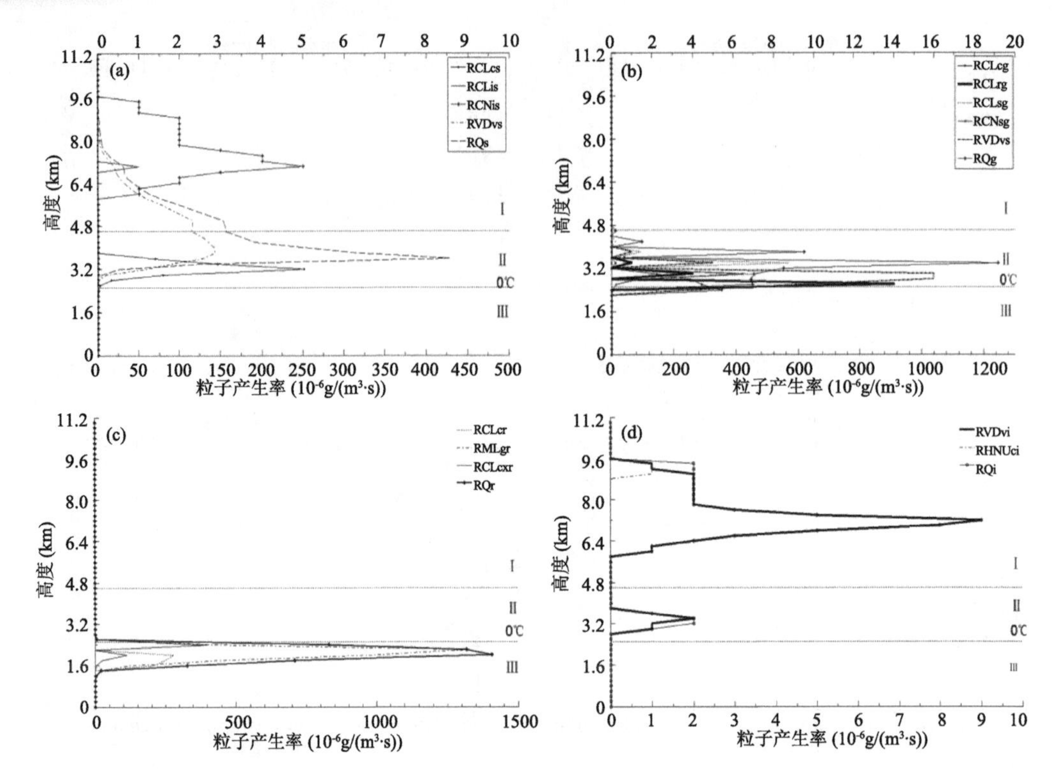

图 7.2.15　300 min 各粒子质量产生率随高度的变化

(a)雪;(b)霰;(c)雨;(d)冰晶

案,而区域二则不考虑对流参数化方案但选择了详细的 Morrison 双参数化微物理方案。第一层区域模拟的起始时间为 2009 年 4 月 30 日 08 时至 2009 年 5 月 1 日 14 时,共 30 h;第二层为 2009 年 4 月 30 日 20 时至 2009 年 5 月 1 日 14 时,为 18 h。

(1)模拟地面降水

由区域一模拟的 30 h 降水过程可看出雨带自西向东的移动,2009 年 4 月 30 日 20 时在河北西部的内蒙古一带开始出现明显降水,此后云系发展旺盛并逐渐东移。如图 7.2.16 给出的为 30 h 的累积降水量,由该图可知云系在内蒙古一带造成较强降水,其降水量中心值超过 20 mm,主要为对流性降水。而发展到河北北部时,则转变为层状云降水,较强降水时间为 5 月 1 日 02—08 时,降水量中心值约为 9 mm。

由于层状云系是人工影响天气的主要研究对象,因此图 7.2.17 给出了 2009 年 5 月 1 日 02—08 时该地区 6 h 的模拟和观测降水情况。对比观测和模拟图可发现,该模拟方案较为成功地模拟出了该时段的降水区域,雨带呈东北一西南走向,其结果与观测基本一致。观测较强降水中心区域位于约 41.4°N、115°E 周围,其降水中心值约 11～12 mm,而模拟较强降水区则稍偏南,位于 41.2°N 附近,降水中心值不足 10.0 mm,比实际的稍弱。

为能更细致地反映雨带的移向,图 7.2.18 给出了图 7.2.16 中 A、B、C 和 D 这四站在 4 月 30 日 20 时至 5 月 1 日 08 时每 10 min 的降水量。

由图 7.2.18 可知,位于最西侧的 A 站首先出现降水,其降水时段主要在 21:30—03:20,但其每 10 min 的降水量峰值最小,为 0.7 mm。B 站出现降水的时间与 A 站相差不大,其降水

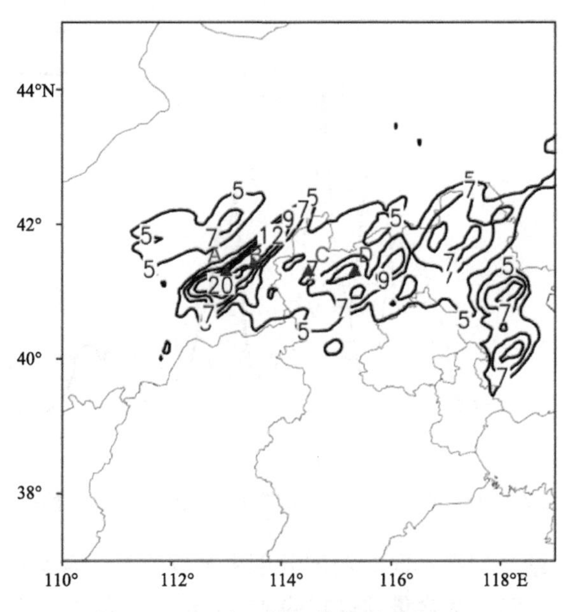

图 7.2.16　由区域一模拟得到的 30 h 累积降水量(mm)分布图

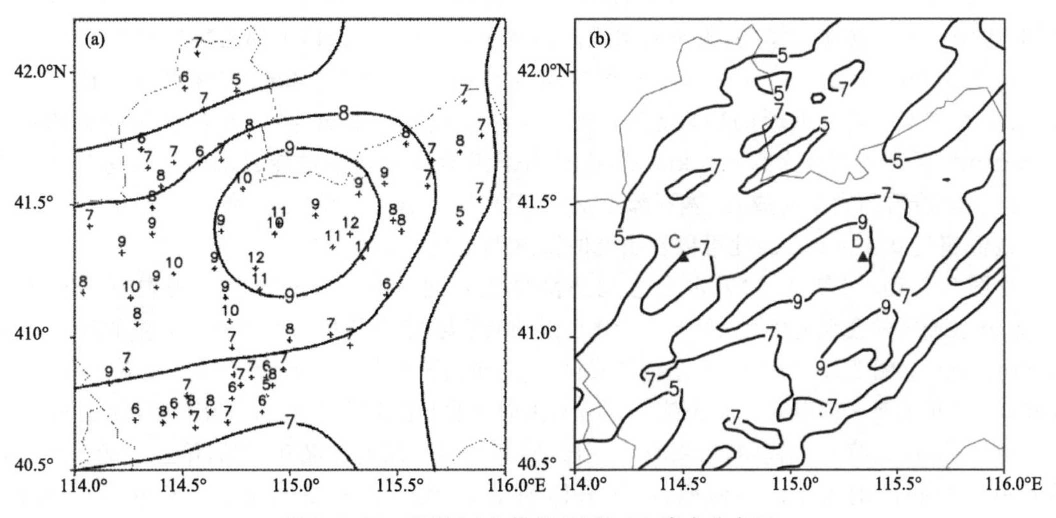

图 7.2.17　观测(a)和模拟(b)的 6 h 降水分布图

强度明显有所增强，每 10 min 降水量峰值出现在 00:50，达 1.3 mm。比较 A 和 B 站可以看出，位于东侧的 B 站降水强度较大，峰值出现的时间较晚，说明云系逐步向东发展，同时变强。而 C 站和 D 站则在 02:00 以后陆续出现降水，这两个站点的降水强度稍弱一些，峰值接近 0.8 mm/10 min，表明云系此时已有所减弱。

根据以上模拟结果，本节把降水分成前期和后期两个阶段，其中 A 站和 B 站属前期降水，而 C 站和 D 站则属后期。以下对这两个阶段的云系结构和微物理过程进行详细讨论。

(2)不同降水时期的云体结构

由以上观测资料可知，云系的宏观结构，但对其具体的粒子分布情况，则仍需通过数值模

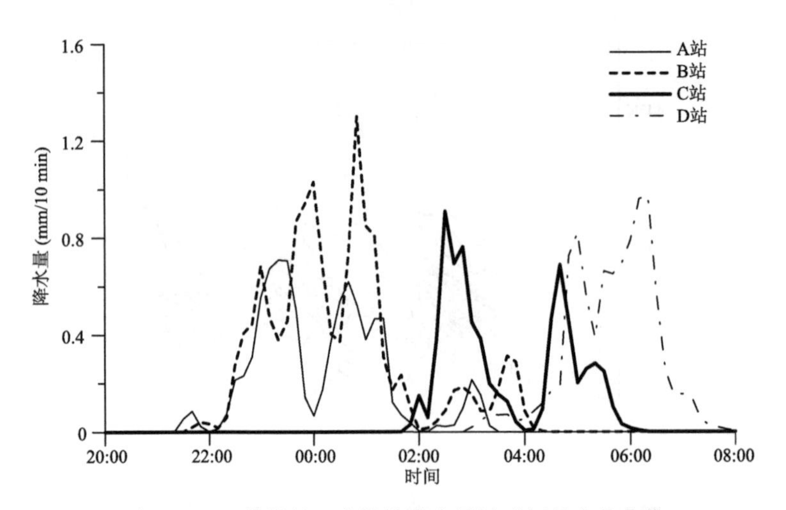

图 7.2.18 模拟的四个站的降水量随时间的变化曲线

拟。图 7.2.19 给出了四站分别在不同时刻的云系中水成物粒子含水量随高度的分布图。

由图 7.2.19a 可知,此时云水含量顶高仅为 4.7 km,极大值为 0.18 g/m³。冰晶主要在云体的上部 7～12 km 范围内,而冰相降水粒子为雪和霰,其含水量极大值分别为 1.3 g/m³ 和 0.27 g/m³,位于 4～6 km 处。此外,云底处雨水含量值不足 0.1 g/m³。由此看出,在降水的初期,由于云体仍在向上发展,此时云水顶高值较小,雪和霰以云体上部的凝华增长为主。

对 B 站 00:40(图 7.2.19b)时,云水含量顶高已发展到 6.7 km,其含水量峰值却不足 0.1 g/m³,表明存对其消耗的物理过程。此时,含量明显较多的为雪,其含水量极大值高达 1.76 g/m³,所在的高度为约 4.0 km 处,这是由于雪形成后碰并过冷云水的增长过程主要在此高度。随着雪的大量生成,云体下部出现了部分霰,其含水量值较小,约 0.1 g/m³。雨水的含水量值超过 0.4 g/m³,由此可以看出此时降水明显增强。

由图 7.2.19c 可知,C 站云水含量顶高降低到不足 6.0 km,其峰值出现在 0℃下方,达 0.4 g/m³。而雪的含水量峰值正好对应云水含量的低值区,表明雪的增长消耗了大量的过冷云水。相比而言,D 站(图 7.2.19d)的云系结构与 C 站类似,包括雪为主要的降水粒子和 0℃下方的云水含量峰值。不同的是云体中部含水量值已经很小,因而雪的增长也随之减弱,峰值不足 0.9 g/m³。

由上述可知,降水过程中,云系存在三层结构,即第一层的冰晶和雪晶,第二层的云水、雪、霰及第三层暖区的雨水。在前期,由于云体的发展,第一层和第二层的分界线位于 4.7～6.7 km不等。第二层主要的降水粒子为雪,其次为霰,随雪的增长和霰的降落,第三层雨水含量逐步增加,从而导致地面降水强度呈增加趋势。而到降水的后期,第二层云水含量的供应不如前期充足,使得该层雪的生成减弱,霰的含量则可忽略不计,因而第二层对第三层雨水增长的贡献减小,最终地面降水趋于减弱。

(3)降水粒子的主要增长方式

由以上分析可知,第二层和第三层主要的降水粒子分别为雪和雨水,因而其产生源项的变化与降水的变化密切相关。图 7.2.20 给出了 A 站在 22:30 和 C 站在 04:30 时雪和雨水的每种质量增长源项所占的百分比。

由图 7.2.20a 可知,对于 A 站,接近云顶处雪以凝华和碰并冰晶增长为主,其次为冰晶的自动转化,如 11.2 km 处凝华增长占 50.8%,碰并冰晶占 46.3%,而冰晶的自动转化仅占

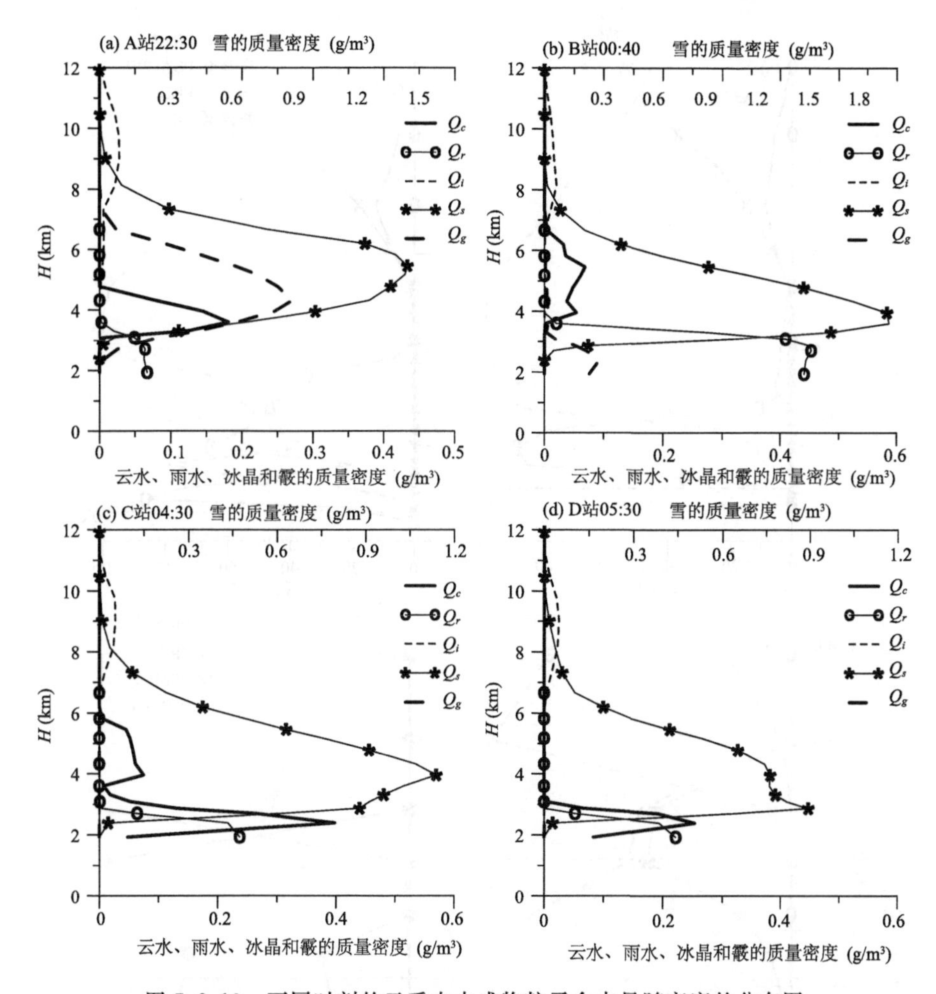

图 7.2.19 不同时刻的云系中水成物粒子含水量随高度的分布图

2.7%。到5.5～7 km之间,雪基本上仅由凝华过程增长,占总质量增长的90%以上,这与该高度层上云水含量较少有关。随着高度降低,到5.5 km以下,凝华增长逐步被碰并过冷云水的过程代替,如4.3 km处雪的凝华增长减少为21.9%,而结凇增长占77.5%。C站中雪的增长方式及其所在的高度层与A站相差不大,仍然是由顶部的凝华和碰并冰晶、中部的凝华和下部的结凇过程组成。由于C站此时云水所在的高度范围较大,且对应的0℃高度降低到2.6 km,因此雪以结凇增长为主导的高度范围也扩大到2.6～6 km。

由图7.2.20b可知,雨水的质量增长包括云滴的自动转化、雨滴碰并云滴及雪和霰的融化。对于A站,0℃层以上3.9 km处云滴的自动转化占21.7%,雨滴的重力碰并占78.3%,而在接近0℃层处时,雪、霰的融化占的比例明显增大。到0℃以下,雪和霰的融化占雨滴质量增长的95%以上。相比而言,C站中雨滴形成则为重力碰并为主,如其在0℃层上下的3.1 km和2.4 km处所占的比例分别为98.7%和76.6%。由此可知,该云系在降水较强的前期,第三层雨水质量增长的主要来源为雪和霰的融化,而到后期则以重力碰并为主。由于0℃层高度较低,且海拔较高,使得云系第三层厚度较小,不足1.0 km,因而暖层雨滴依靠重力碰并而增长的程度非常有限。

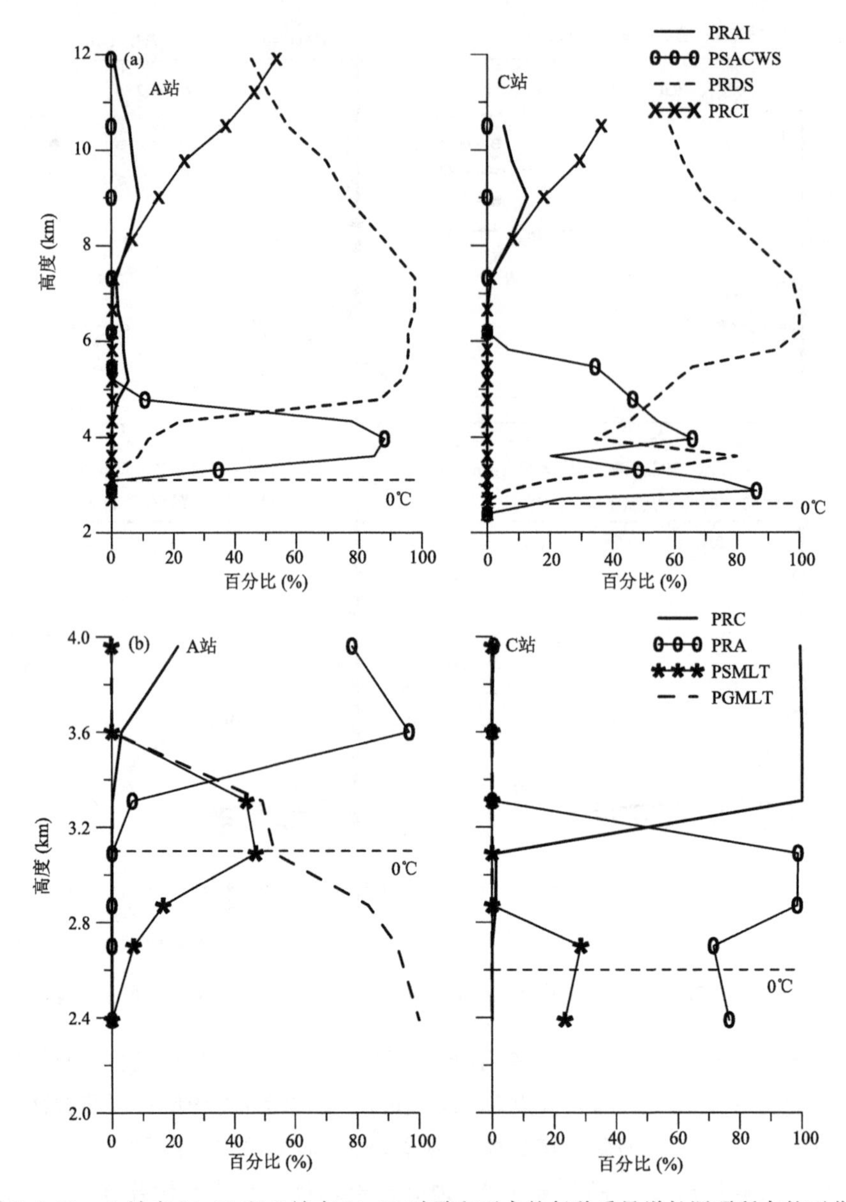

图 7.2.20　A 站在 22:30 和 C 站在 04:30 时雪和雨水的每种质量增长源项所占的百分比

(4)上升气流、过冷云水与雪的增长

上升气流是反映云体发展强烈程度的重要参量，上升气流中心位置及中心值大小与云内水汽的凝结即云水的形成密切相关，而过冷层的含水量及其厚度则又进一步影响雪的增长过程。因此，图 7.2.21 给出了 A 站和 C 站分别在不同时刻的上升气流、云水含量及雪的质量增长率随高度的变化曲线。

由图 7.2.21a 知，22:30 云内上升气流极大值为约 1.2 m/s，仅位于 2.9 km 高度处，表明此时云体正处于向上发展阶段。因而云水以凝结增加为主，含水量较多，极大值为 0.18 g/m^3，位于 3.6 km 处。此时 0℃层位于 3.1 km 处，所以过冷水层厚度为 1.6 km(3.1～4.7 km)，在该高度层上下雪的质量增长率稍大一些，但总体增长率较小。随云体发展，到

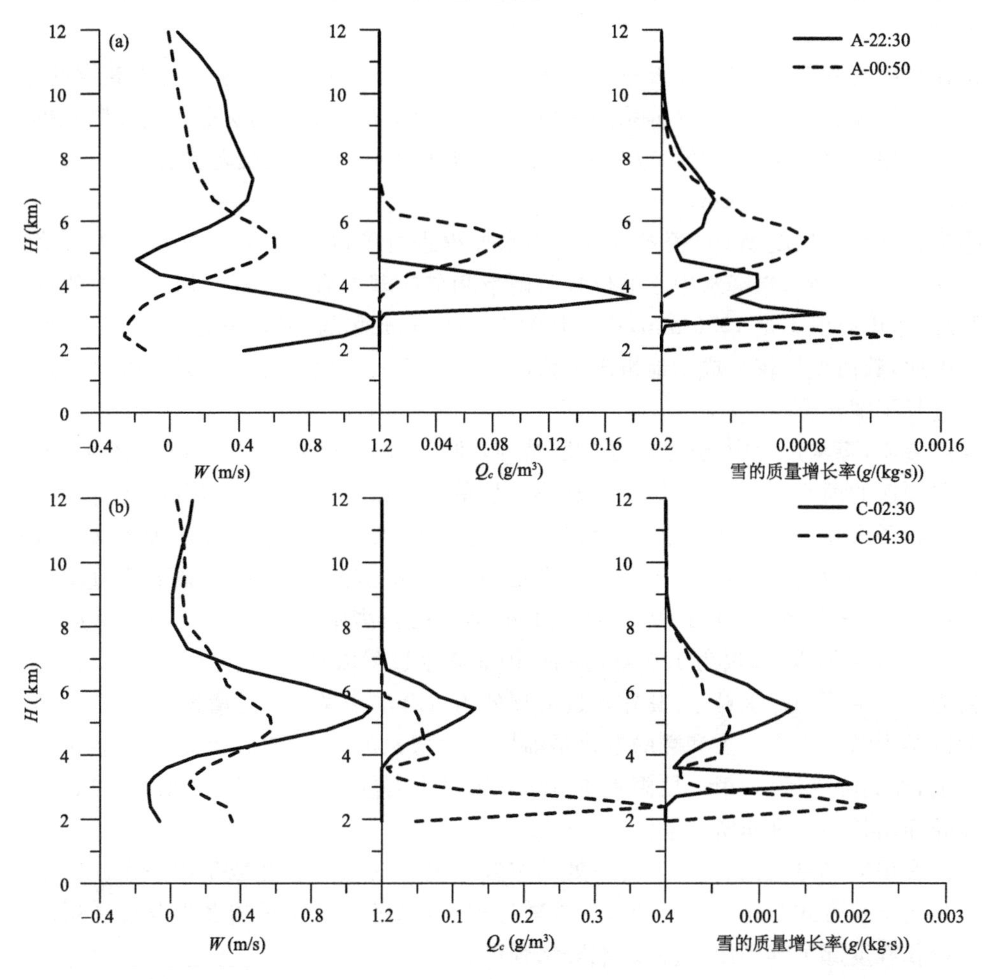

图 7.2.21　A 站和 C 站分别在不同时刻的上升气流、云水含量及雪的质量增长率随高度的变化曲线

00:50，上升气流中心发展至 5.2 km 处，导致云水范围也随之增大到 6.7 km 处，同时该高度附近对应雪的较大质量增长率，其增长率峰值为 0.0008 g/(kg·s)。此时 0℃层位于 2.8 km 处，过冷水层的厚度增加到 3.9 km(2.8～6.7 km)，而过冷水极大值却减少为不足 0.1 g/m³，说明由凝结过程增加的云水同高度层被雪的增长过程所消耗。

由图 7.2.21b 可知，02:30 上升气流极大值接近 1.2 m/s，所处的高度值也较大，为 5.5 km，表明此时处于后期稳定的降水阶段。此时云水中心值和雪质量增长率次峰值所处的高度均为 5.5 km 左右，与上升气流中心值所处的高度一致，表明上升气流发展高度对雪的增长程度有重要影响。到 04:30 时，云内上升气流峰值减弱至 0.6 m/s，同时 4～6 km 范围内云水及雪的质量增长率均有所减少，表明此时云水生成量有所减少，从而导致雪的增长速度变缓。由以上分析可知，云体发展成熟时，云水含量中心所处的位置与上升气流中心区域基本一致，而云水含量的多少及其厚度则又会影响雪的增长速度。

(5)小结

本节利用 2009 年 5 月 1 日在张家口地区进行的一次三机联合探测资料，结合高分辨率

WRF模式详细讨论了不同时期云的结构以及与降水粒子生长相关的物理条件，得到的主要结论如下。

①根据顾震潮三层模型，该云系在成熟阶段存在三层结构，其中第一层为高层的卷云，第二层为高层云和层积云，为降水云系的主体，第三层为层积云下部的暖层。而在降水的后期则仅存在第二层和第三层，其中第二层（混合层）厚度为3～4 km，温度范围为0～－19.5℃，第三层（暖层）厚度约为0.9 km。

②项目利用中尺度WRF模式对该次降水过程进行了数值模拟，模拟得到降水落区及降水量与观测基本一致，强降水中心的位置及雨带和移向基本合理。对于河北北部的层状云降水，模拟降水中心值不足10.0 mm，比实际的11～12 mm稍弱，但较强的降水区域与实况吻合较好。因此，数值模拟较为成功地再现了该次降水过程。在此基础上对云系微物理过程及降水条件进行了细致分析。

模拟表明，降水过程中，云系存在三层结构，即第一层的冰晶和雪晶，第二层的云水、雪、霰及第三层暖区的雨水。在前期，第一层和第二层的分界线位于4.7～7.0 km不等。第二层主要的降水粒子为雪，其次为霰，随雪的增长和霰的降落，第三层雨水含量逐步增加。而到降水的后期，第二层云水含量的供应不如前期充足，使得该层雪的生成减弱，霰的含量则可忽略不计。总体而言，该云系第一层顶高近12.0 km，第二层顶高则介于4.0～7.0 km，第三层位于0℃（2.4～3.1 km）以下，仅为1.0 km左右，因而降水过程以冷云降水为主。

雪为冷层主要的降水粒子，其在接近云顶处雪以凝华和碰并冰晶增长为主，在云体中部则转化为以结凇增长为主。雪和霰的融化是前期雨水增长的重要方式，其量占雨滴质量增长的95%以上，而到降水后期，第三层雨水质量增长则以重力碰并为主，但由于暖层太薄，雨滴依靠重力碰并而增长的程度非常有限。

云体发展成熟时，云水含量中心所处的位置与上升气流中心区域基本一致。由于云体中部雪的主要增长方式为碰并过冷云水的结凇过程，所以过冷水含量的多少及过冷层的厚度对于雪的增长程度起关键作用，进而影响降水强度。

7.3 2010年4月20日太行山层状云降水的模拟分析

7.3.1 WRF模式模拟试验设计

项目采用单层网格进行模拟，模拟区域中心点为（38.135°N，112.0°E），水平分辨率9 km，水平格点数分别为112×117，垂直方向分37层。模式采用NCEP 1°×1°、6 h一次的再分析资料作为初始场。采用RRTM长波辐射方案、Dudhia短波辐射方案、Monin-Obukhov近地面层方案、Noah陆面过程及YSU边界层物理方案和详细的Morrison双参数化微物理方案，Kain-Fritsch对流参数化方案。区域模拟的起始时间为2010年4月20日08时至2010年4月21日14时，共30 h。

（1）模拟的地面降水

模拟得到20日08时—21日08时24 h累计降水量图7.3.1a，从中可知，山西省普遍降水，其中北部小到中雨，达1～20 mm，中南部10～30 mm，降雨量最大的地方处于陕西省北部和河南省北部，最大值达40 mm。由图7.3.1b可知，该时间段内，山西省普遍出现降水，其中北部降小到中雨，主要为7～14 mm，而中南部降水较强，多数为中雨，部分雨量站记录的降水量为大雨，达26～32 mm。河南北部和陕西北部降雨量最大，最大值达40 mm。比较可见，山西省中南部降水与实况接近，山西省北部降水略大于实况，模拟域中降水量最大值模拟略小于实况值，雨带的分布和实况非常接近。

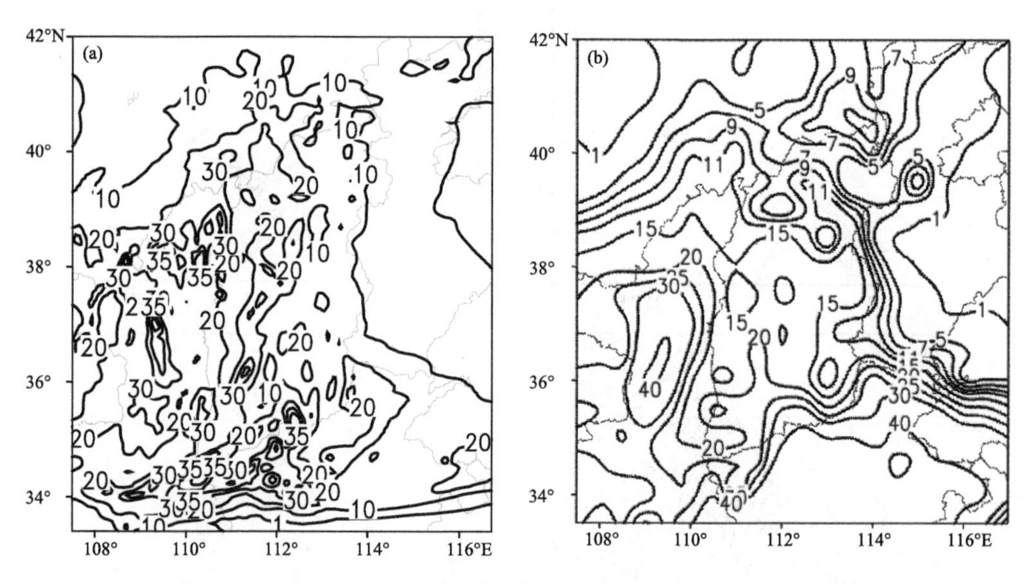

图7.3.1 2010年4月20日08时—21日08时的降水量(mm)分布

(a)模拟值；(b)观测值

模拟和观测降水前期、降水中期、降水末期每2 h降水量见图7.3.2。由图7.3.2a可知，降水前期，山西省仅中南部有少量降水，不足0.5 mm。由图7.3.2b可知，4月20日10—12时，山西中部已出现降水，但降水量很小，多数不足0.5 mm，表明此时云系处于降水的开始阶段。飞机由太原起飞后，经交城和汾阳后返回，包括在3.6 km处的水平探测及返回过程中3.6～5.8 km的爬升和5.8～2.8 km的盘旋下降过程，模拟与实况接近。降水中期，图7.3.2c，模拟得到山西中南部降水量1～4 mm，山西北部降水量0.1～4 mm。由图7.3.2d可知，20日16—18时，山西中部普遍出现降水，降水量为1～5 mm不等。该时间段内，山西飞机主要在3.6 km高度处做了飞行，同时配合在4.2 km和4.8 km处的两架飞机对云系不同层次水平结构分布进行探测。可见模拟山西中南部降水和实况非常接近，但是山西省北部有小部分区域模拟值偏大。降水末期(图7.3.2e)，山西省降水量普遍减少，大部分区域不足1 mm。山西省西部降水量略大，约1～3 mm。比较图7.3.2f，山西中部的降水量明显减少，21日10—12时山西省大部分降水量已减少为不足1 mm，山西省西部降水量略大，约1～3.2 mm。此时，飞机主要在太原—娄烦一带飞行探测，模拟接近实况。总体而言，该模拟结果成功地模拟出该时段的雨带分布域和降水值，可以用此结果分析云的微物理转化和降水机制。

(2)模拟云体发展过程

上升气流的起伏会影响云体的动力结构，进而影响云体的发展，以下得到了降水不同阶段山西省上升气流沿37.735°N的垂直剖面图(图7.3.3)。

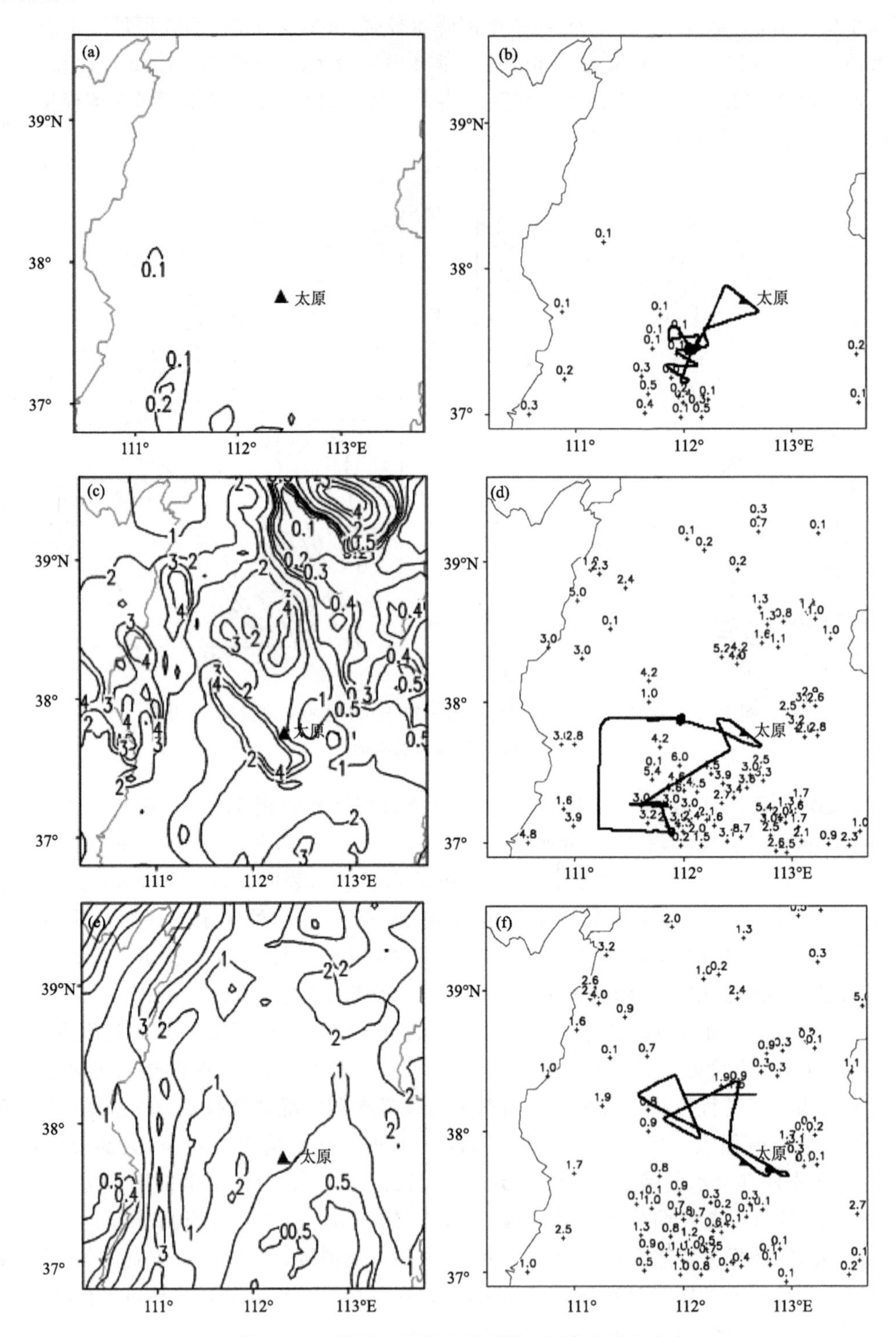

图 7.3.2 模拟和山西飞机观测 2 h 降水量分布

(a)模拟 4 月 20 日 10—12 时;(b)观测 4 月 20 日 10—12 时;

(c)模拟 4 月 20 日 16—18 时;(d)观测 4 月 20 日 16—18 时;

(e)模拟 4 月 21 日 10—12 时;(f)观测 4 月 21 日 10—12 时

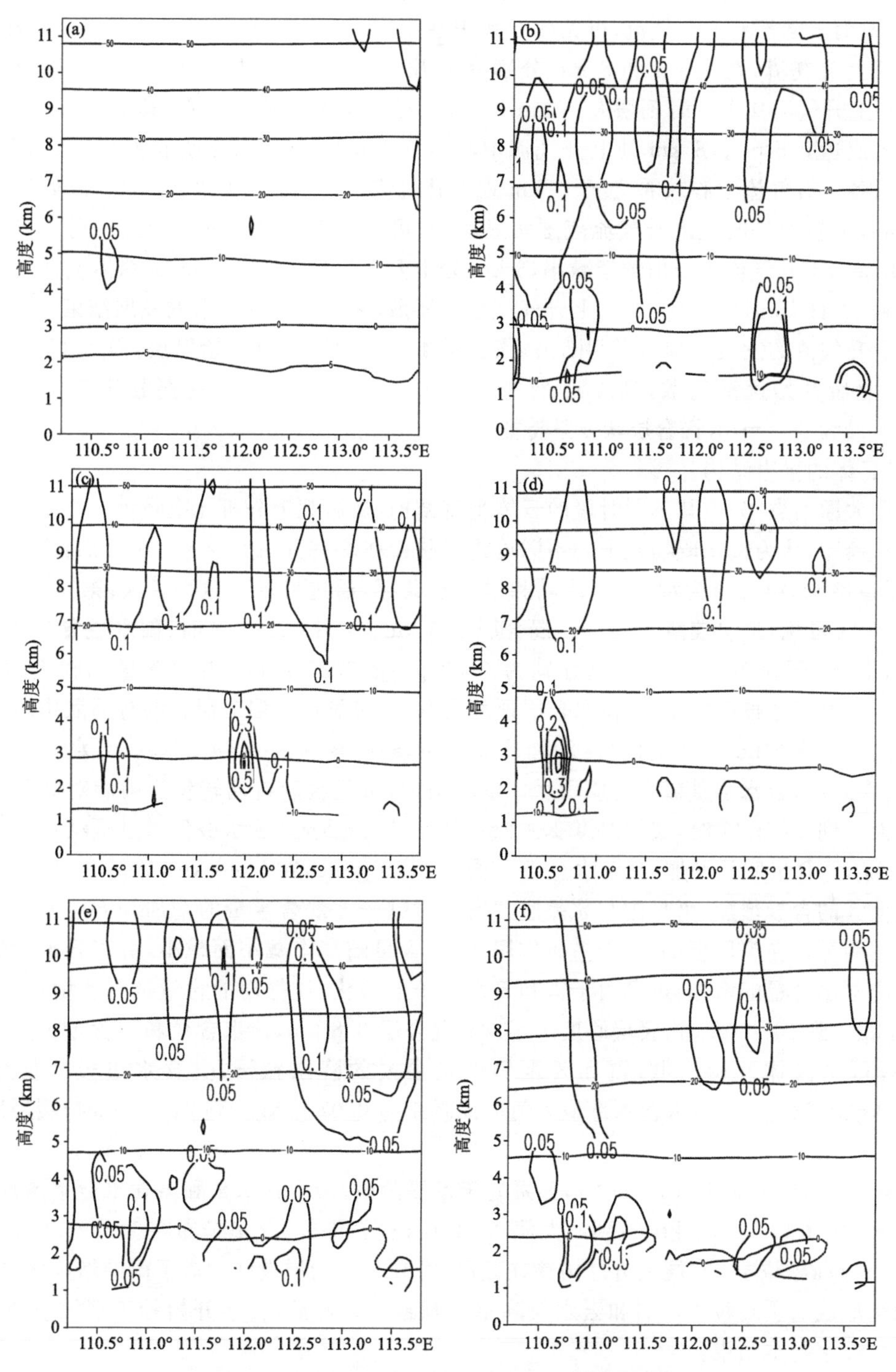

图 7.3.3　沿 37.735°N 上升气流的垂直剖面图

(a)4 月 20 日 10 时;(b)4 月 20 日 14 时;(c)4 月 20 日 18 时;

(d)4 月 20 日 22 时;(e)4 月 21 日 04 时;(f)4 月 21 日 10 时

由图 7.3.3a 可知，4 月 20 日 10 时，该地区在 5.0 km 处有个上升气流中心，中心值 0.05 m/s，而上部没有上升气流，可见此云系正在发展。到 14 时(图 7.3.3b)，2～8 km 存在大范围的上升气流，在 2 km 和 8 km 分别有上升气流中心，最大值 0.1 m/s。到 18 时(图 7.3.3c)，上升气流比上一时刻增大，3 km 和 8 km 处有上升气流的中心，其中 3 km 处的上升气流最大值达 0.5 m/s，8 km 处上升气流中心达 0.1 m/s，表明云系仍在发展。到 22 时(图 7.3.3d)，各上升气流中心减弱，位于 3 km 处上升气流中心减小为 0.3 m/s，8 km 处仍有上升气流中心，但较上一时刻上升气流范围明显减少，可见云系正处于消散阶段。到 21 日 04 时(图 7.3.3e)，上升气流中心值继续减小，3 km 处上升气流减小为 0.1 m/s，总体上升气流强度减弱。到 21 日 10 时(图 7.3.3f)，上升气流分布零散，表明该地区云系的发展结束。

从上升气流的发展过程可以判断出，该云系 4 月 20 日 10 时开始发展，而后 18 时达到旺盛阶段，此后开始逐渐消散，到 4 月 21 日 10 时，云体基本消散。垂直上升气流速度多为 0.1 m/s，最大 0.5 m/s，符合层状云系特征。

(3)云体的垂直结构

选取太原站点，分析其不同时段的云体垂直结构，从微观上分析此次降水。根据顾震潮三层云概念模型，认为按水成物粒子的不同可将层状云在垂直方向上分为三个层次：第一层为冰晶层，无过冷水；第二层为混合层，冰晶和过冷水共存，通过贝吉龙过程长大；第三层为暖层。从图 7.3.4a 可见，暖层较薄，0.9 km，混合层 0.6 km。4 月 20 日 13 时，雨水主要分布在 0℃层以下，雨水、云水的含量极大值分别为 0.22 g/kg、0.38 g/kg，雪的含量比较大，极大值 0.12 g/kg，主要分布在冰晶层，在混合层顶部也有雪，可见冰晶层对混合层有播散作用。

冰晶分布在 7 km 以上，随高度增加冰晶含量增加，极大值 0.04 g/kg。云水在混合层含量增加，在暖层，云水含量减少对应雨水含量的增加，可见云滴自动转化为雨滴对此刻降雨的贡献较大。到 20 日 17 时，暖层厚度 1.4 km，混合层 0.6 km。云水极值通过凝结过程增加到 0.25 g/kg，雪含量明显增加，其含水量极大值达 0.25 g/kg，在 5～8 km，冰晶含水量减小，对应高度上雪的含量增加，可见雪与冰晶碰并增长贡献于雪的含水量的增加。上层云对下层云播撒作用明显。在暖层顶部，由于播撒作用，雪的含量随高度减小而减小，雪和云水含量减小区域对应雨水含量的增加，可见由于雪和云水粒子的转化，使得雨的含量也有所增加，极大值 0.15 g/kg。到 20 日 21 时，暖层厚度 1.1 km，混合层 0.8 km，云水含量和雪含量极大值都有所减小，可见云体开始消散，雪和云水仍然是主要的降水粒子，其含水量极大值分别为 0.22 g/kg、0.22 g/kg，雨水含水量最大值因此减小为 0.07 g/kg。到 21 日 10 时，暖层厚度为 0，降水基本结束。

总体而言，4 月 20 日 13—17 时，云系处于发展阶段，云内含水量和雪含水量呈增加趋势，其中云水 20 日 17 时 2.5 km 达到最大值 0.24 g/kg，顶高 3.5 km，分布在 1.2～3.9 km，雪最大值 0.25 g/kg，位于 0℃层上方。雨滴在暖层，雪和云水的增大区对应了雨的增加区，雪和云水是雨滴形成的主要粒子。雪和云水对降水贡献最大。此后，云系开始趋于消散阶段，到 21 日 10 时，降水基本结束。

(4)降水形成的微物理机制

由上面的分析可知，雪和云水是此次降水的主要粒子，得到雨滴质量产生率。其中 PRA 是雨滴碰并云滴，PRC 是云滴自动转化为雨滴，PSMLT 是雪融化为雨滴，PRACS 是雪和雨碰并。从图 7.3.5a 可见，云体发展初期，2.0～2.9 km 雪的融化形成雨贡献最大，其对雨的质量

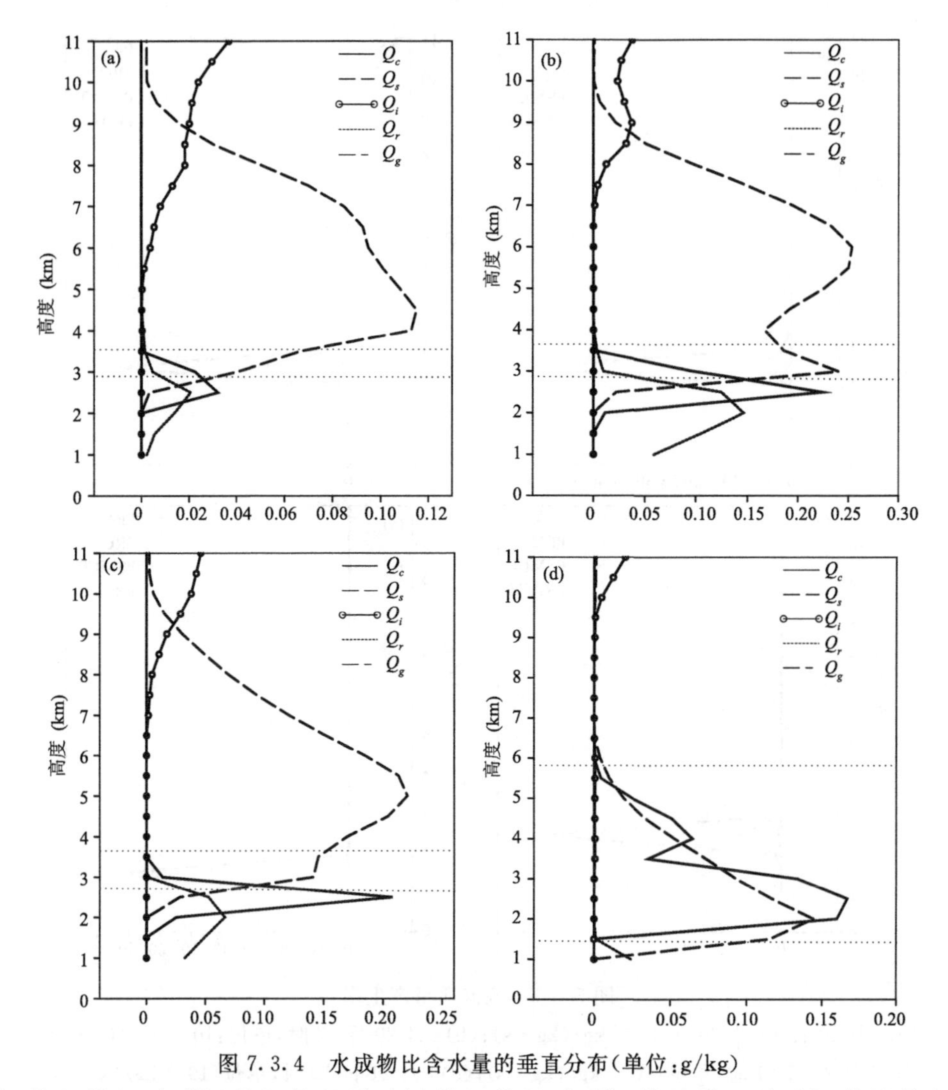

图 7.3.4　水成物比含水量的垂直分布(单位:g/kg)

(a)4 月 20 日 13 时;(b)4 月 20 日 17 时;(c)4 月 20 日 21 时;(d)4 月 21 日 04 时;(e)4 月 21 日 10 时

产生率最大为 5.5×10^{-8} kg/(kg·s),2.9～5.0 km 雪和雨滴的碰并对降雨产生贡献最大,最大值为 5×10^{-9} kg/(kg·s)。到 17 时(图 7.3.5b),2.0～2.9 km 雪的融化对雨的产生贡献仍然最大,质量产生率最大值为 4×10^{-7} kg/(kg·s),其次是雨滴碰并云滴,质量产生率最大值为 1.5×10^{-7} kg/(kg·s),2.9～4.0 km 雪和雨滴的碰并对雨滴质量产生贡献最大,最大值为 0.5×10^{-7} kg/(kg·s),三者的量值较 13 时都有明显增加,可见此阶段降水正在增强。到 21 时(图 7.3.5c),对雨水产生的主要是雪的融化和云滴碰并雨滴,雪和雨的碰并几乎为零。并且,三者的量值较 17 时明显减少,雪的融化和云滴碰并雨滴的质量产生率最大值分别为 2.7×10^{-7} kg/(kg·s),0.5×10^{-7} kg/(kg·s),可见降水正处于消散阶段。到 21 日 10 时,只有雪的融化贡献于雨的形成,最大值为 8×10^{-10} kg/(kg·s)。

每项微物理过程对降水的贡献率见图 7.3.6,以 20 日 18 时为例,2.9～3.5 km 主要是雪和雨滴的碰并,最大值 100%,其次是雪的融化,最大百分比 45%。在 2.2～2.9 km 对雨水产生贡献最大的是雪的融化,极大值 74%,其次是雨滴碰并云滴,最大值 55%,再次是雪和雨的

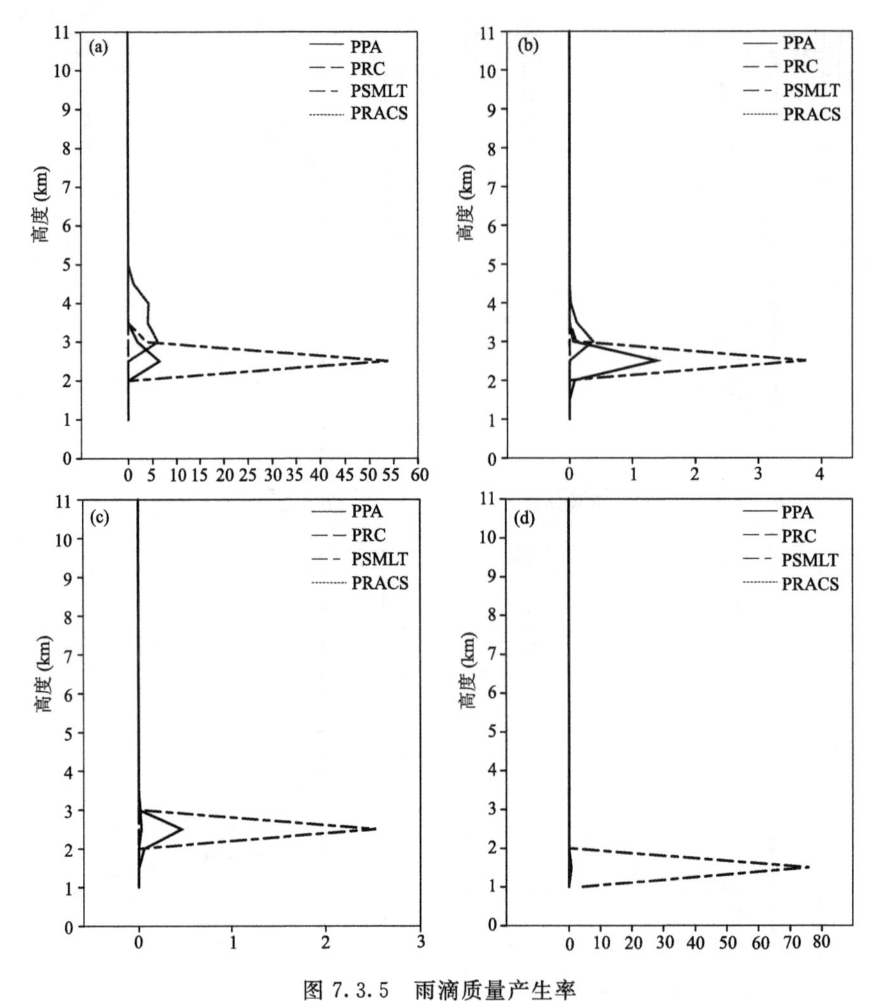

图 7.3.5 雨滴质量产生率

(a)4 月 20 日 13 时,单位:10^{-9} kg/(kg·s);(b)4 月 20 日 17 时,单位:10^{-7} kg/(kg·s);
(c)4 月 20 日 21 时,单位:10^{-7} kg/(kg·s);(d)4 月 21 日 10 时,单位:10^{-9} kg/(kg·s)

碰并,最大值 25%。在 2.0～2.2 km,雪的融化和雨滴碰并云滴贡献各占一半。在 2 km 以下,是由于雨滴碰并云滴造成雨滴的形成,占 100%。

由于雪和云水是此次降水的主要粒子。下面分析雪和云水产生过程。PRAI 是冰晶向雪的自动转化,PRCI 是雪花与冰晶的碰并增长,PSACWS 是雪的结凇增长,PRDS 是雪的凝华增长。比较 20 日 13 时和 20 日 17 时上升气流速度、云水质量增长率、雪质量增长率(图 7.3.7—图 7.3.10)可知,成熟期雪的产生,在 8 km 以上,雪通过凝华增长、雪花与冰晶碰并增长、冰晶向雪的自动转化增长。其中,雪的凝华增长起主要作用,最高所占比例 100%。在 5～8 km,雪花通过凝华增长长大。在 4～5 km,雪花通过凝华增长和冰晶向雪的自动转化增长。在 3～4 km,雪花通过凝华增长和结凇增长长大,凝华增长最高所占比例 100%。上升气流增加会导致第二层过冷水增长,进而导致第二层雪的增加。而上升气流的增加也会导致第一层云水的增加,通过重力碰并也会导致第一层雨水的增加。

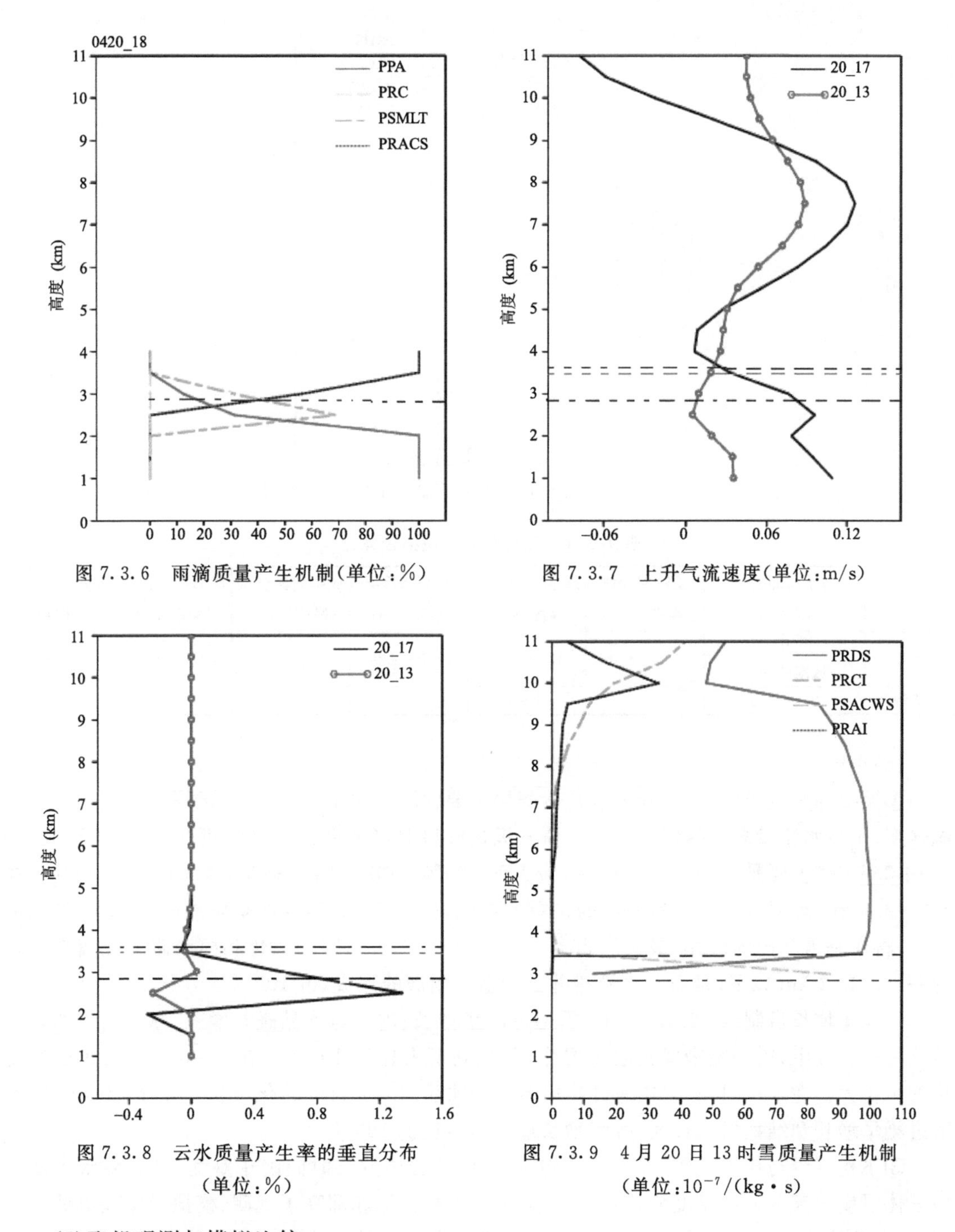

图 7.3.6　雨滴质量产生机制(单位:%)

图 7.3.7　上升气流速度(单位:m/s)

图 7.3.8　云水质量产生率的垂直分布(单位:%)

图 7.3.9　4 月 20 日 13 时雪质量产生机制(单位:10^{-7}/(kg·s))

(5)飞机观测与模拟比较

比较飞机观测云体和模拟结果,得到云体宏观比较表 7.3.1,模拟云体结构与观测有一定误差,主要表现在:降水前期,云体高度已达5.8 km,而模拟此时的云体尚处于发展阶段。降水末期,模拟云体底部高于观测 1.2 km,而云顶低于观测 0.6 km。成熟期混合层顶 3.6 km,观测混合层顶 4.8 km。成熟期 0℃层高度2.9 km,观测为 3.3 km。

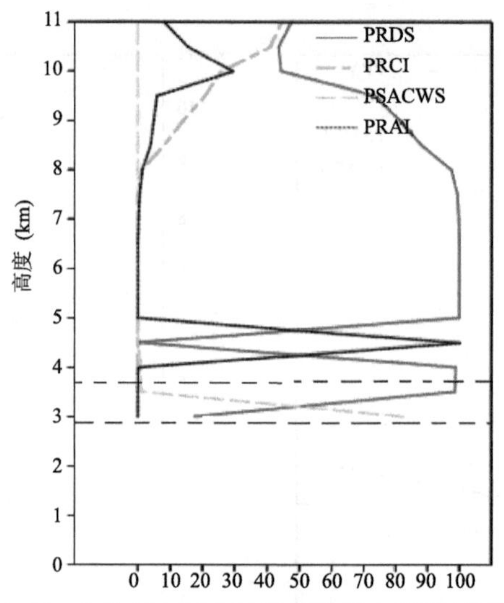

图 7.3.10　4 月 20 日 17 时雪质量产生机制(单位:%)

表 7.3.1　飞机观测与模拟云体比较

100420 个例	降水前期云体 高度(km)	成熟期云体 高度(km)	降水末期云体 高度(km)	成熟期暖层 厚度(km)	成熟期混合层 厚度(km)	成熟期冰晶层 厚度(km)	成熟期 0℃层 高度(km)
模拟	0 云体刚开始发展	1.5～8.0	2.9～4.6	1.5～2.9	3.0～3.6	3.7～8.0	2.9
飞机观测	2.9～5.8	——	1.7～5.2	——	—4.8	——	3.3

(6)小结

①模拟降水粒子特征:雪和云水是冷暖层主要的降水粒子,第二层雪的增长程度受上升气流强度、过冷水含量多少的影响。由云体发展最旺盛时刻的微物理过程可知,雨滴的形成,在 2.9～3.5 km 主要是雪和雨滴的碰并,最大值 100%,其次是雪的融化,最大百分比 45%。在 2.2～2.9 km 对雨水产生贡献最大的是雪的融化,极大值 74%,其次是雨滴碰并云滴,最大值 55%,再次是雪和雨的碰并,最大值 25%。在 2.0～2.2 km,雪的融化和雨滴碰并云滴贡献各占一半。在 2 km 以下,是由于雨滴碰并云滴造成雨滴的形成,占 100%。

②粒子增长机制:在 8 km 以上,雪通过凝华增长、雪花与冰晶碰并增长、冰晶向雪的自动转化增长。其中,雪的凝华增长起主要作用,最高所占比例 100%。在 5～8 km,雪花通过凝华增长长大。在 4～5 km,雪花通过凝华增长和冰晶向雪的自动转化增长。在 3～4 km,雪花通过凝华增长和结凇增长长大,凝华增长最高所占比例 100%。

③飞机观测与模拟比较:在云体结构方面,模拟云体发展时间晚于观测时间,降水末期模拟云体厚度比观测云体厚度薄,误差在 1.8 km,模拟云体底部高于观测,模拟云体顶部低于观测值,误差均约为 1 km。粒子特征方面,模拟混合层雪的形成有很大一部分来源于结凇增长,与观测到的结果一致。

7.3.2　MM5 中尺度云参数化模式模拟试验设计

选择了 2010 年 4 月 19—21 日一次春季层状云降水过程作为分析个例,分别从天气形势、卫星、雷达等观测资料和 NCEP 水汽场再分析资料,重点应用山西省引进的 MM5 中尺度云参数化模式输出的各类云参数产品，对太行山层状云的宏微观结构进行了详细的分析，在此基础上总结出本次层状云降水的宏微观结构特征。

模拟初始场为 T213 预报场资料，分析采用模式模拟的第二套产品，格距为 10 km。因为在实际的人工影响天气工作中，各种云参数的预报结果对于科学选择人工增雨作业区域、作业高度和设计合理的作业航线有重要的指导意义，因此本节重点就该模式的模拟结果做详细分析。

(1)24 h 地面累积降水情况

2010 年 4 月 20 日 08—21 日 08 时，山西省全省出现明显降水，24 h 降雨量在 0.1～35.9 mm之间。其中，文水、临汾市尧都区、汾西、垣曲、万荣、绛县、新绛、沁水、阳城 9 县(市)降大雨，北部局部、中南部大部共 77 个县(市)降中雨，其余县(市)降小雨。图 7.3.11a 为模式预报，图 7.3.11b 为实况降水。可以看到模式预报的降水范围与实况基本符合，全省均有不同程度的降水，较强的降水出现在山西省的中南部地区。

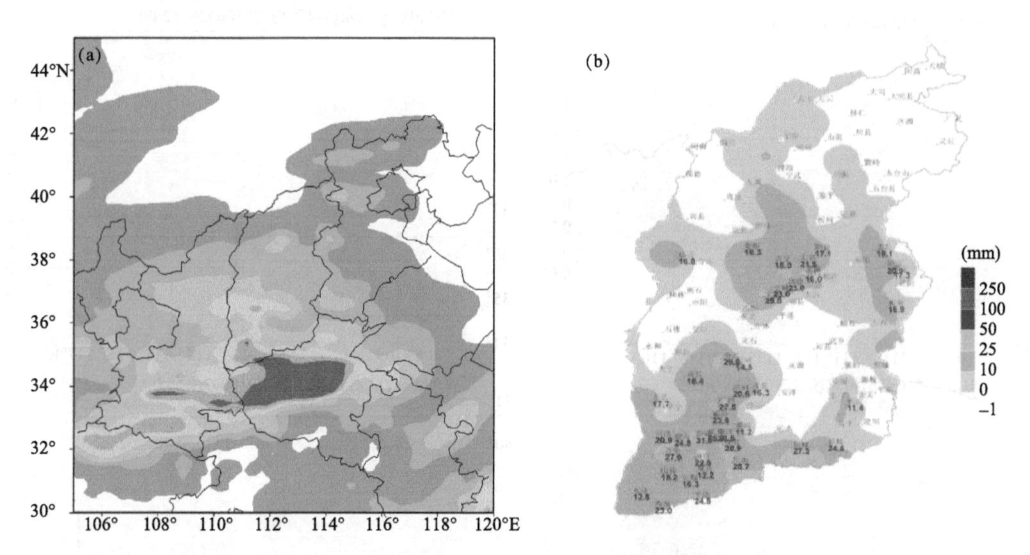

图 7.3.11　2010 年 4 月 20 日 08 时—21 日 08 时 24 h 降水预报(a)与实况(b)对比(单位：mm)

(2)云系的水平分布特征

①4 月 20 日 09—20 时垂直积分云水分布(云系分布)如下。

图 7.3.12 为 2010 年 4 月 20 日 09—20 时垂直积分云水分布。图中可见，20 日 09—20 时，云系自西南移入山西省并且向东北方向移动，山西大部分地区特别是中南部有大范围云系覆盖。

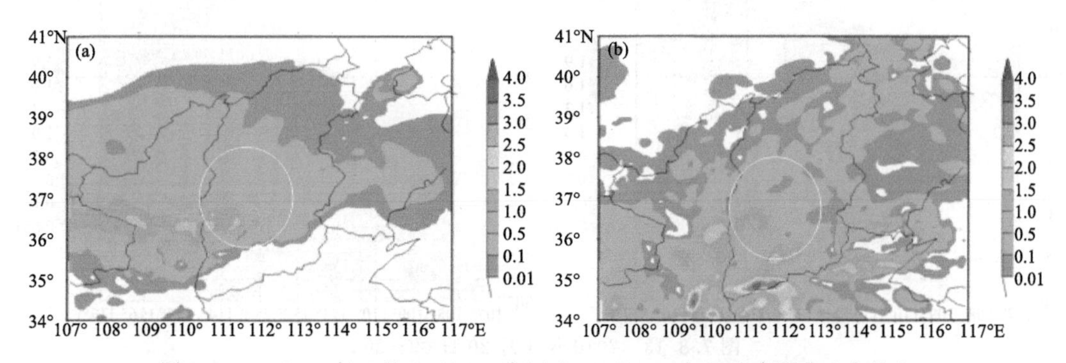

图 7.3.12　2010 年 4 月 20 日 09 时(a)和 20 日 20 时(b)垂直积分云水分布

②图 7.3.13 为 2010 年 4 月 20 日 09—20 时 500 hPa(左列)和 700 hPa(右列)高度云系的水成物总量，阴影部分为比含水量，单位为 g/kg，红色等值线为等温线。

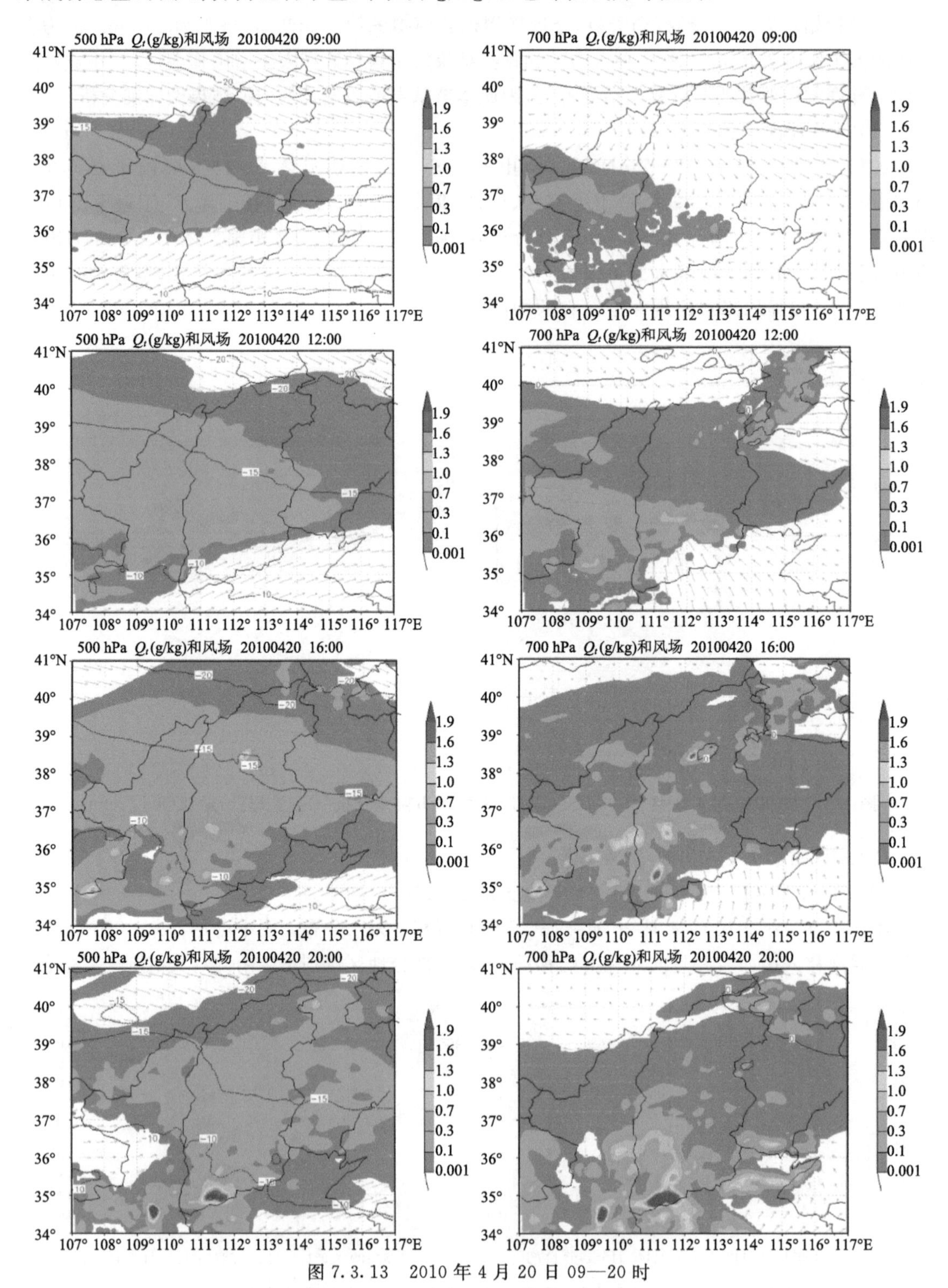

图 7.3.13　2010 年 4 月 20 日 09—20 时
500 hPa(左列)和 700 hPa(右列)高度云系的总含水量 Q_t(g/kg)和风场

从图 7.3.13 中可以看出，4 月 20 日 09 时开始，云系自西向东移入山西省，500 hPa 和 700 hPa高度上云系的水成物总量逐渐增大。500 hPa 的水成物总量分布比较均匀，全省大部分地区水成物的比含水量在 0.1～0.4 g/kg 之间，中南部部分地区存在含水量的大值区，达到 0.7 g/kg，甚至 1 g/kg。而在 700 hPa 高度上，从全省平均状态来看，水成物的比含水量在 0.1 g/kg 左右，中南部很明显存在大值区，最大值超过了 1 g/kg。对比 500 hPa 和 700 hPa 高度的水成物含量分布图，高层各种水成物比含水量分布较为均匀，在几百千米范围内呈均匀的水平分布，且比含水量平均值要略大于低层。700 hPa 高度存在一些小范围的积云体，特别是在山西省的中南部地区，这些小范围的积云体的比含水量明显高于平均状态。

③图 7.3.14 为 4 月 20 日 09 时和 20 时 700 hPa 以下水汽垂直积分。

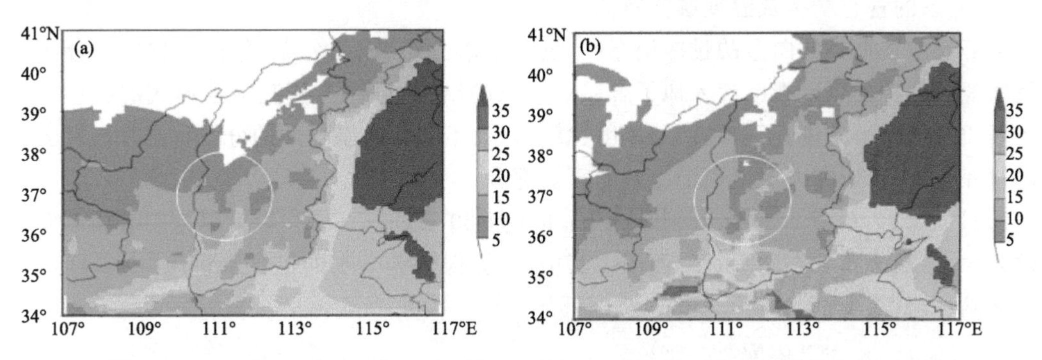

图 7.3.14　4 月 20 日 09 时(a)、20 日 20 时(b)700 hPa 以下水汽垂直积分(kg/m²)

从图 7.3.14 中 20 日 09 时和 20 日 20 时 700 hPa 以下水汽的垂直积分图可见，山西省上空特别是中南部地区上空，水汽含量在逐渐增多。

④图 7.3.15 为 4 月 20 日 09 时和 20 日 20 时 500 hPa 云水分布图。其中阴影部分为云水的比含水量，单位为 g/kg，红色等值线为等温线。从图中等温线可以看出，温度在 −15～−20℃，因此 500 hPa 的云水分布可以看作为高空过冷水的分布状态。

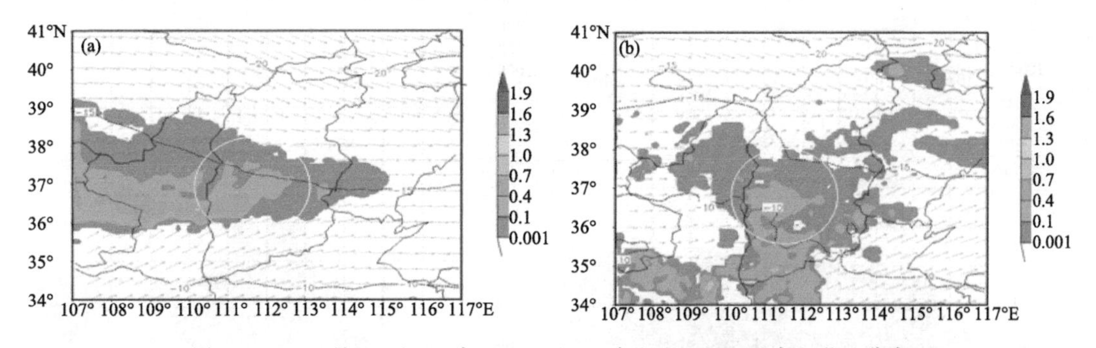

图 7.3.15　4 月 20 日 09 时(a)、20 日 20 时(b)500 hPa 云水(g/kg)分布

图 7.3.16 为 500 hPa 高度冰晶数浓度分布图，图中阴影部分为冰晶数浓度分布状态。

从图 7.3.15 和图 7.3.16 可见，4 月 20 日 09 时山西中南部地区上空出现过冷云水并逐渐丰富，到 20 日 20 时，山西省中南部有大范围过冷水覆盖，过冷水含量多集中于 0.1～0.4 g/kg之间，部分区域可达 0.7 g/kg。从 500 hPa 冰晶数浓度分布图(图 7.3.16)来看，冰晶数浓度相对较少。

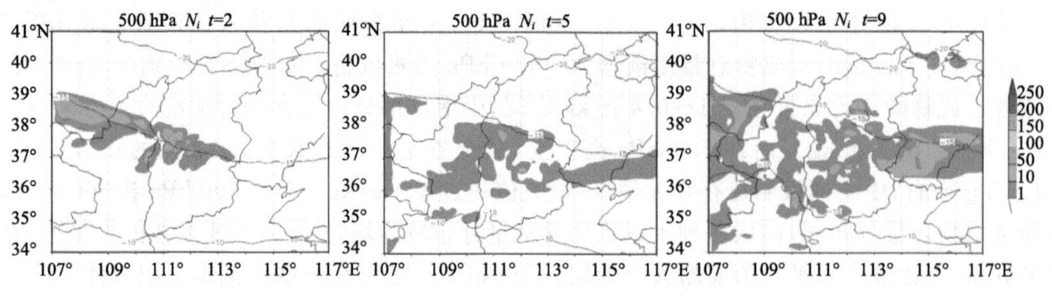

图 7.3.16　4 月 20 日 08 时—20 日 20 时 500 hPa 冰晶数浓度(个/L)分布

(3)云系的垂直结构及温度层结特征

了解云系在垂直方向上的过冷层厚度、过冷云水分布、冰晶分布、各种湿物质的分布状态以及温度层结特征可以帮助深入地了解层状云系的结构,进一步研究降水形成的机理。对于人工增加有效降水来说,了解过冷层厚度、高度以及不同状态湿物质的分布状态是研究云水转化的过程,进一步研究人工增雨潜力区的重要部分。

①图 7.3.17 和图 7.3.18 分别是 2010 年 4 月 20 日 09—20 时,以太原为中心的纬向和经向的云水、冰晶分布状态的垂直剖面图。其中,阴影部分为云水的比含水量(g/kg),红色等值线为冰晶数浓度(个/L)。

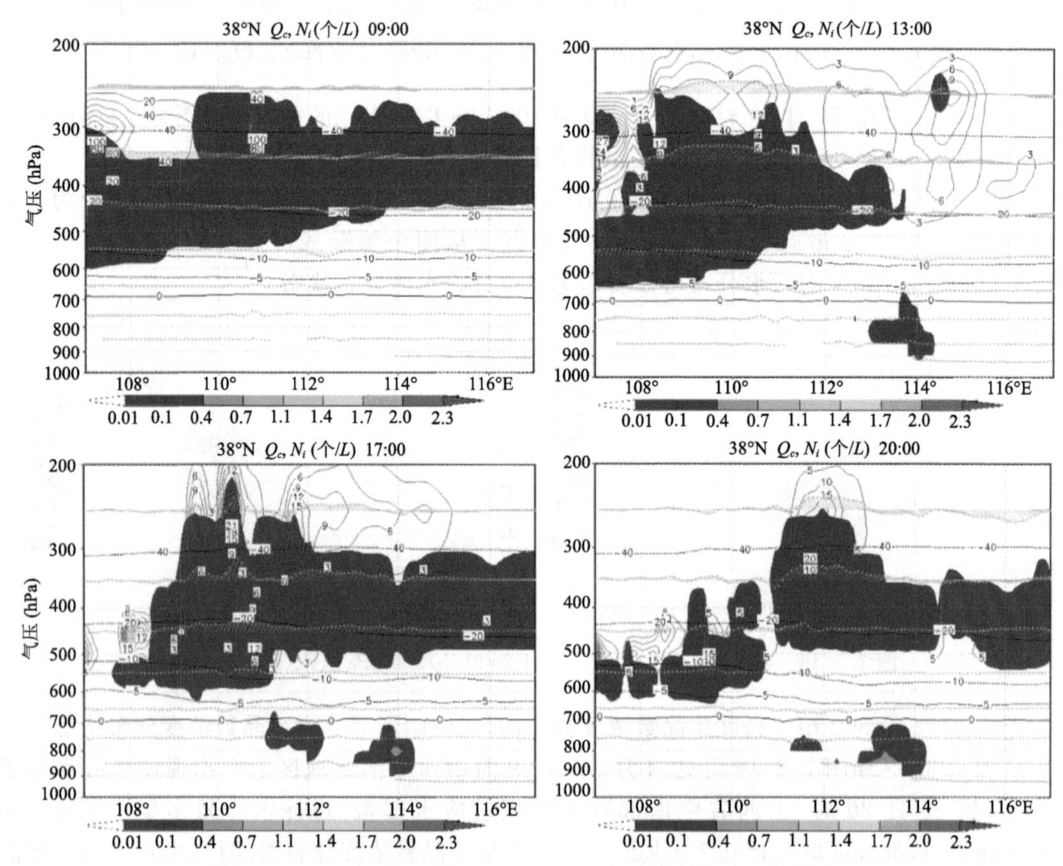

图 7.3.17　2010 年 4 月 20 日 09—20 时,以太原为中心的纬向的云水(Q_c)、冰晶(N_i)分布状态的垂直剖面图

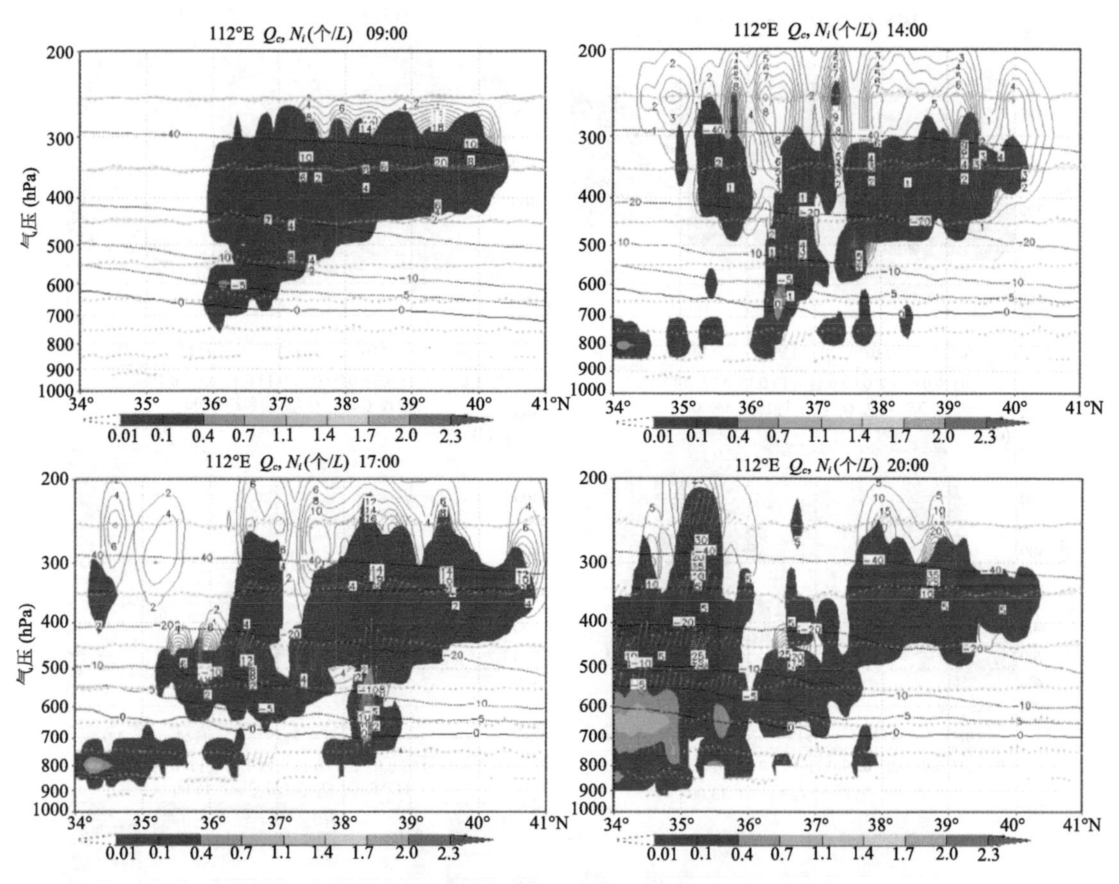

图 7.3.18　2010 年 4 月 20 日 09—20 时，以太原为中心的经向的云水(Q_c)、冰晶(N_i)分布状态的垂直剖面图

图 7.3.17 为 2010 年 4 月 20 日 09—20 时，以太原为中心的沿 38°N 的云水、冰晶分布状态的垂直剖面图。从图中可以看到，过冷云水区的高度一般都在 700 hPa 以上，含有丰富的过冷云水的厚度约为 6000 m，过冷云水的比含水量为 0.4 g/kg 左右。在 500 hPa 高度以上，分布有大量的不均匀的冰晶。

图 7.3.18 为 2010 年 4 月 20 日 09—20 时，以太原为中心的沿 112°E 的云水、冰晶分布状态的垂直剖面图。从图中可以看到，云水分布不均匀，过冷云水区的高度一般都在 700 hPa 以上，从 09 时到 20 时，800～600 hPa 高度的过冷云水含量逐渐丰富，过冷云水的比含水量的大值区约为 0.7 g/kg，最高值可达 1 g/kg。大量的冰晶分布在 500 hPa 高度以上。

②图 7.3.19 为 2010 年 4 月 20 日 10—20 时，以太原为中心的经向和纬向的雪、霰、雨水的垂直分布状态剖面图。其中，阴影部分为雪的比含水量(g/kg)，红色等值线为霰的比含水量(g/kg)，绿色等值线为雨的比含水量(g/kg)。

从图 7.3.19 中可以看出，云底约在 1.5 km，云底温度约为 5℃，0℃位于700 hPa高度以上(3 km 以上)，云水层非常深厚，厚度约在 6000 m 以上。云中有较强的垂直上升气流，上升速度大的区域，冰雪晶含量较大。在冷区有大量的冰雪晶，向上可以伸展到−40℃以上，雪的比含水量的大值出现在 0℃层以上，3.0～9.0 km 高度之间，最大值可以达到0.21 g/kg。从图中可以

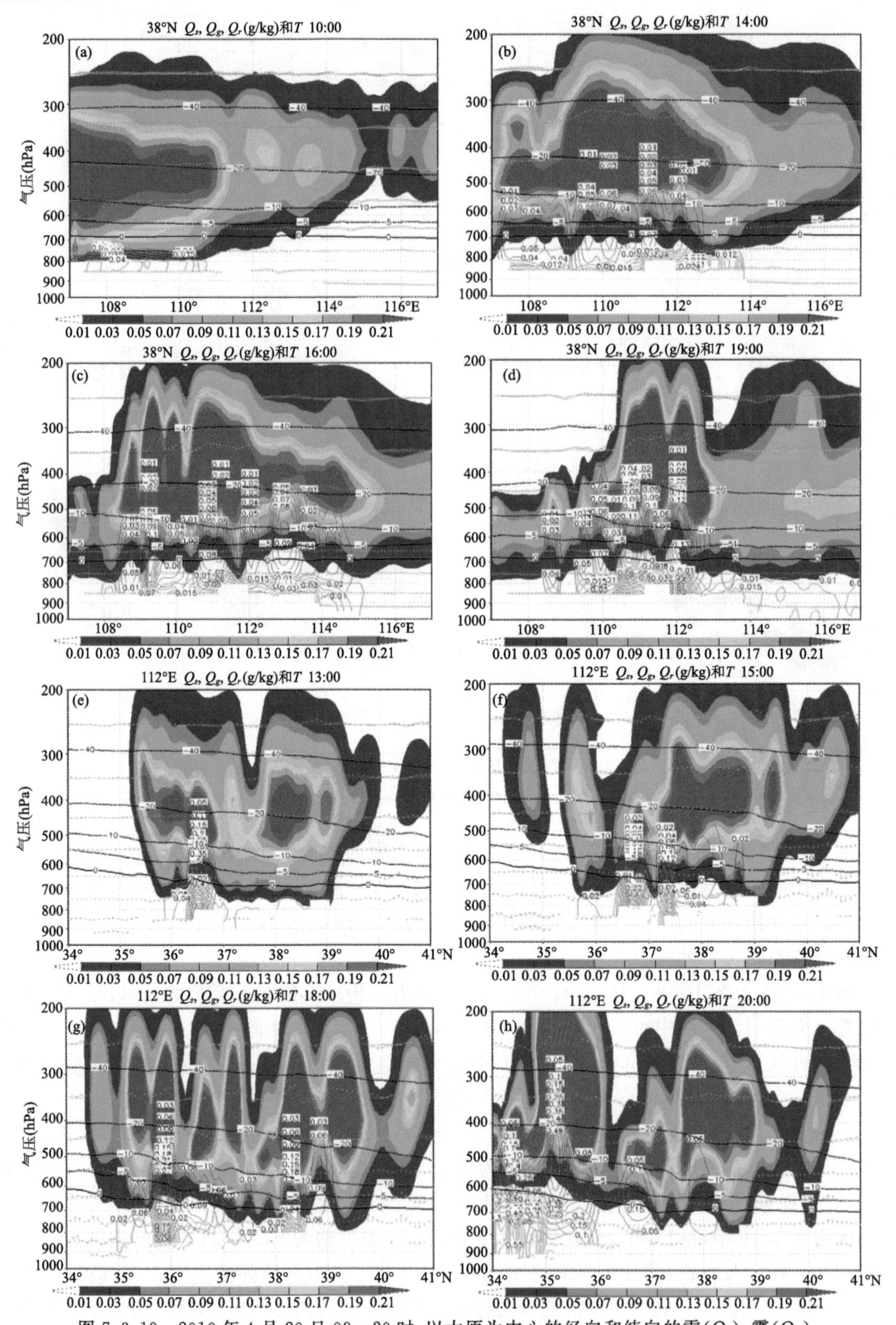

图 7.3.19　2010 年 4 月 20 日 09—20 时，以太原为中心的经向和纬向的雪(Q_s)、霰(Q_g)、雨水(Q_r)的垂直分布状态剖面图

看到，霰主要位于升速较大、有大量过冷云水存在的区域，霰的比质量最大可达 0.45 g/kg（图 7.3.19d），霰粒下落到 0℃以下融化形成雨水。雨水主要存在于 0℃以下，最大值为 0.55 g/kg，雨水强度水平分布不均匀，过冷雨水较多；地面降水主要由过冷雨水形成，有大量冰相粒子参与了降水。

（4）云系的微物理结构研究

根据 4 月 20 日山西省上空层状云系的分布情况，本处选择了太原（37.867°N，112.55°E）、汾阳（37.15°N，111.47°E）和文水（37.26°N，112.14°E）三个站，用数值模拟的数据绘制了各单站上空的云系中各种水成物粒子的比含水量的垂直分布图，来分析各种水成物粒子在云系的不同高度的分布状态。

①图 7.3.20 为太原单站上空的各种水成物粒子的分布图。图中用不同的线型代表不同的水成物粒子的比含水量（Q_c 代表云水，Q_r 代表雨水，Q_g 代表霰，Q_s 代表雪，Q_i 代表冰晶）。

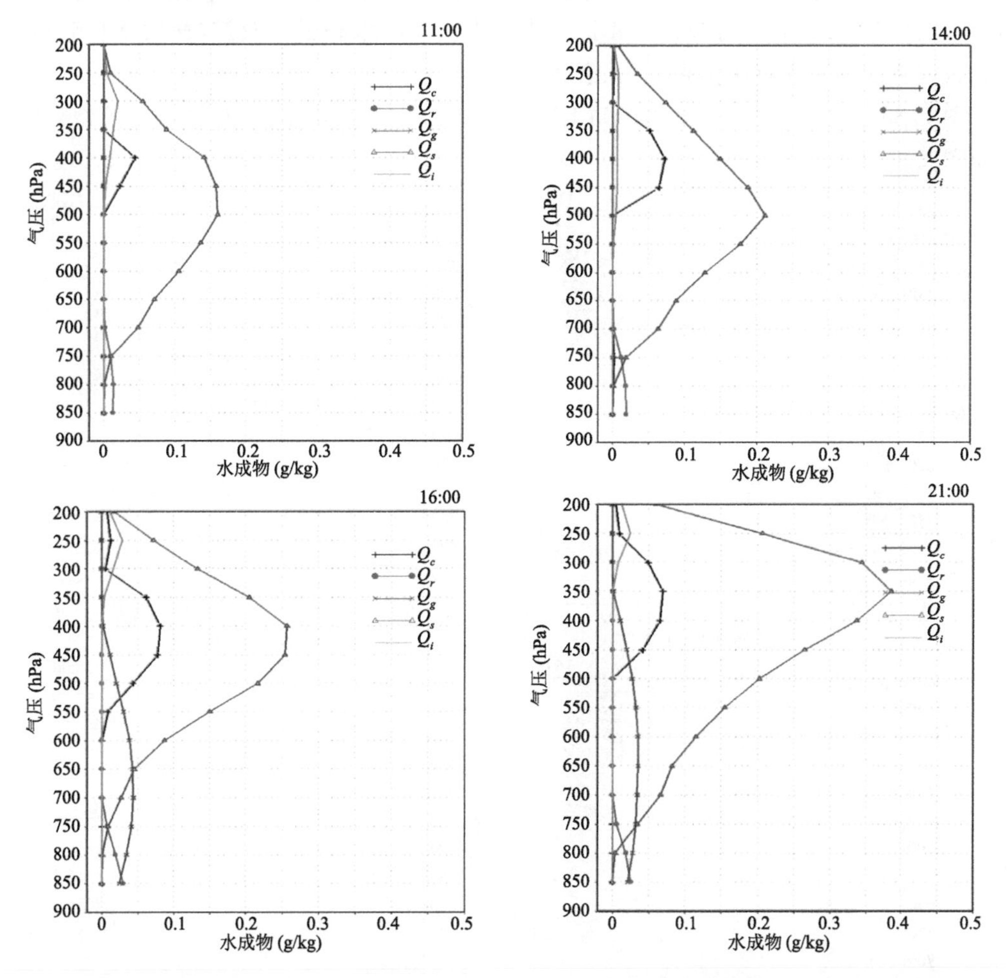

图 7.3.20　2010 年 4 月 20 日 11—21 时太原单站上空的各种水成物粒子（g/kg）的分布图

图 7.3.20 中可以看出，太原上空云内大量的云水主要分布在 500 hPa 高度以上，几乎全部为过冷云水，降水属层状冷云降水。云水分布连续，有一个峰值，云水含量峰值位于 350～450 hPa 之间，最大值接近 0.1 g/kg。此外，可以清楚地看到，云内雪含量也非常高，厚度较

广，深厚的雪层从 700 hPa 一直延伸到 200 hPa 附近，表明云内冷云过程很强。雪的分布连续，有一个峰值，峰值位于 500～350 hPa 之间，峰值为 0.2～0.4 g/kg。而且，雪的峰值所在高度区与过冷云水的峰值区高度有很好的对应。雪层的上、下方分别为少量的冰晶和霰。冰晶主要分布在 350 hPa 以上的高空，基本上都是一个峰值，峰值最大约为 0.03 g/kg。大量的雪经高层降落的冰晶转化生成后，淞附过冷水增长，并不断向霰转化。11 时和 14 时的图中，霰几乎没有。16 时和 21 时的图上可以看出，霰的含量开始逐渐增大。两个时次的图中，霰的含量都是从 400 hPa 高度以下开始逐渐增加，在 700 hPa 高度左右达到峰值，峰值约为 0.05 g/kg。雨水均出现在700 hPa高度以下，且雨水的含量向下逐渐增大，在 850 hPa 增至最大。

从雨水、云水及各种冰相粒子含水量的配置分析可知，云内冷云过程很强，也存在一部分暖云过程。雨水主要来自于高空冰晶、雪、霰等冰相粒子的融化，另一方面也来自于部分云水的转化。云水存在范围对应于高含量的雪，这样，雪通过淞附大量过冷云水得以迅速增长。霰来自于雪的转化，并通过撞冻过冷云水进一步长大。由雨水和云水及雪、霰的垂直分布可知，该位置云内降水主要出自于大量的雪、霰融化。

②图 7.3.21 为 4 月 20 日汾阳单站上空 11 时、15 时、16 时和 20 时的各水成物粒子的垂直分布图。

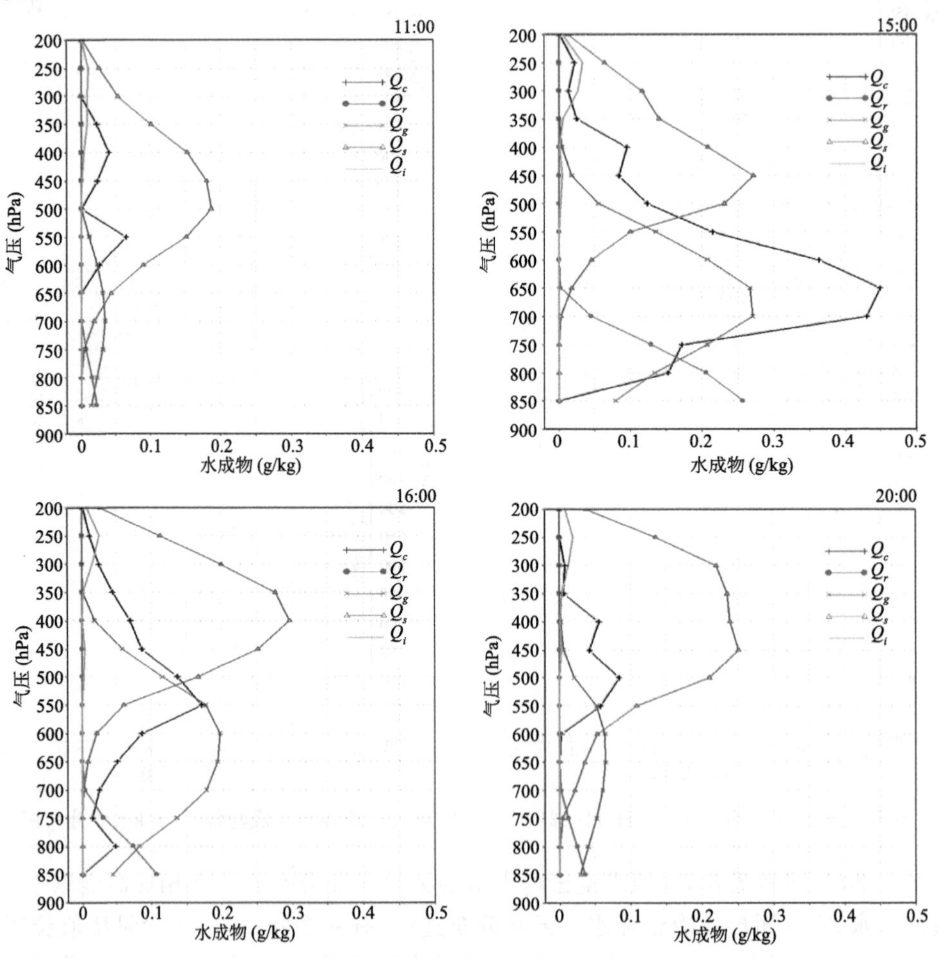

图 7.3.21　2010 年 4 月 20 日 11—20 时汾阳单站上空的各水成物粒子的分布图

从图 7.3.21 中可以看到,11 时汾阳上空云内少量的冰晶出现在 350 hPa 以上的高空,最大值约为 0.03 g/kg。大量的云水主要分布在 650～300 hPa 高度之间,以过冷云水为主。云水分布不连续,有两个峰值,分别出现在 550 hPa 和 400 hPa 附近,峰值含量为0.07 g/kg和 0.05 g/kg,在 500 hPa 处,云水含量最小接近于 0,可能是云系存在分层现象。并且,四个时次的图中都可以非常明显地看到,云内雪含量非常高,深厚的雪层从 700 hPa 一直延伸到高空,说明云内冷云过程很强,降水以冷云降水为主。雪的分布连续,峰值大约位于 500～350 hPa 之间,峰值约为 0.3 g/kg。雪的峰值所在高度区与过冷云水的峰值区高度对应不是很好。11 时和20 时的图中,云水呈双峰分布,峰值存在范围基本对应于高含量的雪;而 15 时和 16 时的图中,云水含量的峰值区高度明显低于雪的峰值区。雪的峰值出现在 400～500 hPa 高度,而云水含量峰值出现在 650～550 hPa 的高度。400 hPa 高度以下,霰的含量明显增大,特别是 15 时和 16 时,霰的峰值含量很高,峰值出现的高度在 700～600 hPa 之间,峰值达到了 0.25 g/kg 以上,呈单峰分布;在 850 hPa,霰的含量减少至最低。雨水同样都是出现在 700 hPa 高度以下,并且雨水的含量向下逐渐增大,特别是 15 时和 16 时的图中,雨水含量非常大,对照单站逐时降水资料,此时段的降水也是相对较强的。

从汾阳上空各种水成物粒子分布状况分析,仍然是以冷云降水为主。15 时、16 时雪和云水的高低空配置可以考虑为雪在下降的过程中部分融化为过冷云水,使得过冷云水含量有所增大。霰来自于雪的转化,并通过撞冻过冷云水进一步长大。雨水仍然主要来自于高空冰晶、雪、霰等冰相粒子的融化和部分云水的转化。

③图 7.3.22 为 4 月 20 日文水单站上空 11 时、15 时、16 时和 20 时的各水成物粒子的垂直分布图。

图 7.3.22 中可以看出,文水上空云内大量的云水主要分布在 650 hPa 高度以上,大部分为过冷云水。云水分布连续,15 时和 17 时呈双峰分布,说明云中过冷水分布存在不均匀性。云水含量峰值位于 400～600 hPa 之间,最大值为 0.1 g/kg。雪含量也非常高且深厚,表明云内冷云过程很强。雪的分布连续,有一个峰值,峰值位于 500～350 hPa 之间,峰值最大达到 0.4 g/kg。11 时、15 时、17 时雪的峰值所在高度区与过冷云水的峰值区高度有很好的对应。冰晶主要分布在 350 hPa 以上的高空。大量的雪经高层降落的冰晶转化生成后,淞附过冷水增长,并不断向霰转化。15 时之后的图上可以看出,霰的含量自 400 hPa 高度开始出现并随着高度降低而逐渐增大。特别是 21 时的图中,霰的含量非常丰富,最大值接近0.25 g/kg。并且该时刻图中云水的最大值出现的高度较雪的峰值高度低了约 4000 m,说明雪在下降的过程中部分融化为过冷云水。霰也来自于雪的转化,并通过撞冻过冷云水进一步增加。雨水仍然是出现在 700 hPa 高度以下,并且雨水的含量随时间向下层逐渐增大。

2010 年 4 月 20 日的降水过程以层状冷云降水为主,云中过冷水含量丰富,过冷区均位于 3 km,厚度约在 6000 m 以上,云中有较强的垂直上升气流,上升速度大的区域,冰雪晶含量较大。过冷层的温度在−40～0℃之间,过冷云水的比含水量均在 0.1 g/kg 以上,最大值可达 0.7 g/kg。本次降水的层状云系存在三层结构,第一层为冰晶和雪晶,主要分布在 350 hPa 高度以上;第二层为深厚的云水、雪、霰,主要分布在 700 hPa 高度以上,厚度均达到 4000 m 以上;第三层为暖区的雨水,出现在 700 hPa 以下。

从各个单站各种冰相粒子含水量的配置分析可知,本次降水过程云系内冷云过程强,属层状冷云降水过程。高空存在少量的冰晶,冰晶由冰核核化和冰晶繁生产生,凝华增长;雪晶主

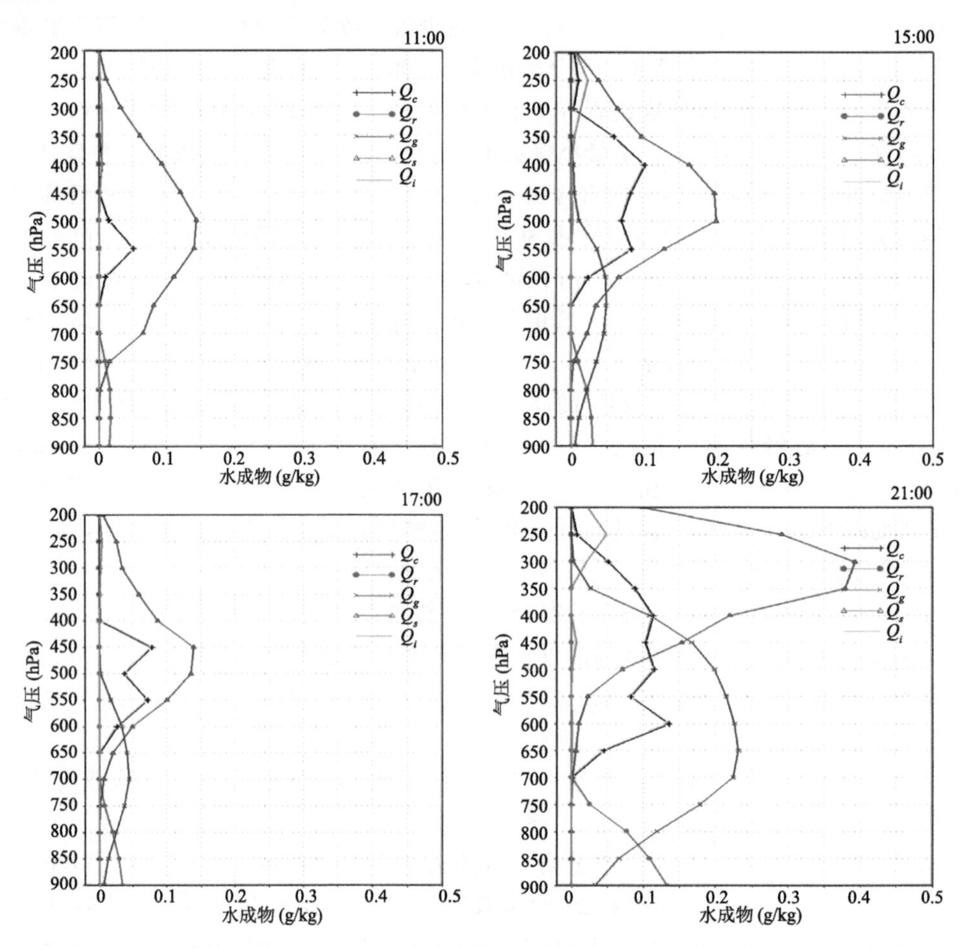

图 7.3.22　2010 年 4 月 20 日 11—21 时文水单站上空的个水成物粒子(单位:g/kg)的分布图

要依靠冰晶转化产生,通过淞附增长;深厚的雪层通过淞附大量过冷云水得以迅速增长;霰来自于雪的转化,然后主要通过淞附云水增长;云水和霰是雨水增长的主要来源。由雨水和云水及雪、霰的垂直分布可知,大量的地面降水主要来自于高空冰晶、雪、霰等冰相粒子的融化,也有一部分降水来自于云水的转化。

(5)模式模拟结果与飞机机载观测仪器的观测数据对比

MM5 云模式生成的各种云物理量产品主要为温度场、风场、高度场、水汽场和各种云中水成物粒子的水平和垂直分布状况,对于冰晶,模式产品可以给出一定高度的冰晶数浓度,对于其他水成物粒子,模式产品可以给出各类粒子的比含水量;而机载云物理探测系统取得的数据和图像资料为温度场、湿度场、高度、航速以及各类云雨粒子的大小、图像和浓度分布状况。加上飞机探测受空域、气象条件等制约,不能随时随地飞行取样,将二者直接进行对比是不科学的。项目组针对一些两者皆有的物理量,例如温度、湿度、高度以及不同高度层各类粒子的相态进行了对比分析,得到了初步的结论。

2010 年 4 月 20 日,山西太原装有 DMT 云粒子探测设备以及高精度温湿度仪的增雨飞机在山西省人工增雨试验区上空进行了两次云物理探测飞行。第一次飞行时间为 10 时 11 分至 12 时,第二次飞行时间为 15 时 25 分至 18 时 30 分。下面分别对着两次飞行机载仪器所取得的一些数据和 MM5 云模式模拟的数据进行对比分析。

①2010 年 4 月 20 日第一次飞行

4 月 20 日上午 10 时 11 分飞机从太原武宿机场起飞，飞机边作业边探测，航线首先采用在 3600 m 高度云中平飞的方式，航线采用折线飞行从交城到汾阳以东 20 km，然后穿云爬升至约 5900 m(文水附近)观测，11:22:48 起在云顶平飞，随后云中盘旋下降。图 7.3.23 为本次飞行的航线。

图 7.3.23 2010 年 4 月 20 日第一次飞行航线图

(a)空中温湿度随高度的变化

该飞机安装了 ZZW-1 型总温测量仪和 GWS-1 湿度测量仪，用于测量大气温度和湿度，该套仪器的测量范围：−40～+120℃；精度：±(0.5+0.005|t|)℃；飞行速度范围：0～272 m/s；响应时间：不大于 2 s(图 7.3.23)。图 7.3.24 为本次飞行的飞行高度以及该仪器采集到的温湿度数据随飞行时间的变化图，从上至下依次为飞行高度随时间变化、温度随时间变化和湿度随时间变化的示意图。

从上图 7.3.24 可见，飞机在 3600 m 左右飞行的时段，温度大约在 −3℃，0℃层大约在 3200 m，5000 m 以上，温度降至 −8℃以下，5520 m 时，温度值为 −9.2℃，当飞行高度达到最高点 5870 m，温度降至 −10℃以下；整个飞行过程中，湿度条件一直较好，飞行高度在 3600 m 左右时，相对湿度值在 80%以上，当飞行高度在 4000 m 以上时，由于冰雪状粒子的增多，湿度有所下降，飞行高度达到顶点时，温度值达到最低，湿度值也下降至 70%左右，飞机返航时随着飞行高度的逐渐降低，温度不断升高，湿度值也逐渐增大，飞行高度在 2000 m 左右时，湿度值达到最大。

图 7.3.25 为 2010 年 4 月 20 日 10 时、12 时，以太原为中心的经向的雪、霰、雨水的垂直分布状态剖面图。其中，阴影部分为雪的比含水量(g/kg)，红色等值线为霰的比含水量(g/kg)，绿色等值线为雨的比含水量(g/kg)，黑色等值线为等温线。

从图 7.3.25 中可见，地面此时已经有降水，降水以雨水为主并有少量冰相粒子参与降水；从 800 hPa 开始，空中各种水成物开始增多，湿度较大。0℃层出现在 700 hPa(3100 m)左右，

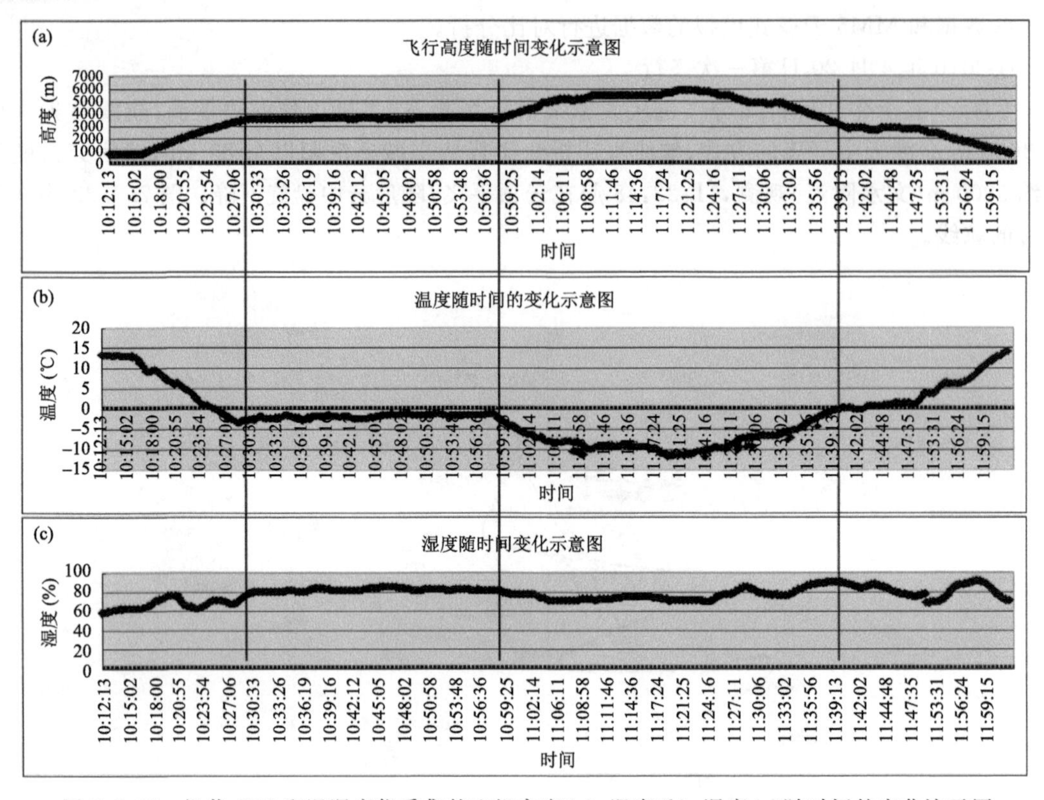

图 7.3.24　机载 GPS 和温湿度仪采集的飞机高度(a)、温度(b)、湿度(c)随时间的变化演示图

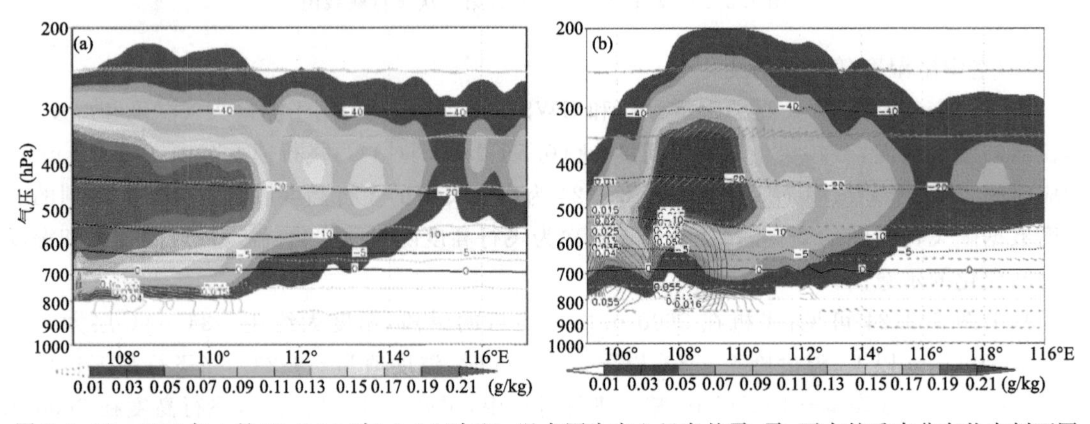

图 7.3.25　2010 年 4 月 20 日 10 时(a)、12 时(b)，以太原为中心经向的雪、霰、雨水的垂直分布状态剖面图

−5℃层出现在接近 600 hPa(约 4300 m)左右，−10℃层出现在接近 500 hPa(约 5600 m 以上)的高度。对比模式产品和飞机探测数据中温度和高度的情况，两者基本吻合。表 7.3.2 为第一次飞行飞机探测与数值模拟温度高度对照表。

表 7.3.2　第一次飞行飞机探测与数值模拟温度高度对照表

	0℃层	−5℃层	−10℃层
飞机探测	3075～3102 m	4234～4337 m	5600～5633 m
数值模拟	3100 m 左右	4300 m 左右	5600 m 左右

(b)机载 DMT 仪器观测到的不同高度的粒子图像与模式模拟结果对比

采用 CIP 和 PIP 两个探头所取得的粒子图像资料进行对比分析。图 7.3.26a 为 CIP 探测到的二维云粒子图像，从下往上依次为 2200 m、3660 m、5206m、5785 m 飞机上升阶段，以及 2910 m 和 2000 m 飞机下降阶段的云粒子图像。从图中可以看到，在 2200 m 时，云中粒子多为圆形和椭圆形的液态云滴，到了 3660 m(0℃层以上)，云中粒子为柱状和一些不规则形状固态粒子，在 5206 m 高度(约－8℃)云中粒子为枝状和雪花状粒子，再往上到了 5785 m(－10℃)，云中粒子已经多为冰晶状粒子；下降过程中 2910 m(接近 0℃层，0.5℃左右)，云中粒子为圆形粒子和枝状雪晶粒子共存的状态，而到了 2000 m(6.5℃左右)，以液态大云滴粒子为主。

图 7.3.26b 为 PIP 探测到的雨滴粒子图像，从下往上依次为 787 m(地面)，1100 m、3640 m、5860 m 高度的粒子图像。可以看到，近地面为已经有降水；1100 m(10℃左右)，以圆形和椭圆形的小雨滴为主，同时存在一些不规则状粒子，可以考虑为少量的雪、霰等冰相粒子；到了 3640 m(－3℃左右)，几乎全部为枝状和辐射状不规则的冰雪态粒子；再往上 5510 m(约－9℃)，粒子以冰晶为主，还有少量雪状粒子存在；到了 5860 m(－10℃以下)，已经全部为冰晶。

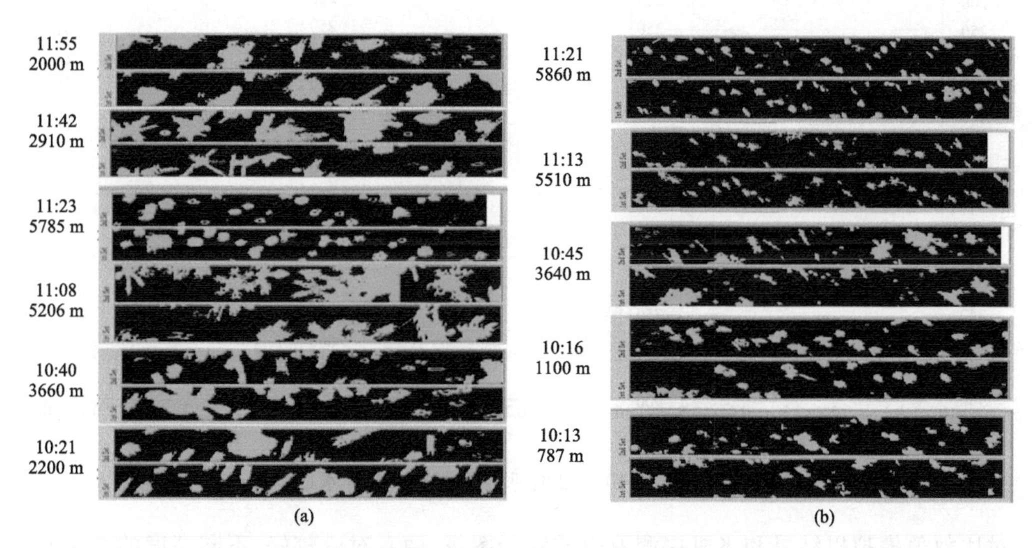

图 7.3.26　机载 CIP(a)和 PIP(b)探测到的云和降水粒子的二维粒子图像

本次飞行是从汾阳偏东开始从 3600 m 左右高度开始爬升至约 5900 m，并在文水附近开始盘旋下降，因此选择汾阳和文水当日 10—12 时垂直方向上云中各种水成物粒子的数值模拟结果来与机载探测的粒子图像做对比。图 7.3.27 和图 7.3.28 分别为 2010 年 4 月 20 日 10—12 时汾阳和文水上空垂直方向上云中各种水成物粒子分布情况的数值模拟结果(图中 Q_c 为云水，Q_r 为雨水，Q_g 为霰，Q_s 为雪，Q_i 为冰晶)。

从图 7.3.27、图 7.3.28 中可以看出，10—12 时地面已有降水，降水都是出现在 700 hPa(约 3100 m)以下，以液态降水为主，同时有少量的霰状粒子存在，说明有部分冰相粒子参与了降水；700 hPa 高度以上，雪状粒子开始逐渐增多，在 550～450 hPa(5000 m 左右)达到峰值，再往上雪状粒子逐渐减少，并且与大量雪状粒子共存的还有一些云水，云水分布不均匀；少量的冰晶出现在 450 hPa 以上。

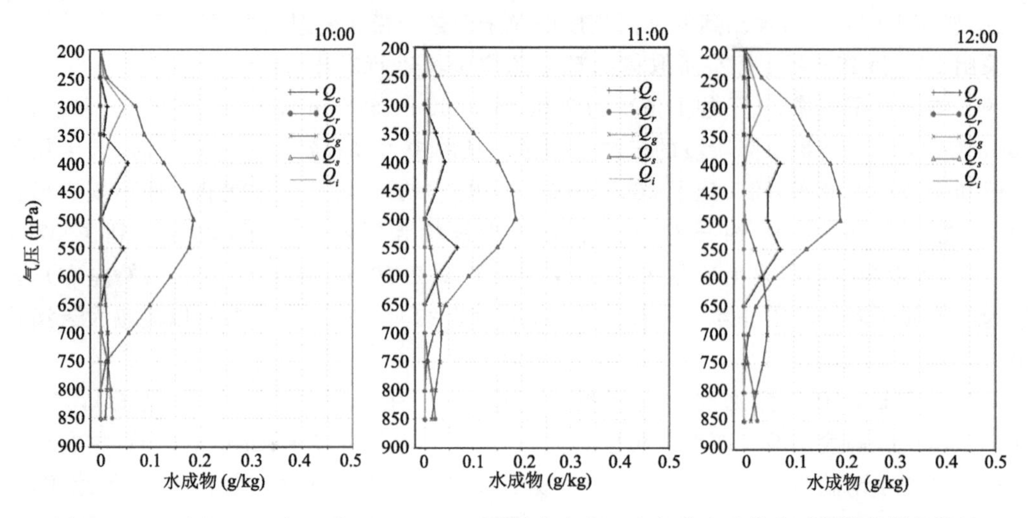

图 7.3.27　汾阳 2010 年 4 月 20 日 10—12 时垂直方向云中各种水成物粒子的数值模拟结果

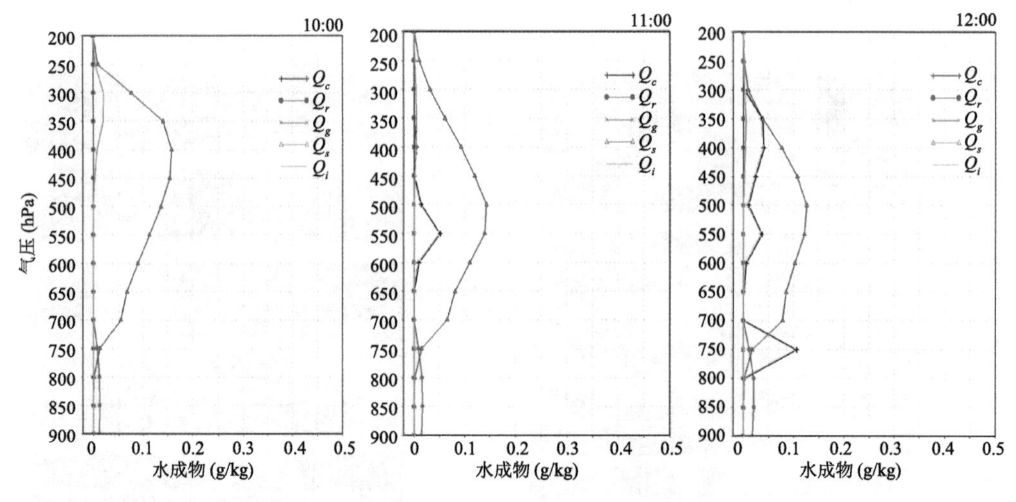

图 7.3.28　文水 2010 年 4 月 20 日 10—12 时垂直方向云中各种水成物粒子的数值模拟结果

对比数值模拟以结果和飞机探测取得的粒子图像，两者对应较好，不同高度的粒子相态均比较吻合。

②2010 年 4 月 20 日第二次飞行

2010 年 4 月 20 日下午 15 时 25 分至 18 时 30 分，北京、河北、山西三架飞机在山西省人工影响天气试验区上空进行了三机联合探测。图 7.3.29a 为三机联合探测的设计图(飞行航线：河北 3625 m：正定→*A*→*B*→*C*→*D*→返回正定，4800 m 平飞；北京 3830 m：沙河→*A*→*B*→*C*→*D*→太原落地加油→返回沙河，4200 m 平飞；山西太原 3817 m：太原→*A*→*B*→*C*→*D*，3600 m 平飞，在汾阳附近的 *E*、*F* 两点间以 600 m 高度为间隔盘旋上升至 6000 m，…→返回太原)。图 7.3.29b 为太原飞机实际飞行航线。因此，与模式数据的对比，仍然采用太原飞机所取数据，以对比数值模拟和飞机探测垂直方向上的探测结果为主。

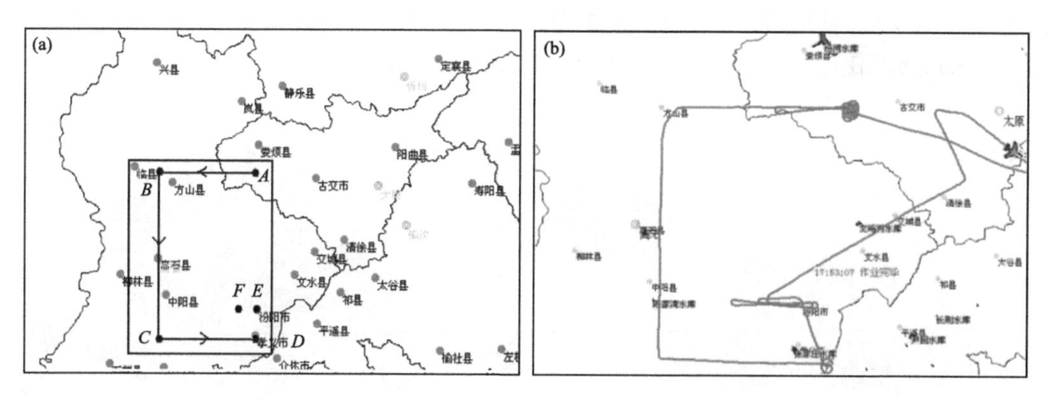

图 7.3.29　2010 年 4 月 20 日第二次飞行航线图

(a)空中温湿度随高度的变化

从图 7.3.30 可见，飞机在开始上升阶段温度逐渐降低，在飞行高度为 3000 m 的时候进入 0℃层，在 3600 m 高度开始平飞，此段航程温度在－2.5℃左右，4000 m 高度时，温度在－4℃左右，5000 m 以上，温度降至－8℃以下，6000 m 时，温度值为－11.4℃，当飞行高度达到最高点 6217 m，温度降至－11.7℃；整个飞行过程中，湿度条件一直较好，相对湿度值维持在 80%～97%之间，当飞行高度在 4000 m 以上时，由于冰雪状粒子的增多，湿度略有下降。

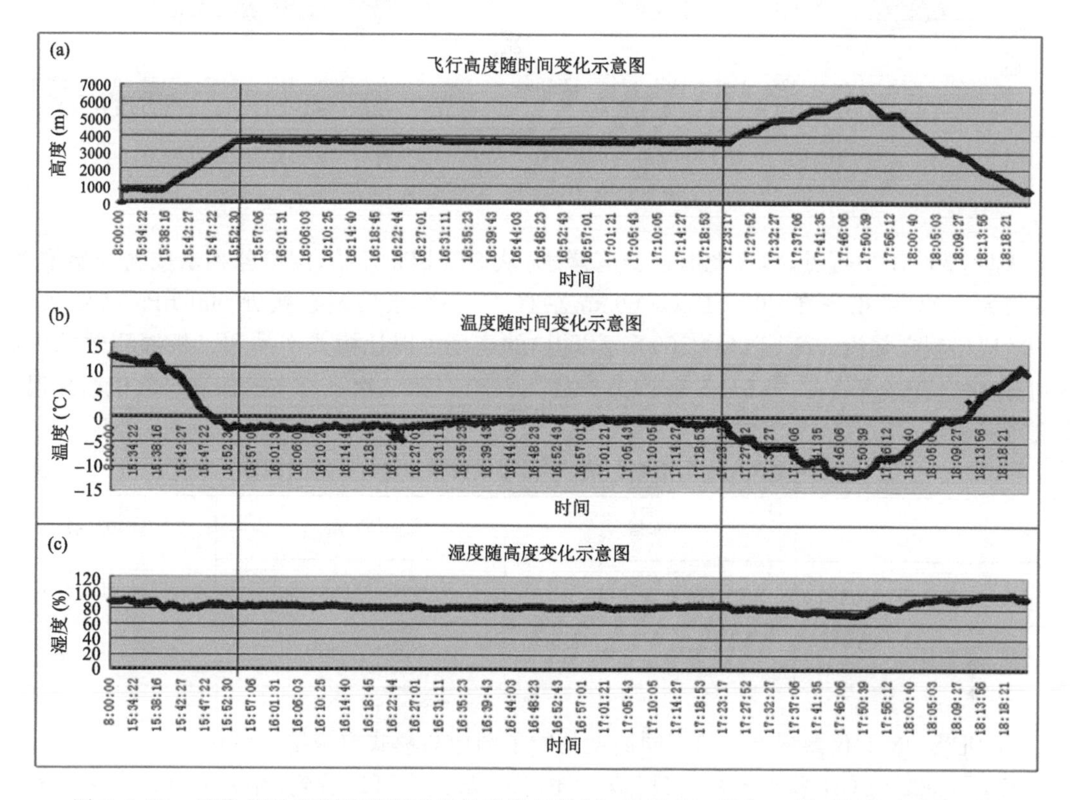

图 7.3.30　机载 GPS 和温湿度仪采集的飞机高度(a)、温度(b)、湿度(c)随时间的变化演示图

选取 4 月 20 日同时段(16 时、17 时、18 时)，以太原为中心的经向雪、霰、雨水的垂直分布状态剖面图，来对比温度和高度的配置关系(图 7.3.31)。

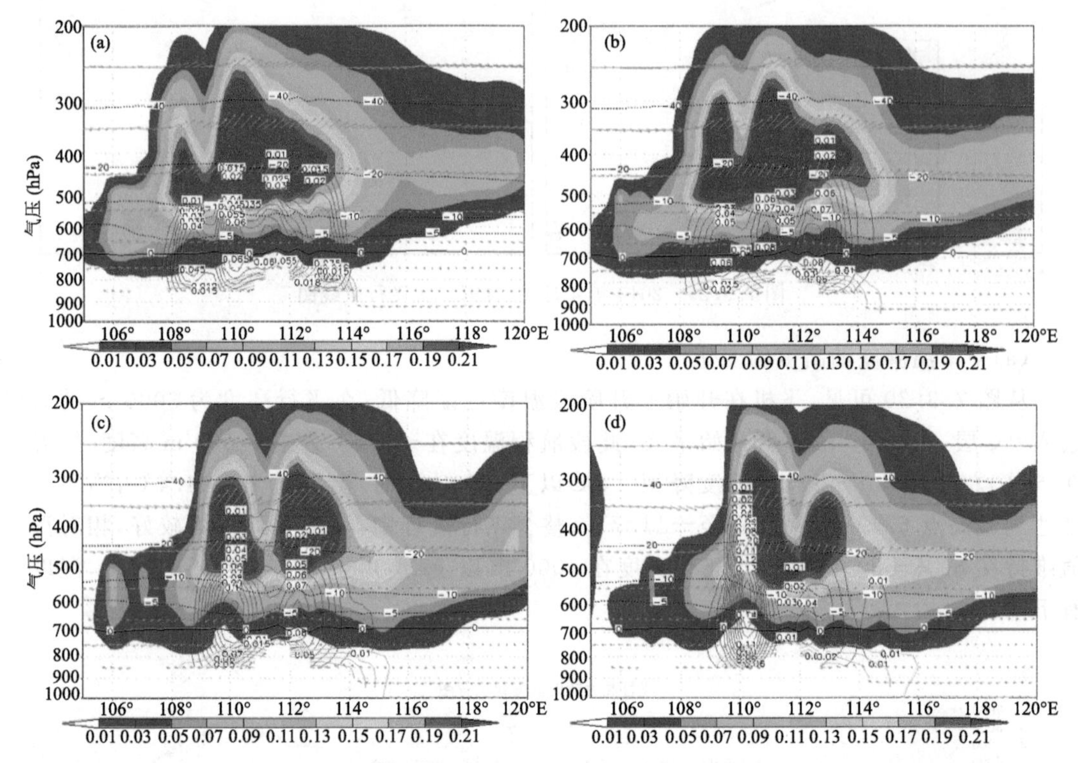

图 7.3.31 2010 年 4 月 20 日 15 时(a)、16 时(b)、17 时(c)、18 时(d)以太原为中心的经向雪、霰、雨水的垂直分布状态剖面图

从图 7.3.31 中可见，地面此时已经有降水；从 800 hPa 开始，空中各种水成物开始增多，湿度较大。0℃层出现在 700 hPa(3100 m 左右)，－5℃层出现在接近 600 hPa 高度以上，－10℃层出现在接近 500 hPa(约 5600 m 以上)的高度。对比模式产品和飞机探测数据中温度和高度的情况，两者基本吻合。表 7.3.3 为 4 月 20 日第二次飞行飞机探测与数值模拟温度高度对照表。

表 7.3.3 第二次飞行飞机探测与数值模拟温度高度对照表

	0℃层	－5℃层	－10℃层
飞机探测	2981～3130 m	4503～4565 m	5750～5782 m
数值模拟	3100 m 左右	4500 m 左右	5600 m 左右

(b)机载 DMT 仪器观测到的不同高度的粒子图像与模式模拟结果对比

图 7.3.32a 为 CIP 探测到的二维云粒子图像。从图中可以看到，在 2713 m 时，云中粒子多为椭圆形的液态大云滴，到了 3670 m(0℃层以上)，云中粒子多为柱状和一些不规则形状粒子，在 4300 m 高度(约－4.5℃)云中粒子为雪片状或不规则状粒子，再往上到了6200 m

(−11.7℃)，云中粒子已经多为冰晶状和雪状粒子；下降过程中4000 m(−4.4℃左右)，云中粒子为圆形粒子和部分冰晶粒子共存。

图7.3.32b为PIP探测到的雨滴粒子图像。可以看到，近地面(787 m和2200 m)已经有降水，探测到的降水粒子为圆形液滴；3000 m(0℃层附近)，同时共存圆形和椭圆形的小雨滴以及一些不规则状粒子，可以考虑为少量的雪、霰等粒子；到了3660 m(−2℃左右)，几乎全部为枝状和辐射状不规则的冰雪态粒子；再往上4200 m(约−4.5℃)，粒子以冰晶为主，还有少量雪状粒子存在；到了6209m(−11℃以下)，全部为冰晶。

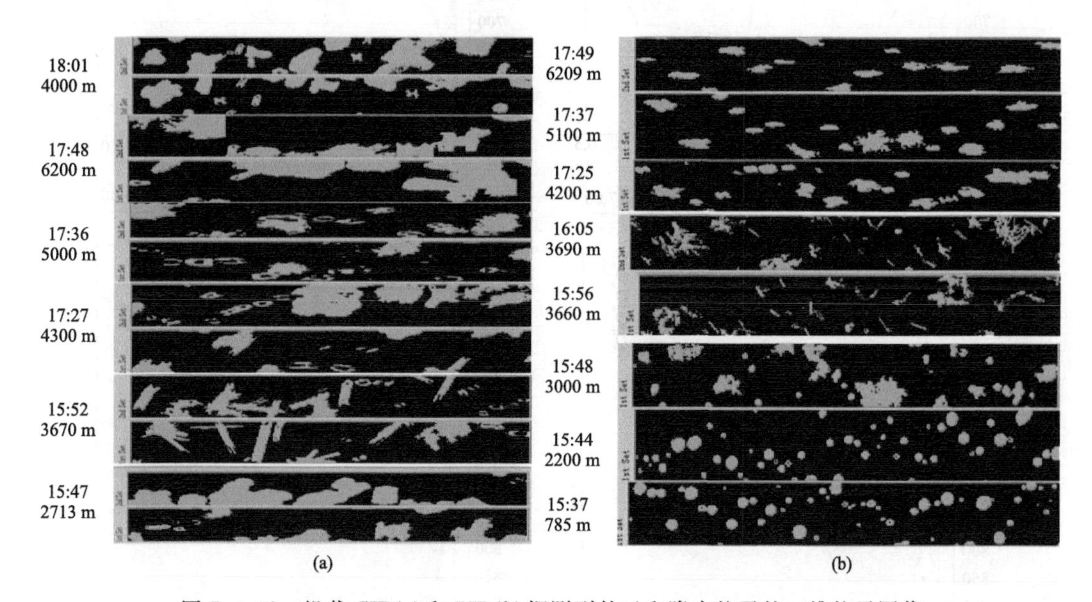

图7.3.32　机载CIP(a)和PIP(b)探测到的云和降水粒子的二维粒子图像

4月20日的第二次飞行首先是在3600 m平飞，到了汾阳偏西的E、F点开始从3600 m盘旋上升至6210 m，然后下降返航。选择汾阳当日15—18时垂直方向上云中各种水成物粒子的数值模拟结果来与机载探测的粒子图像做对比。图7.3.33为2010年4月20日10—12时汾阳上空垂直方向上云中各种水成物粒子分布情况的数值模拟结果。

从图7.3.33中可以看出，这个飞行时段内地面一直有降水，降水都是出现在700 hPa(约3100 m)以下，以液态降水为主，同时有少量的霰存在，在3000～4000 m以上还有部分雪态粒子存在，说明有部分冰相粒子参与了降水；700 hPa高度以上，雪状粒子开始逐渐增多，在550～350 hPa(5600 m左右)达到峰值，再往上雪状粒子逐渐减少，少量的冰晶出现在450 hPa以上。

对比数值模拟以结果和飞机探测取得的粒子图像，地面降水均为液态雨滴，3000 m(0℃层左右)开始出现液态和柱状、冰雪状粒子共存的状态，3600 m以上基本以枝状和雪状粒子为主，飞机探测的冰晶从4000 m以上开始出现随高度逐渐增多，数值模拟的冰晶是从500 hPa(5600 m)开始出现并随高度逐渐增多。模式模拟的结果与飞机探测结果基本吻合。

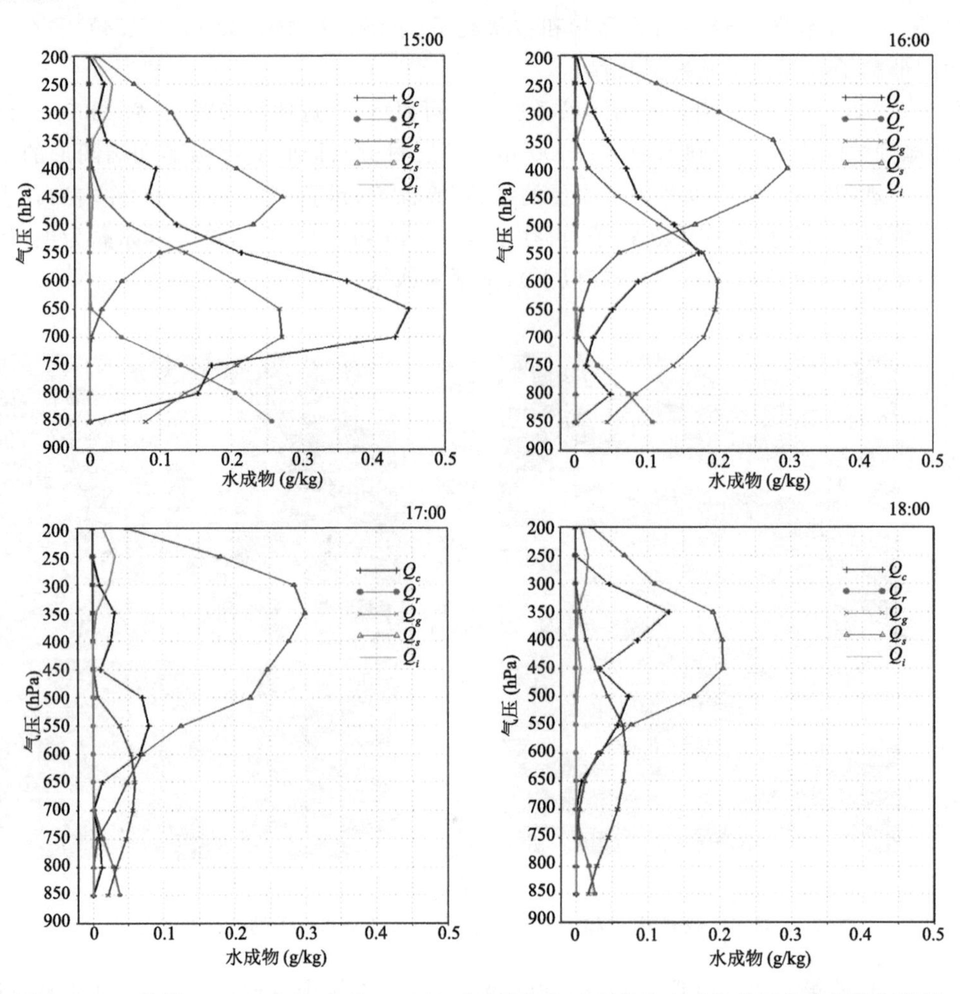

图 7.3.33　汾阳 2010 年 4 月 20 日 15—18 时垂直方向云中各种水成物粒子的数值模拟结果

第8章 太行山区层状云降水系统的结构、降水概念模型

8.1 天气形势和飞机探测情况

利用2008年7月17日一次冷锋天气过程获取的DMT资料，配合其他探测资料，对太行山区锋面系统影响下降水云系的微物理结构和降水机制进行了分析。

(1)天气形势分析

由2008年7月17日08时高空500 hPa图(图略)上可以看到，副热带高压中心远在日本海以东。在巴尔喀什湖附近、贝加尔湖以北、黑龙江省东部分别有一较强的冷性低涡。以52203站为中心，位于蒙古国西部地区和中国新疆东部地区有一弱的低涡，其向东南伸出的低槽至河西走廊。由河套顶部向西南伸出至长江中游地区有一浅槽，控制整个华北地区。山西省处于浅槽前西南急流带之中，风速较大，其上有一湿区与之叠加。高空700 hPa图上，与500 hPa类似，河套底部存在一弱的冷性低涡，冷中心与低涡重合，中心值为8℃，山西省处于低涡东北部，低涡上叠加一湿区。850 hPa图上，从贝加尔湖以北经蒙古国西部至长江上游地区为一鞍形场，河套中部地区湿度较大，山西省为西南气流控制。受高空500 hPa及700 hPa河套低槽影响，2008年7月17日08时(北京时，下同)山西中南部为小雨。在地面图上贝加尔湖以东、河套底部、四川西部为三个高压中心。山西省处于贝加尔湖东高压底部，从位于黑龙江省的低压中心向西南伸出的冷锋锋线伸至山西省中部地区。

将2008年7月17日20时与08时500 hPa图相比，西、北、东三个较强低涡稳定少动，河套地区出现一较强较宽低槽，河套顶部有气旋式环流，低槽向西南伸出至长江中游地区。高空700 hPa图上新疆东部和蒙古国西部之间小低涡向东略移，河套底部小低涡移至山西省中南部，全区为东南风，叠加有较强湿区。高空850 hPa图上由贝加尔湖北经蒙古国西至长江上游地区的鞍形场除在中国陕西四川一带向东移动外，其余位置稳定少变，山西省处于东南气流控制。在2008年7月17日20时地面图上，河套底部高压加强加深，山西省南部个别站有小雨。

(2)飞机探测情况

为了了解不同层次云的微物理结构，准确地在云系的各部位获取云物理参数，以及不同高度云层间相结合的特点，了解降水粒子的增长情况，为研究工作提供可靠的资料，需要做较为严谨的试验。2008年7月17日，10:45飞机从太原武宿机场起飞，当时本场小雨，地面温度22.2℃，飞行航线是太原—离石—石楼—介休—太原。在上升的过程中垂直和水平探测相结合，飞机起飞后爬升至安全高度3700 m后平飞一段时间，于11:09:12上升至4261 m并飞往离石，11:17:16入云，云底高度为4201 m，11:23:01到达离石，高度4400 m，随后进入每600 m一个高度层的水平飞行，并于11:40:10到达石楼，此时高度5600 m。11:43:53飞机开始下降，在下降的过程中以垂直探测为主，共穿云两次，首先下降600 m于11:56到达介休，在

5000 m 高度上从 11:49—11:57 平飞 8 min,随后一直下降直到返回本场,11:58:52 在 4900 m 高度第一次出云,11:02:45 于 4270 m 高度又一次入云,12:04:30 在 3838 m 高度又一次出云,12:30 降落(图 8.1.1)。飞机在云中飞行湿度较大,0℃层以上高度观察到云体冰晶很多,飞机结冰严重。图 8.1.2 显示飞机轨迹图,从 A-D 段、E-F 段都为飞机在云中飞行。

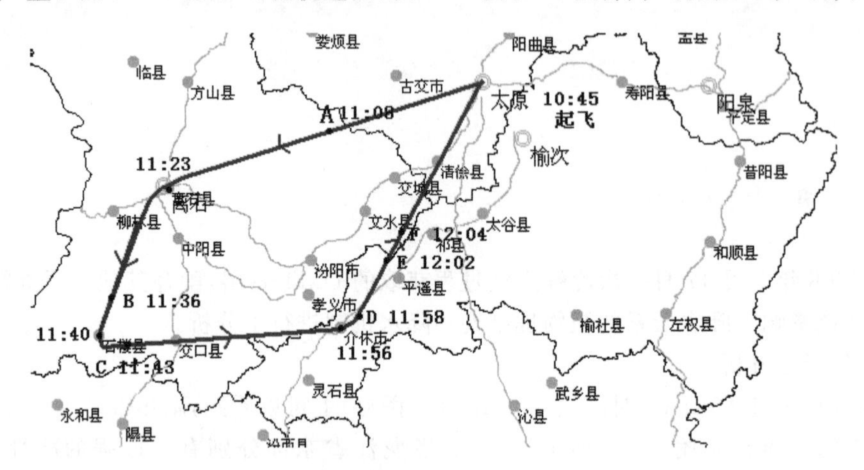

图 8.1.1　2008 年 7 月 17 日 10:45—12:30 飞行轨迹图

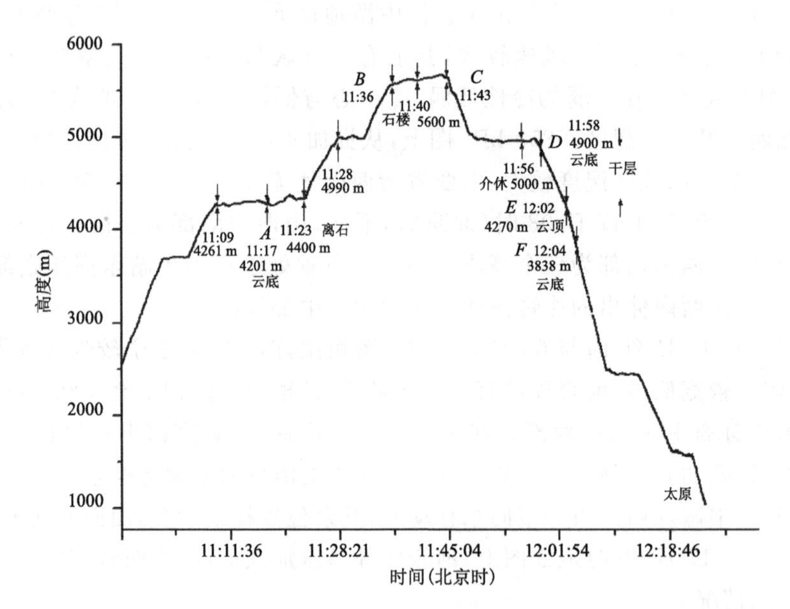

图 8.1.2　2008 年 7 月 17 日飞机随高度和时间的飞行轨迹

8.2　降水云系物理概念模型和降水机制分析

本次降水为一次冷锋系统影响下的降水过程,飞行区域处于冷锋锋前。此次冷锋云系由卷云－高层云－雨层云－碎雨云(Cs-As-Ns-Fn)组成(见图 8.2.1),在高层云和雨层云之间观测到有干层,按其高度依次往下为冰晶组成的冰云,冰晶和水滴组成的过冷混合云,在 0℃层以下的高度上为水云。

如果泛义地定义催化云为大量产生降水胚的云，供水云为供应降水胚增长所需水分的丰水云，则本次探测的降水云符合 Bergeron 提出的催化云-供水云相互作用导致降水的概念。

本次飞行未能飞到云顶观测，由其他探测资料分析可知，冰晶主要产生于高层云上部，供水云为高层云的中下部和雨层云。冰雪晶在过冷云中的增长，主要有凝华、淞附和丛集增长过程，淞附增长是指冰雪晶与过冷水滴碰撞并冻结的增长过程。从二维粒子图像资料可以看出，在过冷云层冰雪晶粒子淞附增长非常明显，一些冰雪晶粒子由于淞附增长几乎无法分辨其晶形而模糊。丛集增长过程是指通过冰晶之间的相互粘连作用而增长的过程，冰晶的聚合机制与温度有密切关系，有粘连和连锁两种机制。当温度接近于 0℃时，具有潮湿表面的冰雪晶相互接触而粘连在一起，即粘连增长，本次过程观测到了明显的冰晶聚合体，说明存在明显的丛集增长过程。在 0℃层附近存在明显的融化层亮带。降水粒子在雨层云中主要是融化和碰并增长。

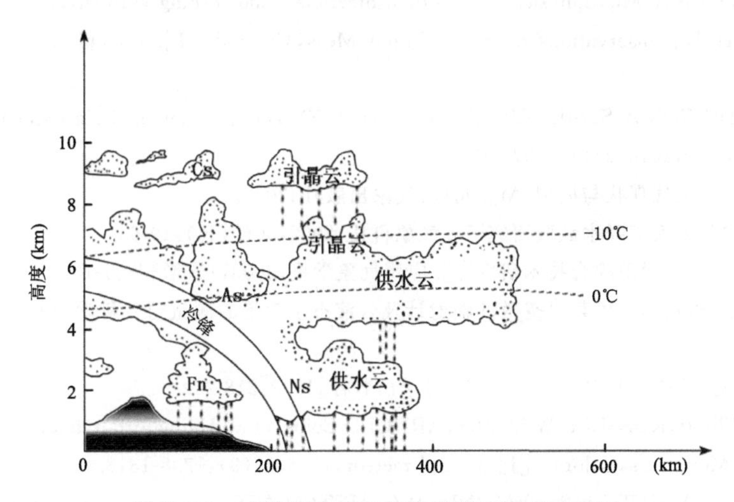

图 8.2.1　本次降水云系的物理概念模式示意图

参考文献

[1] W N 赫斯. 人工影响天气和气候[M]. 北京:科学出版社,1985.

[2] HOBBS P P, RADKE L R. The nature of winter cloud and pricipitation in 2、Cascade Mountains and their modification by artificial seeding. Part Ⅱ: Techniques for the physical evaluation of seeding[J]. J Appl Meteor,1975,14(5):805-818.

[3] SUPER A B,HEIMBACH J A Jr. Microphysical effects of wintertime cloud seeding with silver iodide over the Rocky mountains,Part II:Observations over the Bridger Range,Mountana[J]. J Appl Meteor,1988,27(10):1152-1165.

[4] SUPER A B,BOI B A. Microphysical effects of wintertime cloud seeding with silver iodide over the Rocky mountains, Part Ⅲ: Observations over the Grand Mesa, Colorado[J]. J Appl Meteor, 1988, 27(10): 1166-1182.

[5] SMITH P L,DENNIS A S,SILVERMAN B A. HIPLEX-I:Experimental design and response variables[J]. J Appl Meteor,2010,23(4):497-512.

[6] 李大山. 人工影响天气现状与展望[M]. 北京:气象出版社,2002.

[7] 游来光. 北方层状云人工降水试验研究[J]. 气象科技,2002,30(增刊):19-63.

[8] 王广河,姚展予. 人工增雨综合技术研究[J]. 应用气象学报,2003,14(增刊):1-10.

[9] 雷恒池,金德镇,魏重,等. 机载对空微波辐射计及云液态水含量的测量[J]. 科学通报,2003,48(增刊 2):44-48.

[10] 黄美元,徐华英. 云和降水物理[M]. 北京. 科学出版社,1999:218-219.

[11] ROBERT D Elliott,RUSSELL W Shaffer,ARNOLD Court,et al. Hannaford,randomized cloud seeding in the San Juan Mountains,Colorado[J]. J Appl meteor,1978,17(9):1298-1318.

[12] CHANGNON S A,HUFF F A,SEMONIN R G. METROMEX:An investigation of inadvertent weather modification[J]. Bulletin of the American Meteorological Society,1971,52(10):958-968.

[13] 游景炎,段英,游来光. 云降水物理和人工增雨技术研究[M]. 北京:气象出版社,1994:83-88.

[14] 李淑日. 西北地区云和降水微物理特征个例分析[J]. 气象,2006,32(8):59-63.

[15] YUN S S, HUDSON J G. Maritime/continental microphysical contrasts in stratus[J]. Tellus series, B-Chemical and Physical Meteorology,2002,54(1):61-73.

[16] FORQUART Y,BURIEZ J C,HERMAN M,et al. The influence ofclouds on radiation:A climate-modelling perspective[J]. Rev Geophy,1990,28(2):145-166.

[17] 苏正军,黄世鸿,刘正军. 一次华北冷涡降水的云物理飞机探测特征[J]. 气象,2000,26(6):16-20.

[18] MOSSOP S C. Intercomparision of instrument used for meas-urement of cloud drop concentration and size distribution[J]. J Appl Meteor,1983,22:419-429.

[19] KOROLEV A V,STRAPP J W,ISAAC G A. Evaluation of theaccuracy of PMS optical array probes[J]. J Atmos OceanicTechnol,1998,15:514-522.

[20] GORDON G L,MARWITZ J D. An airborne comparison of three PMS probes[J]. J Atmos Oceanic Technol,1984,1:22-27.

[21] 张连云,冯桂利. 降水性层状云的微物理特征及人工增雨催化条件的研究[J]. 气象,1997,23(5):3-7.

[22] 金华,王广河,游来光,等. 河南春季一次层状云降水云物理结构分析[J]. 气象,2006,32(10):3-10.

[23] 赵仕雄,陈文辉,杭洪宗. 青海东北部春季系统性降水高层云系微物理结构分析[J]. 高原气象,2002,21

(3):281-287.

[24] ROSENFELD D,GUTMAN G. Retrieving microphysical properties near the tops of potential rain clouds by multispectral analysis of AVHRR data[J]. Atmospheric Recearch,1994,34:259-283.

[25] 周毓荃,李铁林. 层状云人工增雨的数值模拟及其应用[J]. 河南气象,1992;增刊.

[26] 陈英英,周毓荃,毛节泰,等. 利用 FY-2C 静止卫星资料反演云粒子有效半径的试验研究[J]. 气象,2007,33(4):29-34.

[27] 刘健,许健民,方宗义. 利用 NOAA 卫星的 AVHRR 资料试分析云和雾顶部粒子的尺度特征[J]. 应用气象学报,1999,10(1):28-33.

[28] 牛生杰,安夏兰,桑建人. 不同天气系统宁夏夏季降雨谱分布参量特征的观测研究[J]. 高原气象,2002,21(1):39-46.